第六辑
(2019年)

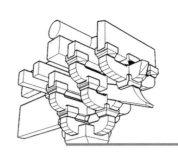

北京古代建筑博物馆 编

北京古代建筑博物馆文丛

学苑出版社

图书在版编目（CIP）数据

北京古代建筑博物馆文丛 . 第六辑 / 北京古代建筑博
物馆编 . — 北京：学苑出版社，2020.5
ISBN 978-7-5077-5935-8

Ⅰ . ①北…　Ⅱ . ①北…　Ⅲ . ①古建筑—博物馆—
北京—文集　Ⅳ . ① TU-092.2

中国版本图书馆 CIP 数据核字（2020）第 081270 号

责任编辑：周　鼎
出版发行：学苑出版社
社　　　址：北京市丰台区南方庄2号院1号楼
邮政编码：100079
网　　　址：www.book001.com
电子信箱：xueyuanpress@163.com
联系电话：010-67601101（营销部）、010-67603091（总编室）
印　刷　厂：三河市灵山芝兰印刷有限公司
开本尺寸：787×1092　1/16
印　　　张：16.75
字　　　数：300千字
版　　　次：2020年5月第1版
印　　　次：2020年5月第1次印刷
定　　　价：298.00元

北京市副市长杨斌来馆考察

北京市人大代表到馆调研

西城区领导在庆成宫调研

中轴申遗国际研讨会的与会代表来馆参观

选举北京市文物局第四次会员代表大会代表

第六轮聘任科级干部管理岗竞聘大会

一亩三分地历史景观展示启动仪式

一亩三分地景观

"一亩三分　擘画天下"展内景

"京津冀传统建筑"展内景

2019 年度第一次职工大会

召开"不忘初心 牢记使命"组织生活专题会

召开内控工作会，讨论内控制度修改

志愿者工作总结会

三八妇女节活动

工会组织雁西湖秋游

小学生参与农趣公开课

小小志愿者在讲解

育才学校春播活动中的小学生

消防演练

参加市文物局举办的庆祝新中国成立 70 周年文艺展演

天桥街道举办一年一度的"祭先农植五谷"活动

开犁

丰收

北京古代建筑博物馆文丛
第六辑（2019年）

编 委 会

目　录

坛庙文化研究

浅谈清代北京先农坛月将祭祀 …………………… ◎温思琦　3

"天下第一仓"

　　——北京先农坛神仓历史内涵考略 …………… ◎董绍鹏　13

从国家之祀到私家之祀

　　——略说唐代先蚕祭享对后世的影响 ………… ◎董绍鹏　21

北京先农坛瘗坎方位试论 …………………………… ◎陈媛鸣　29

回到礼乐教化

　　——跨越千年看祭孔 …………………………… ◎常会营　35

简说中国古代天神之祀与北京清代风云雷雨庙 …… ◎李　莹　41

民国时期先蚕坛的使用与修缮状况 ……………… ◎刘文丰　52

明初坛庙礼乐推行及传承价值 …………………… ◎贾福林　63

明代天坛中神厨的功能与作用 ………………… ◎刘　星　李　高　75

太庙变迁实录和愿景 ……………………………… ◎贾福林　86

历史与文化遗产研究

略说工匠始祖鲁班的历史地位 …………………… ◎丛子钧　93

试析炎帝神农氏的神话形象与中国古代牛的崇拜 …… ◎董绍鹏　100

古建与文物研究

元、明、清北京官仓概说 ………………………… ◎刘文丰　107

北长街静默寺历史沿革考 ………………………… ◎张云燕　125

醇亲王府南府的历史沿革与保护对策 …………… ◎李佳姗　138

大历寺、万佛堂创建及相关问题考 ……………………… ◎王晓静 149

简述北京先农坛清代耤田文物保护展示工程 …………… ◎孟 楠 160

博物馆学研究

浅议《博物馆藏品保护与展览——包装、运输、存储及环境考量》

    ——博物馆藏品保护及运输措施借鉴 …………… ◎李 廙 179

博物馆档案管理数字化几个问题的探讨 ………………… ◎周晶晶 187

博物馆与旅游

    ——试析古迹遗址类博物馆的旅游发展新探索 ……… ◎周 博 195

从先农文化的展览体系看博物馆在弘扬优秀传统文化

    中的社会责任 ………………………………… ◎张 敏 205

打造服务型博物馆 做好文化传承的载体 …………… ◎黄 潇 211

对临时展览的一点思考

    ——以《北京四合院门墩儿艺术展》为例 …………… ◎周 磊 219

北京隆福寺藻井在博物馆中的展示及利用 ………… ◎郭 爽 226

论事业单位资产管理与预算管理的结合 ……………… ◎董燕江 235

浅谈博物馆宣传工作不同阶段的发展 ………………… ◎闫 涛 241

融合发展

    ——试析文物保护科学发展路径 ………………… ◎李 梅 251

听于丹讲述《中国文化中的文创密码》之感想

    ——博物馆文创专题培训班的感悟 …………… ◎周海荣 259

坛庙文化研究

北京古代建筑博物馆文丛 第六辑 2019年

浅谈清代北京先农坛月将祭祀

◎温思琦

北京先农坛始建于明永乐十八年（1420年），是现存规格等级最高的中国古代专祀农业神祇——先农炎帝神农氏的皇家祭祀坛场，主祭先农之神，同时祭祀太岁、四季月将、风云雷雨、岳镇海渎诸神祇。

北京先农坛祭祀的诸神祇以先农炎帝神农氏为核心，在明清两代皇家祭祀体系中承载着意义深远的文化职能和丰富的人文内涵。这些神祇拥有共同的农业属性，共同为护佑封建统治者实现王朝永祚的意图发挥着重要作用，其中也包括作为给太岁陪祀的四季月将祭祀。而四季月将的祭祀，是北京先农坛祭祀文化中的少为人注意的内容。本文因此对这一神祇祭祀做一初步的探讨。

一、清代太岁月将祭祀

清代是中国皇权专制的最后一个王朝，其皇权专制制度达到顶峰。作为少数民族政权，清代与之前的政权存在着共性，又有相当的区别。共性是都属于皇权专制统治，且属于极端的中央集权。区别是，清朝进入明代的都城北京后不仅没有毁掉前代宫殿、坛庙、衙署等，反而在祭祀礼仪上竟也效仿明代，"清袭明制"，以最快的速度吸收消化明代的制度，使统治者能借以加速稳定其在中原的统治秩序。体现在国家祭祀层面，就是在沿袭明代礼仪制度的同时，完善了祭祀的礼乐、仪程，并在乾隆时期经过对祭祀陈设重新考据、确定各种祭祀礼器，最终完成有清一代自己的神祇祭祀制度建设。

（一）太岁月将祭祀概述

有清一代，自统治者至民众，对太岁的崇信与禁忌较之前朝不稍减。乾隆皇帝于乾隆四年（1739年）命令庄亲王允禄等官员率钦天监属员对当时流行的择吉、选择类通书进行一次全面的考订，并亲自将书定名为《协纪辨方书》，意为敬天之纪，敬地之方。亲自序文，书中卷三引《神枢经》云："太岁，人君之象，率领诸神，统正方位，斡运时序，总岁成功……若国家巡狩省方，出师略地，营造宫阙，开拓封疆，不可向之。黎庶修造宅舍、筑垒墙垣，并须回避。"太岁成为人君的象征，达到了史无前例的政治地位。民间，太岁信仰和避太岁风俗更加兴盛，像赵翼《陔余丛考》卷三十四就说："术家有太岁将军之说，动土者必避其方。"

清初定制国家祭祀分为三等：圜丘、方泽、祈穀、太庙、社稷为大祀；天神、地祇、太岁、朝日、夕月、历代帝王、先师、先农为中祀；先医等庙，贤良、昭忠等祠为群祀。随后，虽帝王对祭祀等级屡有变更，但太岁月将之祭始终被列为国家中祀。清顺治初年，就规定孟春遣官祭祀太岁之神。神牌上书"某干支太岁神"，祭祀乐六奏。祭祀太岁之时，承祭官立于中阶之下，东西两庑分献官立甬道左右，行三跪九拜礼。初献即奠帛，读祝，锡福胙，用乐舞生承事，但此时并无上香之仪。

同前朝一样，清代对于太岁神的祭祀内容没有做调整，在岁旱之时也都会遣官到太岁坛祈雨。值得一提的是，清代除了天旱祈雨祈告太岁外，对太岁正统内涵上较之明代也有所回归。《清会典》卷三十五就规定："凡举大礼，则告祭。亲征命将，均祇告天地、太庙、社稷，并致祭太岁、炮神、道路之神、旗纛神。凯旋如之。"根据《清实录》记载，在康熙三十五年（1696年）二月，康熙皇帝亲征噶尔丹时曾遣官致祭太岁之神，并行五礼之一的军礼。凯旋后，同样祇告太岁。由此可见，太岁之神的祭祀在清初曾作为吉礼与军礼并行过。

从其产生被列入国家祭祀开始，月将祭祀即作为太岁祭祀的陪祀。太岁，又称太阴、岁阴，原本是古人便于纪年虚拟的一颗与岁星相对并相反运行的星，是中国古代历法中的一种虚拟的观念，产生太岁这种观念的原因是为了取代曾流行一时的岁星纪年法，后经历朝历代以及阴阳五行学说的发展才逐渐演化成一种神祇信仰。月将的产生与古人重视农业生产有着至关重要的关系。春夏秋冬四时对于农业收成有着深刻影响，民众只有依照四时规律进行农事生产才能有所收获，四时对农业生产的重要性在《史记·太史公自序》有如下概括："夫阴阳、四时、八位、十二度、二十四节，各有教令，顺之者昌，逆之者不死则亡。"又曰："夫春生夏长，秋收冬藏，此天道之大经也，弗顺则无以为天下纲纪，故曰四时之大顺，不可失也。"因此人们赋予了四时、十二月神格，崇拜并敬畏。这正体现了人们遵循自然节律安排社会生产和社会生活的观念思想，反映出古代中国人民对自然社会的认识以及人与自然的关系。

（二）乾隆朝至清末太岁月将祭祀

乾隆时期对祭祀太岁月将之神的诸多事宜进行了调整。乾隆十六年（1751年），礼臣建议太岁月将之神同属天神，祭祀和分献之时均应有上香仪，增上香仪。太岁、月将神牌，之前存于农坛神库，乾隆帝下旨将太岁月将神牌移至太岁殿和东西两庑神龛内。临祭，在神龛前安放神座并置于神座之上。祭祀完成，将神牌再移回龛内。乾隆前期祭太岁遣太常卿行礼，两庑用厅员分献。乾隆二十年（1755年），改遣亲王、郡王承祭太岁，两庑依旧由太常寺官员分献。二十一年（1756年），定太常卿为分献官。

及至清代晚期，太岁殿东西两庑由分献官祭祀，道光版《太常寺则例》卷六十八中可窥见当时东西两庑十二月将祭祀仪程：

祭祀太岁神当日，分献官身着朝服立于拜殿东西阶下等候。承祭官祭祀太岁神时，两名导引官引导分献官进拜殿东西门一直到行礼处，此时赞引官赞"就位"，分献官在拜位前站立。太岁殿上香时，分献官分别到东西两庑，由执事生点燃香，分别上香。上香完毕后回到原处站立。赞引官赞"跪、叩、兴"，分献官随太岁之神承祭官同样行三跪九叩礼后起身。典仪官唱"献帛爵"，行初献礼，奠帛爵。执事生捧帛与爵到各案前站立，此时开始演奏中和韶乐，献帛爵的各执事生到各案前。献帛的执事生跪献帛后行三叩礼退下，献爵的执事生立献爵于爵垫正中后退下。祭祀太岁神读祝之时，赞引官赞"跪"，分献官全部跪下，读祝完毕后，赞引官赞"叩、兴"，分献官也行三叩礼后起身。典仪官唱"行亚献礼"，献爵执事生将爵献于爵垫的左边后退下。典仪官唱"行终献礼"，献爵执事生将爵献于爵垫的右边后退下。祭祀太岁的承祭官进行授福胙礼完成后行谢福胙礼时，赞引官赞"跪、叩、兴"，东西两庑分献官也随行二跪六叩礼后起身。典仪官唱"送神"，赞引官赞"跪、叩、兴"，分献官随行三跪九叩礼。典仪官唱"奉祝帛馔恭送燎位"，奉帛执事生、奉香执事生、奉馔执事生到各案前跪，奉帛执事生行三叩礼，奉香和奉馔执事生不行三叩礼，各捧帛、香、馔出东西庑站立等候。等待正殿的祝帛、馔、香经过后依次跟随恭送至焚帛炉燎烧。导引官各引导分献官退下。

二、月将祭祀陈设与祭器祭品

明代在制定祭祀礼器之时并未对周代以及唐宋时期礼器质地形态进行考证，只是沿用了宋代对于各礼器的命名。因此，有明一代祭祀礼器是用瓷盘与瓷碗代替，这种现象一直持续到乾隆十五年（1750年）改制之前。

成书于雍正至乾隆十五年（1750年）改制之前的《郊庙图》中有清晰的月将陈设图。从图上明显可以看出祭祀器物还没有加以考证，都是用白瓷盘、白瓷碗代替，这是清袭明制的一个重要体现。

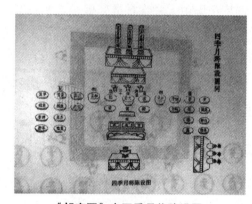

《郊庙图》中四季月将陈设图

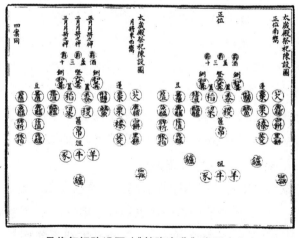

月将祭祀陈设图（《乾隆会典》卷四十七）

乾隆十五年（1750年）乾隆皇帝在考据周代礼器制度和唐宋之法后，明确了各式礼器质地与形制，并将这些礼器样式记载于《皇朝礼器图式》一书中。

道光版《太常寺则例》卷六十六详细记载了四季月将祭祀陈设，及至光绪朝，四季月将祭祀陈设与道光版《太常寺则例》中记载基本一致。

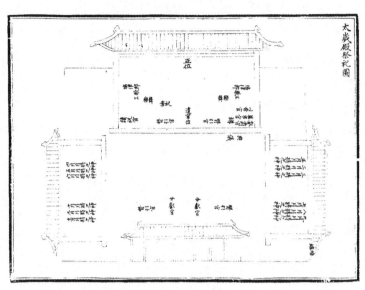

太岁殿祭祀图（《乾隆会典》卷四十七）

太岁殿的东西两庑各安置两个神龛。东庑两神龛位于东庑北尽间，均东位，西向。位于北侧的神龛内供奉正月、二月、三月神将神牌，位于南侧的神龛内供奉七月、八月、九月神将神牌。西庑两神龛位于西庑北尽间，均西位，东向。位于北侧的神龛内供奉四月、五月、六月神将神牌，位于南侧的神龛内供奉十月、十一月、十二月神将神牌。两庑祭祀陈设及祭器除神牌内容不同外，其余皆同。其中陈设次序（东庑自东向西排列，西庑自西向东排列）：

（1）神龛各一座，龛内各陈三孔神座桌一，座桌上各陈神牌三，朱饰金书，文兼清汉，分别书正月、二月、三月月将之神，七月、八月、九月月将之神；四月、五月、六月月将之神，十月、十一月、十二月月将之神神牌。

（2）每龛前设一笾豆案，案上陈设瓷盏三十。爵垫一。笾、豆左右各十；簠簋左右各二；登一，居中；铏二，左右各一。中间留有簋之地。

（3）笾豆案前为俎一。中为犊（小牛），左为豕（小猪），右为羊。

（4）俎前中为高炉几一，上面陈设铜香炉一、香靠具、香盒一，香炉内盛一炭墼（音同击，用炭末揉成的炭块）。高炉几两侧各为一高灯几，上面陈设一铜烛台，烛台上为六两重的黄蜡一支。左右高灯几侧各为一高瓶几，上面陈设一铜花瓶，瓶内插一贴金木灵芝。

（5）馔桌东西庑各二，均位于北，上各陈一馔盘。

（6）尊桌东西庑各一，均位于南。上均设尊二（每尊内盛四瓶酒），疏布幂二，锡勺二，爵六，筐二（每筐内为白色礼神制帛三端），香盒二（内盛长七寸、径五分，重二两五钱的圆柱形降香一柱）。

以上冕、神座、宝座、笾豆案、尊桌、馔桌均施杏黄销金缎冕衣、宝座套及案衣。

月将陈设祭器形制及尺寸如下：

神牌：木质，数量六。朱饰金书，上书"某月月将之神"，右侧汉文，左侧满文。通高60厘米，宽10厘米，厚2厘米。

琖：六十个，白色瓷，纯素。通高一寸九分，深一寸五分，口径三寸四分，足径一寸二分。换算后为高5.76厘米，深4.8厘米，口径11.2厘米，足径4.48厘米。

琖（《皇朝礼器图式》）

登（《皇朝礼器图式》）

登：二个，白色瓷，通高六寸一分，深二寸一分，口径五寸，校围六寸六分，足径四寸五分，盖高一寸八分、径四寸五分、顶高四分。制同者皆口为回纹，中为雷纹，柱为饕餮形，雷纹，足为垂云纹，盖上为星纹，中为垂云纹，口为回纹。换算后为高19.52厘米，深6.72厘米，口径16厘米，校围21.12厘米，足径14.4厘米，盖高5.76厘米，径14.4厘米，顶高1.2896厘米。

铏：四个，白色瓷，高三寸九分，深三寸六分，口径五寸，底径三寸三分，足高一寸三分。两耳，盖高二寸五分，上有三峰，高九分。

两耳为牺形，口为藻纹，次回纹。腹为贝纹，盖为藻纹、回纹、雷纹。上有三峰，为云纹，三足亦为云纹。换算后为高 12.48 厘米，深 11.52 厘米，口径 16 厘米，底径 10.56 厘米，三足高 4.16 厘米，盖高 8 厘米，三峰高 2.88 厘米。

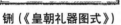

铏（《皇朝礼器图式》）　　　　笾（光绪《钦定大清会典图》）

笾：二十个，用竹。以绢饰里，顶及缘皆髹以漆，黑色。通高五寸八分，深九分，口径五寸，足径四寸五分，盖高二寸一分，径与口径同。顶正圆，高五分。换算后为高 18.56 厘米，深 2.88 厘米，口径 16 厘米，足径 14.4 厘米，盖高 6.72 厘米，径与口径同，顶正圆高 1.6 厘米。

豆：二十个，白色瓷，通高五寸五分，深一寸七分，口径五寸，校围六寸六分，足径四寸五分，盖高二寸三分，径与口径同。顶为绚纽，高六分。制同者皆腹为垂云纹，回纹，校为波纹，金錾纹，足为黻纹，盖为波纹，回纹，顶用绚纽。换算后为高 17.6 厘米，深 5.44 厘米，口径 16 厘米，校围 21.12 厘米，足径 14.4 厘米，盖高 7.36 厘米，径与口径同，顶高 1.92 厘米。

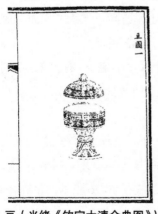

豆（光绪《钦定大清会典图》）　　　簠（《皇朝礼器图式》）

簠：四个，白色瓷，通高四寸四分，深二寸三分。口，纵六寸五分，横八寸。底，纵四寸四分，横六寸。两耳，盖高一寸六分，口纵横与器同，上有棱。四周纵四寸八分，横六寸四分，附以耳。制方，面为夔龙纹，束为回纹，足为云纹，两耳附以夔龙，盖上四周，旁亦附夔龙耳。换算后为高 14.08 厘米，深 7.36 厘米，口纵 20.8 厘米，横 25.6 厘米，底纵 14.08 厘米，横 19.2 厘米，盖高 5.12 厘米，上有棱四周，纵 15.36 厘米，横 20.48 厘米。

簋：四个，白色瓷，通高四寸六分，深二寸三分，口径七寸二分，底径六寸一分。两耳，盖高一寸八分，径与口径同，上有棱四出，高一寸三分。制圆而椭，口为回纹，腹为云纹，束为瓠纹，足为星云纹，两耳附以夔龙，盖面为云纹，口为回纹，上有棱四出。换算后为高 14.72 厘米，深 7.36 厘米，口纵 23.04 厘米，底径 19.52 厘米，盖高 5.76 厘米，径与口径同，上有棱四出，高 4.16 厘米。

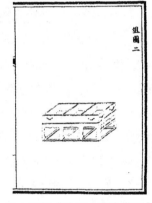

簋（《皇朝礼器图式》）　　　俎（光绪《钦定大清会典图》）

俎：二个，用木。髹以漆，红色。中区为三，锡里，外铜环四。八足，有趺，纵六尺有奇，横三尺二寸，通高二尺六寸有奇。换算后为纵约 192 厘米，横 102.4 厘米，通高约 83.2 厘米。

俎内牺牲：中为犊（小牛），左为豕（小猪），右为羊。数量各二。

尊桌：红油木质，数量一。一张，木质。施杏黄销金缎桌衣。长 1.58 米，宽 60 厘米，高 67 厘米。

尊：二个，白色瓷，通高八寸四分，口径五寸一分，腹围二尺三寸七分，底径四寸三分，足高二分。两耳为牺首形。纯素。高 26.88 厘米，口径 16.32 厘米，腹围 75.84 厘米，底径 13.76 厘米，足高 0.64 厘米。

锡勺：二个，锡质。柄长 30 厘米。

疏布幂：二个。覆盖尊用，用黄色粗布，绘云龙纹，方二尺四寸。四角有押。换算后为周长 76.8 厘米。

爵：六个，白色瓷，通高四寸六分，深二寸四分，两柱高七分，三足相距各一寸八分、高二寸。制皆象爵形，腹为雷纹，饕餮形。换算后为高 14.72 厘米，深 7.68 厘米，两柱高 2.24 厘米，足高 6.4 厘米，三足相距各 5.76 厘米。

爵垫：二个，红油木质。长 50 厘米，宽 16 厘米，高 9.5 厘米。中间为三个三足爵各留有三孔。

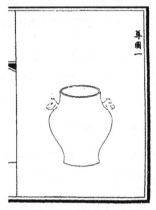
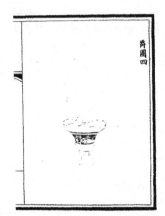

尊（光绪《钦定大清会典图》）　　爵（光绪《钦定大清会典图》）

笾豆案：二张，红油木质。长 1.65 米，宽 1.19 米，高 96 厘米。施杏黄销金缎案衣。

筐：两个，用竹。髹以漆，黑色。高三寸一分，纵四寸三分，横二尺二寸三分，足高八分，盖高一寸三分。高 16 厘米，纵 17.92 厘米，横 74.56 厘米。足高 3.52 厘米，盖高 5.76 厘米。

帛：六端，白色礼神制帛，帛上织满汉文"礼神制帛"四字。宽 33 厘米，长 270 厘米。

香盒：两个。红油木质，径 24 厘米，高 5.12 厘米。

圆柱降香：两柱。长 30.4 厘米，径 3.2 厘米。重一两五钱。

炉几：两座。石质，上陈香炉。

香炉：两个。铜质。炉内有香靠具，内盛炭墼一块。

灯几：四座。石质，同炉几。上陈烛台。

烛台：四个。铜质。上插六两重黄蜡一支。

瓶几：四座。石质，同炉几。上陈花瓶。

花瓶：四个。铜质。内插贴金木灵芝。

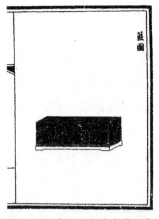 

筐（光绪《钦定大清会典图》）　　帛（光绪《钦定大清会典图》）

馔桌：两张。红油木质。上陈馔盘。施杏黄销金缎桌衣。

馔盘：两个。朱漆，口方 44.8 厘米，底方 38.4 厘米，高 6.4 厘米。

本篇论文对清代月将祭祀内涵、仪程、陈设等进行了简要论述。通过论述不难发现十二月将从其产生就与农业生产有着密切联系，与太岁内涵之一的掌管天下五谷丰登以及天旱祈雨这一功能重合，因此十二月将祭祀能够作为太岁之神的陪祀列入国家祀典有其必然性。作为中国最后一个皇权高度集中的封建王朝，清代太岁、月将祭祀虽有着自己的显著特点，但与先农之神、天神地祇之神一样，共同扮演着护佑国家雨雪甘霖丰沛的自然神祇责任。

对清代十二月将之神的祭祀研究，不光有助于完善北京先农坛太岁月将之神祭祀的完整性与体系性，同样有利于弘扬我国优秀传统农耕文化。

温思琦（北京古代建筑博物馆陈列保管部馆员）

"天下第一仓"
——北京先农坛神仓历史内涵考略

◎董绍鹏

　　有粮就有仓，无仓何以存贮？早在远古人类蒙昧初开之时，随着中华大地原始农耕农业的逐步展开，收获的农作物除了晾晒、脱粒，最重要的处理程序就是贮存，没有足够的余粮作为生存的物质保障，家庭、氏族、部落等就无法存在，这也是生物的首要自然属性——以食物果腹的体现。当然，大自然中不仅仅人类具有储备食物的生存意识，比如松鼠、旱獭等动物也会在秋季找寻足够的食物存于地下，以备冬季食用。人类相比其他动物来说，最大不同是进入文明社会对于食物采用主动创造、生产的办法，而不是一味向自然索取。仓储设施的出现，就是在对自然观察和经验总结基础上的创造，采用人工第三方的措施来解决先天的生存之需。据推测，我国进入考古学上的新石器时代后，以北方旱作农作物地区为主要体现，已经出现简单的圆仓、方仓，采用木骨泥墙的墙体，泥墙用加拌草拌泥的方法以增加强度，有的墙体还经过火烧的处理，使墙体板结不透水，增加防潮性能，地面也采用相同处理，甚至有可能个别区域已经使用石灰作为抹平地面材质；屋顶用稻草或其他谷物茎秆、苇草等敷设，导流雨水，避免下渗。由于泥质、草质的纯天然特性，留下遗迹十分困难，后世随着建筑材质的不断改进，尤其是木构的使用、瓦件的出现，仓储建筑的品质得以根本改善。无论原始状态还是成为一种建筑类型，一个大的原则始终没有改变，那就是突出建筑的防潮和空气流通性能。

　　古人比较考究，将圆形仓称为廪，方形仓即称为仓，因此有方仓圆廪之说。后世将二者合称为仓廪，广义泛指粮仓。春秋管子"仓廪实而知礼节"，就是一句意指丰衣足食能够提高人民社会道德理念的名言。

古书上圆仓的形象（囷）

汉代出土的陶仓明器

北京先农坛，作为明清时期皇家祭祀农业之神先农炎帝神农氏的祭坛，建有祀神粮仓——神仓。该建筑群由举行接受入仓谷物仪式兼行晾晒谷物的收谷亭、碾磨谷物的东西两侧碾坊、收贮谷物的东西两侧仓房，以及供奉祭神谷物的神仓圆廪和存放农具的祭器库组成。其中，仓房和神仓圆廪外观形态具备"仓"的要素。

北京先农坛神仓仓房，是一座三开间悬山顶建筑，屋顶覆盖黑色绿剪边琉璃瓦。屋脊中央位置开天窗一座。先农坛仓房的具体形象，最早见于宋代古籍，书中绘制的形象已相当成熟。仓房的用途，是专门用来存放耤田每年收获的谷物，这些谷物虽经过收谷亭中的晾晒，但集中到一处非正向建筑内存放，多少还是会有受潮霉烂的可能。解决这一问题最直接的方式就是加强通风换气。古时没有电力、没有机械，能用的只有自然风，所以建造出有利于空气对流的建筑形式（特别是能起到强制对流作用的建筑结构形式）就是最佳选择，开天窗在很久以前就已然为人们所认识并加以利用。这种建筑形式，目前在北京清代南新仓遗址还能见到。

北京先农坛神仓圆廪，是神仓建筑群的核心，承载着敬神、为神贮粮的重要政治职责。作为供众神享用的"神用粮仓"，单檐圆攒尖顶、覆盖黑色绿剪边琉璃瓦，即圆筒形墙身上覆斗笠形屋顶；墙体木质，无窗；平面圆形，建筑面积约 47 平方米，最大直径为 8.6 米，坐落于高约 0.56 米的圆形基座之上，室内铺有木地板以防潮。这种"圆筒形墙身上覆斗笠形屋顶"的形制建筑起源很早，应该就是农耕文明初离蒙昧进入发展时期就已出现，以堆放稻草粮垛的形式出现，"谷藏曰仓，米藏曰廪"（《荀子·富国》），有南北地域名称之分。即便是当代国内外一些地区粮食收获时仍然见到这种形态的粮垛。可见这种外观形态的存

20 世纪 30 年代的神仓（梁思成摄）

在，是人类文明中的共有现象，也可视为存储建筑的原生形态。

民间和皇家的粮仓主要区别在建筑材质使用上，突出等级差别。北京先农坛的神仓是收贮皇家专门用来祭祀京城各处坛庙所祀神祇粮食的皇仓，因而建筑上就要使用当时国家典章制度规定能够使用的最高等级用材，同时还兼备民间不常或不能使用的因素，也是体现皇家建筑特殊性的装饰方式，如在神仓各建筑梁架上施用"雄黄"加兑樟丹调成的颜料绘制而成的雄黄玉彩画，以达到驱散杀灭仓内细菌害虫的目的。

神仓梁架上绘制的雄黄玉彩画

雄黄（α-As4S4），又称作石黄、黄金石、鸡冠石，是一种含硫和砷的矿石，质软，性脆，通常为粒状，紧密状块，或者粉末，条痕呈浅橘红色。雄黄主要产于低温热液矿床中，常与雌黄（As2S3）、辉锑矿、辰砂共生；产于温泉沉积物和硫质火山喷气孔内沉积物的雄黄，则常与雌黄共生。不溶于水和盐酸，可溶于硝酸，溶液呈黄色。置于阳光下曝晒，会变为黄色的雌黄和砷华，所以保存应避光以免受风化。加热到一定温度后在空气中可以被氧化为剧毒成分三氧化二砷，即砒霜。

雄黄玉是将药物雄黄加兑到樟丹颜料中的一种特殊彩画颜料，因为樟丹颜料本身有防潮、防腐性能，加对雄黄药液后可起防蛀作用。雄黄是一种含硫和砷的矿物质，色彩偏暖呈黄色，根据旋子彩画的制度施之晕色，不沥粉、不贴金，以丹地大色托出青绿相间的晕色和花纹，显得艳装素裹十分典雅。"雄黄玉"彩画既能起到装饰作用，又有防蛀驱虫保护木构建筑的效果。现存的明清建筑中这种彩画已不多见。北京先农坛神仓建筑群的"雄黄玉"彩画也因此具有了很高的文物价值。

先农坛神仓，这种先农崇拜的辅助功能建筑是如何出现的呢？

> 是日也，瞽帅、音官以风土。廪于籍东南，钟而藏之，而时布之于农。——《国语·周语·上》
>
> （季秋之月）举五谷之要，藏帝籍之收于神仓，祗敬必饬。——《礼记·月令》

东周以前，周天子、诸侯亲行籍田之礼，率公卿、士大夫于国都南郊、东郊行礼，天子千亩、诸侯百亩，用籍田礼带动国人既以籍田所出以备宗庙祭祀之用，又为大兴农事做出表率。存储籍田农作物的仓房建于籍田东南，称"廪"或"神仓"。这一时期的耕籍礼，是一项独立于其他典章活动的礼仪，不同于后世汉代开始施行的耕籍享先农（即以天子亲耕籍田的形式作为崇拜炎帝神农氏的主要活动内容）。

"先农，神农炎帝也，祠以太牢，百官皆从皇帝亲执末耜而耕，天子三推，三公、五孤卿、十大夫、十二庶人终亩，乃致籍田仓，置令丞，以给祭天地宗庙以为粢盛。"（《汉官旧仪》）汉代着手恢复自东周以来早已荒废的各种礼仪，这其中，恢复籍田之礼是一项重要内容。秦代废周法为后世所耻，而汉代是恢复周礼之始，故出现于《汉官旧仪》中的籍田仓，是为对周代之礼延续光大的伊始，也成为后世实行当代先农崇拜礼制建筑时考证的必要参照。《汉官旧仪》的文字虽然寥寥，但可以推测的是，神仓作为西汉时期礼制建筑的一员，承袭着周代粢盛理念，对国家的政治生活发挥重要作用。

再往后至隋代，文献中再次出现神仓的记载：

> 隋制，于国南十四里启夏门外，置地千亩，为坛，孟春吉亥，祭先农于其上，以后稷配。牲用一太牢。皇帝服衮冕，备法驾，乘金根车。礼三献讫，因耕。司农授耒，皇帝三推讫，执事以授应耕者，各以班五推九推。而司徒帅其属，终千亩。播殖九谷，纳于神仓，以拟粢盛。穰槁以饷牺牲云。——《隋书·志第二·礼仪二》

"播殖九谷，纳于神仓，以拟粢盛"，虽然只有短短十二个字，但表明隋代时的神仓已是成熟的、功能到位的专用建筑。

唐宋时的文献中也有各自神仓的记载：

> 皇帝还宫，明日，班劳酒于太极殿，如元会，不贺，不为寿。耤田之谷，敛而钟之神仓，以拟粢盛及五齐、三酒，穰槁以食牲。——《新唐书·志第四·礼乐二》
>
> 元丰二年，诏于京城东南度田千亩为耤田，置令一员，徙先农坛于中，神仓于东南，取卒之知田事者为耤田兵……——《宋史·志第五十五·礼五》
>
> 绍兴十四年十一月，诏以嗣岁之春祗袚青坛，亲载黛耜，躬三推之礼。命临安府守臣度城南之田，得五百七十亩有奇，乃建思文殿、观耕台、神仓及表亲耕之田。——《文献通考·郊社考二十》

宋代的古籍中绘有神仓的形象，其身为圆柱状，屋顶为斗笠形，正面有木质气窗，是为最正规的"廪"，也是最早的先农坛神仓形象记述。

元代虽有耕耤田、祀先农炎帝神农氏之举（均遣官代天子行礼），但无神仓营造。

明代建国，短时间内太祖朱元璋极力恢复唐宋典章，却因国内尚未平息战乱，未免各类神祇祭祀制度存有遗憾，颇有制度赶工之嫌。像众所周知的明初天地合祀，以及违背古制的岳镇海渎、先农、旗纛、风云雷雨、城隍合祀于山川坛，都有不能完全令人信服的存在初衷。明嘉靖帝时，因世宗皇帝为了维护外藩晋为大统的政治利益所需，树立个人政治权威、打击元老，借更定明初以来典章不合周礼的理由，对包括先农炎帝神农氏崇拜在内的礼制建筑进行厘正。明嘉靖十年（1531 年）七月乙亥建成北京先农坛神仓，"以恭建神、祇二坛并神仓工成，升右道政何栋为太仆寺卿"（《明实录·世宗实录》卷 128）。

明嘉靖帝时北京的神仓还有一处，那就是明大内西苑的恒裕仓。

明嘉靖十年（1531 年），年轻跋扈、骄狂任性的世宗皇帝在"大礼议"期间，于大内西苑（约今中南海流水音处）营造帝社坛、帝稷坛，作为自己祭拜社主江山的专用祭坛，以示与代表国家祭祀的社稷坛（太社太稷）区分；同时在西苑西岸营造无逸殿、豳风亭及恒裕仓。建造无逸殿、豳风亭的原始目的，本是嘉靖帝看到中海、南海有水、有树，湖面波光粼粼、鸥鹭戏水，颇有江南田园风光，于是突发奇想，招农夫开地五顷有余，在这里进行耕作，嘉靖帝想借此尽享田园之乐。据说当时无逸殿墙壁有"睿藻承遗训，农歌启圣衷。千秋所无逸，七月咏豳风"诗句，可以看出营造这几处建筑的用意。既然有农地耕作，那么耕地打下的粮食就要有地方存放，于是也就有了恒裕仓。虽然这个仓廪不是天子耕耤田的农作物存放处，却因也是存放天子独享之田所出收获物之处，因此这个恒裕仓的地位在一段时期内竟然比翼于先农坛神仓：

> 凡祭祀粢盛，旧取给于耤田祠祭署。嘉靖十年议准：每岁耤田所出者，藏之神仓，以供圜丘、祈谷、先农、神祇坛、各陵寝、历代帝王及百神之祀。西苑所出者，藏之恒裕仓，以供方泽、朝日、夕月、宗庙、社稷、先蚕、先师孔子之祀。——万历《明会典》卷 215

上述文献说明，明嘉靖帝时期的近六成时间里，先农坛神仓所出粢盛仅占全部粢盛的一半，先农坛神仓的地位大打折扣。

这个主意是大臣溜须嘉靖帝的提议，也算是正中嘉靖帝下怀：

> 礼部上郊庙粢盛支给之数，因言："南郊耤田，皇上三推，公卿各宣其力，较西苑为重，西苑虽农官督理，皇上时省耕

敛，较耤田为勤。请以耤田所出，藏南郊圆廪神仓，以供圜丘、祈谷、先农、神祇坛、长陵等陵、历代帝王及百神之祀。西苑所出，藏恒裕仓，以供方泽、朝日、夕月、太庙、世庙、太社稷、帝社稷、禘祫、先蚕及先师孔子之祀。"——《明史·志第二十五·礼三》

意思是说，西苑之田虽然不是耤田，但由于嘉靖皇帝常在西苑观耕比到耤田多，因此西苑之田也据圣上之恩，出产的谷物也应该作为京城坛庙粢盛之用。

隆庆元年，罢西苑耕种，诸祀仍取给于耤田。——万历《明会典》卷215

礼部奏：先年，大行皇帝于西苑隙地种植麦谷，命总督仓场户部侍郎同司礼监督理农事，收其子粒贮恒裕仓，以供大祭粢盛，且欲以知稼穑之艰难，甚盛举也。但苑内禁地农夫出入，力作事体非便，请罢。从之。——《明实录·穆宗实录》卷2

明隆庆元年（1567年），穆宗隆庆帝听取大臣进言，下令废止嘉靖帝在位时的荒唐做法，恢复先农坛神仓应有的神圣地位，仍然作为向皇家坛庙提供粢盛的唯一神仓。

清代，北京先农坛神仓为全帝都大小坛庙祭祀提供米面，光绪《清会典》卷七二说"祭祀所用品物，应于各衙门移支者，皆祭前预行支取。牛羊豕支于牺牲所，米面支于神仓"。至于神粮不够怎么办，则"黍稷稻粱白面莜面动支神仓碾用外，不敷之数由先农坛奉祀采办"，甚至各个坛庙祭祀用青菜、芹菜、韭菜、葱，也由先农坛奉祀采办。可见，清代先农坛的"管理处"祠祭署中的区区三人——奉祀、祀丞、执事生，作用非同一般。

北京先农坛神仓这一地位一直延续到清亡。

明嘉靖帝时建成的北京先农坛神仓，由圆廪、收谷亭、左右仓房、左右碾坊组成，位于今天神仓与内坛东墙外的庆成宫（明之斋宫）之间。

今天的神仓所在地，是源自明建国伊始就一直给予很高重视的祭祀军事之神五猖、弓弩号角滚木礌石大炮及军旗大纛等神祇的旗纛庙所在之处。明时，旗纛军神分在军队都督府和国家旗纛庙分别祭祀。进入清代后旗纛庙一直闲置，也未加修缮。清乾隆时干脆把前院彻底拆除，将其东侧的神仓移建于此。原旗纛庙只留下后院祭器库（含正殿及左右配房），改作存放皇帝及公卿耕作耤田农具之所。但清乾隆帝的移建也并不是照搬照抄，移建后的神仓除了左右碾坊外，其余建筑更换了瓦件，换上黑色绿剪边琉璃瓦，包括院门也一样。这与清乾隆帝时大修北京先农坛的几处建筑更换的瓦件情形一致。这个情况文献上未见说明缘由。根据研究，猜测有可能更换之前的瓦件是绿色琉璃瓦，这个颜色更为贴近神仓的文化内涵。

2015年重悬匾额的神仓

今天神仓院实测的结果，全院占地面积约3436平方米，东西宽约41.2米，南北长约83.4米。前院建筑中轴对称分布，轴线上的神仓（圆廪）、收谷亭，与后院的祭器库构成先农坛神仓建筑群的"三剑客"。而前后院的功能自成体系：后放农具，前存敬神的粮食，同时也是加工场所。这里俨然是大一统专制国家中最高等级的"农家场院"。

因此说，作为明清皇家敬神专用粮仓的北京先农坛神仓，是天下第一仓。

董绍鹏（北京古代建筑博物馆陈列保管部副研究馆员）

从国家之祀到私家之祀

——略说唐代先蚕祭享对后世的影响

◎董绍鹏

我国自古就是农桑为先的国家，农桑之业在国家经济生活中的地位不仅是重要的，而且也是很长历史时期内的财富主要来源，国家的税收，国家的经济实力体现，甚至一定程度上国家的对外影响力强弱，几乎都有赖于农桑（当然，封建社会后期还有其他手工业产品如瓷器的影响）。漫长的历史中，农耕农业的男耕与女织，构成了世界历史上的经典小农自然经济的代表。

我们知道了先农之祀在中国古代封建国家中的历史沿革和地位，即自从汉代逐渐恢复的，历经南北朝时期的发展，隋唐宋时期完全定型，至明清出现发展巅峰的一项沿袭自远古社会的以奉祀宗庙社稷神祇为原始本意，后来演变为作为封建国家天下子民发展农耕农业生产的一种礼仪核心内容。先农之祀在中国古代封建时代发挥的作用，意义深远。

与先农之祀相对应的，中国古代历史时期中还存在先蚕之祀。先农之祀属于男耕女织中的男性所承担祭享，而先蚕之祀则属于女织中的女性承担祭享。它与先农之祀构成一个农耕农业社会完整的经济基础在上层建筑的体现。

所不同的是，先蚕之祀虽然对应于先农之祀中的亲耕，有史可考的国家祭祀活动始于周代，但在后世 2000 余年的封建大一统历史时期中，先蚕之祀因属"非常祀"，祭享活动时有时无，祭享活动不仅相当的不连续，没有构成一项主要的国家祀典内容，反而随着历史的演进，由周代的国家之祀演变为天子的私家之祀，这一重要的转变节点发生在唐代，且一直影响到清代。北京先蚕坛的建造，即是唐代这一思想延续。

唐代以前的先蚕国家祭享活动制度内容
和主要活动记载

周代，因其相对于前世完备的国家制度建设，被后世尊为制度之始，成为后世效法的典范。已知的先蚕之祀，就是出现于这个时期，当时，先蚕之祀属于自然神祇崇拜，不是后世的嫘祖先蚕崇拜，只有先蚕之名，别无其他。

周代先蚕之祭的目的，是为周天子宗庙进行祭祀之时穿的衣物提供衣料，所谓后亲蚕以供祭服指的就是这个意思，将妇女进行采桑喂食桑蚕仪式化，并将原始为衣食住行之需的"衣"提升为祖先祭祀的相关用途，拔高了祭享的政治高度：

> 命野虞无伐桑柘。鸣鸠拂其羽，戴胜降于桑，具曲植蘧筐。后妃齐戒，亲东乡，躬桑。禁妇女毋观，省妇使，以劝蚕事。蚕事既登，分茧称丝效功，以共郊庙之服。——《礼记·月令》
>
> 古者天子诸侯，必有公桑、蚕室，近川而为之。——《礼记·祭义》
>
> 王后蚕于北郊，以供纯服；夫人蚕于北郊，以供冕服。——《礼记·祭统》

祭享活动的内容：

第一，是祭享场所的选择。

天子、王后与诸侯、公卿的夫人们都有作为代表国家进行活动的场所"公桑蚕室"，位于公有土地"公田"（也简称田）的桑树林；位置，在国都北郊（古人将南方定义为阳，北方定义为阴。男性对应为阳，亲耕之礼在正位为阳的南郊举行，女性对应为阴，亲蚕之礼也即先蚕祭享在非正位为阴的北郊举行）；靠近有河流湖泊的近水之处，便于洗涤"蚕种"（蚕茧）。核心内容：公田桑林、国都北郊、必有水源。

第二，是祭享时间的选择。

时间选在"季春吉巳"日，也就是每年农历三月中的一个天干吉祥、地支为"巳"的吉日。

第三，是祭享礼仪活动参与人员的选择。

国家级祭享，有王后及三公九卿的夫人们，以及挑选的民间熟练的蚕工、蚕母等。

第四，是祭享活动的内容组成。

祭享活动，仪式由祭祀不具姓名的先蚕神与王后亲自采摘桑叶的"躬桑"两部分组成。仪式前须斋戒以示虔诚。

第五，祭享活动的仪程。

活动当天，王后先是祭祀先蚕之神，然后躬桑，即按照天子亲耕"三推"的做法，用金钩亲自摘三片桑树叶放在筐中，三公九卿的夫人们依次摘下五片、九片桑叶放入框中。然后再按三、五、九之数选蚕种交给蚕工进行洗蚕种。

第六，作为补充的体现恤蚕事的相关措施，命令山林管理机构在养蚕吐丝的相关月份禁止砍伐桑树，以保证桑蚕的食物供给；同时命令整修蚕事用具、工具，以确保蚕事的顺利进行。

其中，以躬桑最为体现出"以为祭服"的核心目的，引申含义向天下人宣示蚕事的重要性，达到为天下人做出表率"母仪天下"的目的。

从此，先蚕之祀就成为后世以儒家为代表提倡的一项国礼，它与亲耕之礼一并成为日后中国农业社会大一统封建专制国家的重要典章。周代的先蚕之祀虽史书上没有明确记载具体哪位周代王后亲行过，但因其出自后世儒家经典《礼记》的追述，成为后世制度之始的内容之一。

周代所确定的祭享活动的选址要求、活动日期、活动人员构成、活动的组成、活动的内容，以及从天子亲耕承袭而来的"三、五、九"之数的应用，成为后世确定自己当代先蚕祭享活动的制度参照。

后世所谓的周礼之制，先蚕祭享制度位列其中。

西汉时，不仅逐渐恢复先蚕之祀、增添祭享建筑种类，同时也有对祭享活动选址自己的理解。先蚕之神从不具名称到有了名称，但分为两个神祇加以分别祭祀（苑窳妇人、寓氏公主。窳，音 yǔ）；祭神与躬桑不再是北郊一地，而是分于两地进行：祭神于都城东郊（五行中东方属性为木，主青，代表生命，因此祭蚕于东方），而躬桑于禁苑之中进行，不具方位；祭祀的等级为中牢（祭品为羊与猪）；出现了先蚕坛、采桑台这两种祭享专用建筑（先蚕坛高一丈、方二丈、四出陛）；躬桑活动完成后，犒赏给参与活动者蚕丝。西汉所祭先蚕之神虽然有了具体名称，但不同于其他历史朝代的虚拟之神或人格化之神（后世的嫘祖为人格化先蚕之神），而是针对蚕虫形象赋予的具有文学化描绘的具象之神。这个命名只历西汉一代，虽然短暂，但在以后的民间先蚕信仰中被不知所以然的百姓依然坚持。

总结来说，西汉的先蚕之祀对中国古代先蚕之祀做出的贡献，一是增添了祭享活动的建筑种类——先蚕坛、采桑台，二是明确了祭祀活动的物质供奉等级为中，三是明确了要对皇后祭享活动的参与人员实行奖励。以上三项，也成为后世先蚕之祀制度化建设的重要内容，是对周礼先蚕之祀制度化内容的必要补充。

而两汉之一的东汉对先蚕祭享的贡献，是明确皇后祭享活动仪仗，以及设置祭享活动设施的政府管理机构。据《文献通考·郊社考二十·亲蚕祭先蚕》的描述，东汉设置了管理先蚕祭享的官员"蚕宫令、丞"；明确皇后参加活动的仪仗内容如乘鸾辂（音 lù）、青羽盖、驾四马，即四马所驾有车盖的外观有装饰的大车。这个内容，同样也成为后世先蚕祭享制度内容的重要组成。

两汉时代，在重新启用周礼之制的先蚕祭享同时，依据大一统封建国家为了突出皇权专制色彩的政治所需，对周礼的制度内容做出补充，丰富了祭享活动的制度礼仪规定的完整性，属于制度建设上的添枝加叶，而且是影响后代的重要内容。

魏晋南北朝时期，是中国历史上的一个民族融合、民族政权征战大混乱时期，北方众多少数民族崛起，一方面各尽所能力图掌控原来汉地的控制权，一方面尽可能掠夺人口，同时也在征伐中注意到汉族政权稳定政治局面的很多做法，注意到这些制度和做法对自己政权的实用性，注意到汉法治汉地的政治意义，因此，在取得土地的同时，逐渐恢复或效法了汉地政权的政治制度、典章制度。先蚕祭享之制，自然也不例外。

三国魏，由于沿袭自汉代政权，保留了汉代众多制度做法，同时也采用周礼之制，先蚕祭享活动在北郊开展。

两晋时期，对于先蚕祭享也如西汉一样，对于制度内容较之前有所不同，尤其体现在祭享活动选址，《文献通考·郊社考二十·亲蚕祭先蚕》说"晋武帝太康六年，蚕于西郊"，原因是"盖与耤田对其方也"，也就是说为了体现自汉代开始的天子亲耕耤田于国都之东而对应皇后先蚕之祭于西，与耤田相对。因此从理念本源上说还是遵从周礼之制中的田桑方位相对的规定。

南北朝时期比较典型的，是北齐国家。

作为一个少数民族政权，北齐的天子亲耕、皇后亲桑（即先蚕祭享），不仅祭享设施和制度制订较前代细致完备，也体现出有制无行的问题（这一问题，后世也有出现），亲耕和亲蚕都没有祭享事件记载。但制度制定的完备程度，还是很突出，史书中虽未记载北齐高氏王朝亲蚕的具体事例，但对高氏王朝的亲蚕制度有着较为详细描述，可以看出北齐政权对于耕、蚕二礼制度的重视较其他政权更为到位，其中先蚕之祭大致的内容是（依照《隋书·志第二·礼仪二》）：

一、先蚕祭享设施的位置：蚕坊位于京城邺城西北方，距皇宫十八里外，与位于城东南皇帝行亲耕之礼的耤田相对。

二、先蚕祭享设施的布局及建制：蚕宫方九十步（五尺为一步），墙高一丈五尺（北齐一尺合今 0.2997 米），上被以棘。内有蚕室二十七间，桑台方二丈、高四尺、四出陛；先蚕坛方二丈、高五尺、四出陛。外围总长四十步，四面各一门。

三、先蚕祭享日期：每岁季春（三月）的雨后吉日。

四、先蚕祭享等级、陈设：如祀先农，用太牢（牛羊猪各一）。

五、先蚕祭享皇后仪仗等：法驾、服鞠衣、乘重翟。

六、先蚕祭享祭祀对象：黄帝轩辕氏，无配位。

七、先蚕祭享管理：由太监充任蚕坛的管理官员蚕宫令、丞。

八、躬桑之数为三、五、七、九，皇后为三，命妇中服鞠衣者五、展衣者七、褖衣者九。

九、礼毕，设劳酒，赏赐随从。

北齐国家体现出周礼之制、魏晋之法相交的特点，既有周礼的继承，也有魏晋变化的保留。应该说，唐代之前到了北齐之时，周代确定的先蚕之祭大的原则基本得以恢复，但操作细节有所增益。

至此。先蚕祭享的发展已经到了内容足够丰富的程度。

唐代：先蚕的国家祭享制度由国家之祭变为皇家私祭

唐代，在中国古代史上尤其是制度史上扮演着承上启下的重要角色，可以说后来明清的一些制度形态，大的原则在周礼之制的指导下深受唐宋之制中的唐代之制影响。其中，唐代的先蚕祭享制度，直接影响到明清。

唐代的先蚕祭享，根据开元时期成书的《大唐开元礼》所载，内容上较之唐代以前有了极大丰富，包括：

一、先蚕祭享日期：为季春吉巳日，也就是周代所定农历三月天干属吉的巳日。

二、先蚕祭享斋戒。一共斋戒五日，散斋三日，致斋二日。致斋于皇后寝宫正殿内进行，散斋于后殿内进行。其他陪祀官员，散斋在家，致斋的第一天在家、第二天在蚕坛。六尚、命妇人等也要于各自住所斋戒。

三、先蚕祭享物质准备：祀前第三天，设置祭祀用帷幔。祀前第二天，设置雅乐乐悬、建造采桑台（在先蚕神坛南二十步，方三丈，高五尺，四出陛）。祀前第一天，划定参加祭祀人等各司其职的工作位置。祭祀当天，天亮前的十五刻宰牲（唐代，作为时间计量单位的一刻，是以一个时辰分五刻计算的，所以唐的一刻约等于今天24分钟。十五刻就是6小时），以豆取毛血，马上开始烹煮牺牲；天亮前的五刻（2小时），有司于先蚕神坛上摆设先蚕氏神牌，南向。

四、皇后服鞠衣，乘车而不鸣鼓乐前往先蚕神坛。

五、皇后进行三献三拜的先蚕神祭祀。

六、皇后亲桑。皇后采三片桑叶，一品命妇各采五片、二品及三品命妇各采九片。

七、皇后车驾回宫。陪祀命妇一品的跟随回宫，二品三品的各自回家。

八、劳酒。皇后回宫第二天，在自己的寝宫正殿摆酒犒赏昨日随从进行先蚕祭享的命妇。

根据上述描述，我们得知参与皇后亲蚕活动的主要随从人员，其实就是皇后周边的后宫嫔妃及宫中女官，国家三省六部之类的品官没有出现。这表明，唐代的先蚕祭享已经从国家层面，降格为皇家的私祭层面，可看成是"家天下"统治观念中富于"家"之特性的祭祀活动。

根据史料记载，唐代的先蚕坛选址，已经将周代规定的位于国都之北，改为在皇家禁苑中亲桑，"唐先蚕坛在长安宫北苑中，高四尺，周回三十步"（《文献通考·郊社考二十·亲蚕祭先蚕》）。虽然没有将坛址建在国都长安之北，但在宫苑中的位置却是选在宫苑之内的北部。

出现这种变化的目的，一是因为皇后身为一国之母，祭祀活动出郊外多有不便，二是因为众嫔妃为皇帝家室，更不能随意示人。实质上的含义是：女性主导的皇后先蚕祭享已经完全看成皇家的家之祭祀"私祭"，只能在自家的范围中进行，只不过照顾到祭享仪式的祭祀等级和规模，参照祭祀先农之礼的官祭。这一做法，对后代，尤其是清代的先蚕祭享之制有直接的影响，后世清代的先蚕祭享之制，不过是唐制的延续与翻版而已。

唐代的先蚕祭享之变对后世的影响

唐代先蚕祭享之制对后世的影响，可以说深入到明清。

根据史料，明世宗嘉靖在位初依照大臣建议，决定建造明代的先蚕坛，《明实录·世宗实录》卷一百零九记载说："朕惟耕桑王者重事也。古者天子亲耕，王后亲蚕，以劝天下。朕在宫中，每有称慕。自今岁始，朕躬祀先农，与本日祭社稷，毕，既往先农坛行礼，皇后亲蚕，礼仪便会官考求古制，具仪以闻。"做出决定的这一年是嘉靖九年，即1530年。先蚕祭享礼制考证的结果，已经体现出嘉靖帝在周礼之制与唐代之制之间的矛盾与徘徊，因为有朝臣已经提出异议，"皇后出郊，难以越宿，且郊外别建蚕室，则宫嫔命妇未得亲见蚕事，势难久行"（《皇明典礼志》卷十二），对初步确定的按照周礼之制将先蚕坛建于都城北郊，以皇后到都城北郊距离远和距离皇宫远导致宫里的妃嫔们不能了解养蚕织作的艰辛为理由，要求重新选择坛址。尽管这时的嘉靖帝仍在考虑按照周礼之制操作，最终还是在周礼之制和唐代之制之间采取了折中之法，即将先蚕神坛、采桑台等建于北郊安定门外的稍西侧，让皇后率公主及内外命妇前去行祭祀礼和躬桑礼，同时在西苑的西北角空地建造织堂，将北郊采得的蚕茧运进西苑，用来最终完成织造郊庙祭服的任务。嘉靖九年（1530年）三月明代的第一次先蚕祭享，《国朝典汇》卷十八记载道"始立先蚕氏之祭。岁春择日皇后祭，用少牢、礼三献、乐六奏。……公主、内外命妇陪祀"。

尽管嘉靖帝已经做出制度上的折中，但仍有大臣议论不迭。第二年的二月，就有人对嘉靖奏到（《明实录·世宗实录》卷一百二十二）：去年皇后的亲桑之举，已经成功地为天下人示范了桑蚕之事的重要性。现在，相关的蚕坛建筑还在收尾施工，这种情况下还是遣官祭祀为好。又说，去年皇后娘娘出城遇到大雾弥漫，天气不是很妥当，这种情况下根据古制可以考虑皇后不用出宫，在皇宫里举行代祭之仪，同样也可以体察到民间织妇蚕事之艰辛，因此只要达到明察大义的目的就可以了，不一定非要年年出城亲自祭祀。。。在这种情况下，嘉靖只能顺水推舟，于是下令在西苑已有的织堂之南，重新建造先蚕神坛和采桑台（躬桑台、亲蚕台），而前一年建造的北郊先蚕祭享建筑则全部拆除。

沿袭周礼之制的北郊亲蚕，终于还是被皇帝在自家禁苑内行事所替代；唐代肇始的宫内亲蚕，至此已经彻底取代了周代皇后代表国家亲蚕，成为皇帝自家行亲蚕之礼，也就是说，原本的"太祭"已经演变为"帝祭"，国家礼仪成为皇家的自家之礼。

后世清代就更为明确，先蚕祭享祭祀等级虽为中祀、仿照先农之祭，但先蚕祭享的管理则改为由掌管皇帝家事的内务府管理，与国家机关诸如礼部、太常寺的管理完成脱离，甚至皇后不能亲享的代祭之劳，也是内务府大臣代为进行（有清一代，内务府大臣代行祭享先蚕之礼，共计 15 次）。清代的先蚕祭享之礼，不过是明代做法的延续，更是先蚕祭享唐代之制的彻底实践。

董绍鹏（北京古代建筑博物馆陈列保管部副研究馆员）

北京先农坛瘗坎方位试论

◎陈媛鸣

北京先农坛位于北京城西南方，清代城市中轴线南端的西侧。创建于永乐十八年（1420年），是明清时期皇帝祭祀先农之神并进行亲耕耤田的场所。初为明代山川坛，永乐十八年（1420年）营造北京城，城中、城郊宫殿、坛庙、衙署等官式建筑"悉仿南京旧制"，当时太岁神、先农神、风云雷雨、岳海镇渎、钟山之神共祭于山川坛之内。经过明英宗天顺二年（1458年）修建山川坛斋宫，明世宗嘉靖十年（1531年）下旨每年亲耕前临时搭建木制观耕台，嘉靖十一年（1532年）建成先农坛神仓，逐步完善了祭祀先农神的相关建筑，形成了包括先农祭坛、神厨建筑群（神厨、神库、神版库、井亭）、宰牲亭、神仓建筑群、斋宫建筑群、具服殿、瘗坎、仪门、观耕台，一整套服务于先农之祭的建筑。

一、瘗祭的形成和发展

"国之大事，在祀与戎"，祭祀是中国古时一项重要的社会活动。在原始社会就已经出现了祭祀性质的活动，随着人类文明的进步，祭祀制度逐渐得到完善，祭祀建筑也逐渐形成体系。贾公彦《疏》云："山林无水，故埋之；川泽有水，故沉之；是顺其性之含藏也。"可见，古人对于祭祀方式的选择非常直接，顺从不同祭祀对象的表象选择不同的祭祀方式。在众多的祭祀方式中，一个很重要的形式就是"埋"或称"瘗"，其对应的祭祀设施称为"坎"。《说文解字》："瘗，幽薶也。""幽"和"薶"都有"埋"的意思，我们可以把"瘗"理解为"埋"。瘗坎（或称瘗池、埋坎）就是祭祀神灵时，为掩埋祭品而挖的土坑，所以"瘗祭"也可以称为"坎祭"。

瘗祭起源于原始祭祀活动。在距今5000多年的红山文化的祭祀活动中就已经出现了瘗祭。辽宁凌源牛河梁遗址第五地点共发现九个祭祀坑，坑口平面呈圆形，坑底和坑壁均经火烧烤，形成硬面。但九个祭祀坑均未发现兽骨的随葬，只有石器和陶器。祭祀时，人们将特制的祭器放入祭祀坑中，在仪式之后，用土掩埋，祈求大地降福赐祉。河南杞县鹿台岗龙山文化祭祀遗址附近发现了一处直径达 10.35 米、深度超过 4 米的灰坑，坑壁斜直而规整，坑底又有一小坑，坑内出土有鹿角、兽骨及禽骨类的遗物。经专家推测，这些与祭祀土地神有一定的关系，应为一处祭祀土地神时掘坎挖坑的遗迹。这种存在瘗祭痕迹的遗址在我国各地都有发现，说明瘗祭在原始社会就已经广泛存在。

《诗经·大雅·云汉》中写道："靡神不举，靡爱斯牲。圭璧既卒，宁莫我听。旱既大甚，蕴隆虫虫。不殄禋祀，自郊徂宫。上下奠瘗，靡神不宗。"在西周时，就已经确定了"瘗"这一祭祀方式，并且瘗祭作为祭祀活动的一种主要形式，在古代祭祀典礼中经常出现并且意义举足轻重。《尔雅》曰："祭天曰燔柴，祭地曰瘗埋，祭山曰庪县，祭川曰浮沉。"《礼记·祭法》中说道："燔柴于泰坛，祭天也。瘗埋于泰折，祭地也。"这都明确指出"瘗"是祭地的重要形式，只有祭祀地神才可称为"瘗"。《后汉书·卷九八·祭祀志中》："北郊在洛阳城北四里，为方坛四陛……奏乐亦如南郊。既送神，瘗俎实于坛北。"在此之前的文献中，虽然有提及瘗祭，但是只提到了瘗地相对于城市的大方位，"位于北郊"。直到此时才开始记载瘗祭相对于祭坛的具体方位。《隋书·卷六·礼仪志一》记载："（后齐制）方泽为坛在国北郊……广深一丈二尺。"说明后齐时已经对瘗坎的规制有了明确的规定。随着祭祀制度的不断发展，唐代已经出现了"望瘗位"，这是祭祀进行时皇帝站立观看瘗埋祭品过程的位置。《新唐书·卷一四·志第四·礼乐志四》："皇帝孟春吉亥享先农，遂以耕籍……望瘗位于坛西南，北向。"并且此时针对不同的祭祀对象，瘗坎的规制也有所不同。《新唐书·卷一二·志第二·礼乐志二》："为坎深三尺，纵广四丈，坛于其中，高一尺，方广四丈者，夕月之坛也……岳镇海渎祭于其庙，无庙则为之坛于坎，广一丈，四向为陛者，海渎之坛也。"这代表着瘗埋这一流程在整个祭祀过程中的重要性得到了提升，祭祀制度进一步得到完善。唐代之后，祭祀时瘗埋仪式则趋于固定化。

二、先农坛瘗坎方位

永乐十八年（1420 年）明成祖迁都北京，为体现其政治的正统性，

将南京惟高敞广丽过之"，于是北京的众多坛庙重现了南京的原貌。清朝作为一个少数民族政权，在创建之初对前朝的祭祀建筑继续留用，祭祀制度也大部分承袭。

先农坛瘗坎位于先农神坛东南，是举行先农祭礼时掩埋祭祀用毛血、馔等礼神物品之处。民国时荒废，现已无存。虽然清代的祭祀制度承袭明制，但是先农坛瘗坎的方位从文献记载中来看，清代与明代并不相同。《大明会典》中的山川坛总图中，瘗池位于先农坛西北侧。在《春明梦余录》中也有记载："（先农坛）方广四丈七寸，高四尺五寸，四出陛，西为瘗位。"但是在清初成书的《郊庙图》中，瘗池却位于先农坛东南侧。《大清会典事例》中写道："（先农坛）制方，南向，一成，周四丈七尺高四尺五寸，四出陛，各八级。东南为瘗坎。"在光绪年版的《大清会典》，瘗池也是位于先农坛东南侧。但是清代的文献中对于先农坛瘗池是什么时间以及什么原因从西北方调整到东南方并没有记载。

历朝历代对于瘗祭的方位也多少有所记载，目前笔者查得较早的记载为《后汉书·卷九八·祭祀志中》："北郊在洛阳城北四里，为方坛四陛……奏乐亦如南郊。既送神，瘗俎实于坛北。"明确指出瘗俎在坛的北方，但是此处"坛北"所指正北还是偏北，就不得而知了。《魏书·卷一〇八之一·志第一〇·礼志一》记载："癸亥，瘗地于北郊，……瘗牲体右于坛之北亥地，从阴也。"此后所记，祭祀瘗坎大多设置在坛之"壬地"：

> （后齐制）方泽为坛在国北郊……又为瘗坎于坛之壬地，中壝之外。
>
> ——《隋书·卷六·志第一·礼仪志一》

> 瘗坎皆在内壝之外壬地，南出陛，方深足容物。此坛坎之制也。
>
> ——《新唐书·卷一二·志第二·礼乐志二》

> 祀汾阴后土，请如封禅，以太祖、太宗并配。其方丘之制，八角，三成，每等高四尺，上阔十六步……为瘗坎于坛之壬地外壝之内，方深取足容物。
>
> ——《宋史·卷一〇四·志第五七·吉礼七》

> 郊社令帅其属，扫除坛之上下，为瘗坎在内壝外之壬地。
>
> ——《金史·卷二九·志第一〇·礼志二》

　　不论是这其中指代方位的"亥""壬"，推测应源自用于罗盘指向的"二十四山法"。《钦定协纪辨方书》中说道："卦四天干八地支十二，共为二十四方位，阴阳家名二十四山……八卦惟用四隅，而不用四正者，以四正卦正当地支，子午卯酉之位故不同卦，而用支即用卦也。八卦即定，四正则以八干辅之……和四维八干十二支共二十四。天干不用戊已者，戊已为中央，土无定位也。以二十四山分属八卦，则一卦筦三山……以二十四山分属五行，诸家不同，具各有义。""二十四山法"是将地理环境中360°圆周一圈分为二十四山，二十四山分别由八天干：：甲、乙、丙、丁、庚、辛、壬、癸，十二地支：子、丑、寅、卯、辰、巳、午、未、申、酉、戌、亥，以及乾、坤、艮、巽四卦组成。每一山向正好15°。每一山向的每一度凶吉都不同。二十四山向与八卦配合时，八卦即是八个方位，每个方位统辖三个山向。南方离卦统辖丙午丁、东南巽卦统辖辰巽巳、东方震卦统辖甲卯乙、东北艮卦统辖丑艮寅、北方坎卦统辖壬子癸、西北乾卦统辖戌乾亥、西方兑卦统辖庚酉辛、西南坤卦统辖未坤申。

　　由"二十四山向"，《魏书》中所指"坛之北亥地"位于神坛西北方，《隋书》《新唐书》中所记"壬地"为北方。因此，明代将先农坛瘗坎设置在神坛西北侧是遵循前朝历代传统的。

　　在其他的皇家祭坛也配套设置有瘗坎，但是因为瘗坎相对于整个祭祀建筑群来说相对渺小，所以各代对于瘗池的记载并不完善。虽然大部分祭坛的瘗坎都设置在北方或者西北方，但是清代先农坛瘗坎设置在东南方并不是孤例。

　　　　"圜丘制圆，南向。三成……外壝南门之内，东南丙地，
　　　绿色琉璃燔柴炉一。，高九尺，径七尺。绿色琉璃瘗坎一。"
　　　　"祈谷坛制圆，南向。三成……祈年门五间，崇基石栏。
　　　前后三出陛，各十一级。门外东南，绿色琉璃燔柴炉一。瘗
　　　坎一。"

　　　　　　　　　　　　　　　　　　——光绪《钦定大清会典》

　　据《大明会典》记载，明代圜丘坛瘗坎也设置在东南方。

　　还有一些祭坛瘗坎设置在其他方位，《春明梦余录》记载："（夕月坛）坛方广四丈，高四尺六寸，阶六级……东门外为瘗池。"光绪《钦

定大清会典图》记载："日坛……西门外南瘗坎一。""月坛……东门外北瘗坎一。"

通过笔者已经查得的文献中各朝各代不同祭坛瘗坎方位记录的对比，明清之前各代即使祭祀的对象不同，除南郊祭天瘗坎在东南方之外，瘗坎几乎都设置在北方或者西北方位。直到清代才出现不同祭坛位于多个不同方位的情况。

三、先农坛瘗坎方位改变的原因

关于北京先农坛瘗坎由明代的西北方改变到清代的东南方，这一转变最有可能是由于统治者对于先农神属性理解的变化造成的。

五行观念中，金为西方，木为东方，水为北方，火为南方，土为中央。五行与阴阳学说相结合，又认为木火为阳，金水为阴，土为阴阳平衡。结合正五行（《钦定协纪辨方书》所记："亥壬子癸属水，甲卯乙巳巽属木，巳丙午丁属火，申庚酉辛乾属金，辰未戌丑坤属土。此八卦干支之五行也，后有双山洪范诸家，因名此为正五行。"）"亥""壬"属水，而水属阴。上文所引《魏书·卷一〇八之一·志第一〇·礼志一》："癸亥，瘗地于北郊，……瘗牲体右于坛之北亥地，从阴也。"瘗坎设置在北方也是顺从阴象的。自中国上古之祭法，使用瘗埋方式所祭的对象应为地神，包含土地性质的神灵皆可算在地神之列，在祭祀之时都配合有瘗祭。而且天为阳，地为阴，先农神属于农业之神，它与土地的关系是密不可分的。如此，先农神的属性为阴，明代及其前朝将其瘗坎设置在西北方是合理的。

北京先农坛原来所供奉的先农之神，是先秦至汉代经过一段时间演变后形成的炎帝神农氏。炎帝是代表南方之火的火德之神，又称赤帝。古人崇拜火和太阳，认为火与太阳同源，太阳是光明之源，万物之本，世间万物的生长都要依靠太阳。"炎帝"是由火崇拜演化而来的，于是炎帝成为火崇拜和太阳崇拜的象征。西汉初期，黄老之学盛行，休养生息，发展农业生产成为国策，由于统治者发展农业，抑制商业，人们也加强了对农业神祇的重视。炎帝神农氏就是在西汉时期被证实加以确定，并被证实列入国家祭典，在政治层面发挥重要的作用。炎帝之名还与古人在方位上的阴阳五行概念有关，所谓东方主木为青是为青帝，南方主火为赤是为赤帝，西方主金为白是为白帝，北方主水为黑是为黑帝，中央主土为黄是为黄帝。炎帝是主南方的方位神。在正五行中，南方丙地也是属火的。

东方是一日中太阳初起之地带来阳气，东方之地象征着农业在一年之中的开始的方位，并结合五行的属性，东方色青，属木，主生长，寓意生命。祭祀先农之神的目的就是为了祈求神灵保佑作物生长，五谷丰登，农业生产的顺利进行。结合以上两点，清代将先农坛瘗坎设置在东南方也是说得通的。

关于北京先农坛瘗坎改建方位的原因在文献中并没有记载，各代关于瘗坎的记载也是少之又少。同时，中国古人并没有固定、统一的信仰，今天我们探讨古人某一事物背后的原因，也不能仅仅从单一角度出发，它们往往是诸多因素共同形成的结果。我们只能通过在历史文献中找寻线索，找到最可能接近合理情况的缘由。在此，也是我对于先农坛瘗坎的试论，并不能给出确定的结论，以待日后在查阅更多的历史文献后，再得出更加合理的推论。

陈媛鸣（北京古代建筑博物馆陈列保管部助理馆员）

回到礼乐教化

——跨越千年看祭孔

◎常会营

自先秦，经过两汉、魏晋南北朝、隋唐、宋元明清，乃至民国时期，祭孔释奠活动一直在持续。即便在战乱年代，祭孔释奠虽然时断时续，亦未完全中断。新中国成立后，特别是"文革"期间，祭孔释奠一度中断。改革开放以后，儒学再度升温，自曲阜阙里孔庙开始，祭孔释奠活动重又陆续恢复。

2000 年以来，祭孔活动更是逐步及于全国各地孔庙、书院、学校、城市乃至县乡镇，祭孔活动亦渐成燎原之势。特别是秋祭，大都选在 9 月 28 日，中国大陆各孔庙、书院、学校，一些城市乃至县乡镇，都进行了丰富多彩的祭祀活动。而在诸多祭祀活动中，各地孔庙祭孔释奠无疑是重中之重。曲阜阙里孔庙、北京孔庙、衢州孔庙、台北孔庙以及全国各地孔庙基本上都举行了祭孔释奠活动。据不完全统计，2015 年举行祭孔活动的孔庙约有 33 所，举行祭孔活动的书院和学校约有 14 所；其他地方如城市和县乡镇有 5 所。加上韩国和日本，2015 年祭孔的孔庙、书院、学校及其他地方至少 50 余个。因中国孔庙保护协会已有 100 多家全国各地孔庙加入，它们亦大多于每年 9 月 28 日祭孔，故此统计数字应更多。而就祭祀的时间、礼仪规制以及内容的丰富性而言，一些书院、学校以及城市和县乡镇，丝毫不逊色于各孔庙祭孔。

祭孔活动在以往基础上，也进一步走向联合，声势和规模也日益扩大。相较而言，大陆一些孔庙正在逐步恢复春秋二祭，如曲阜孔庙、北京孔庙等，特别是如都江堰文庙，已经恢复了传统的仲春仲秋上丁日祭孔。一些高校学院学生也进行了仲春上丁日祭孔释奠，令人赞叹。而在祭孔礼仪规制上，各地孔庙、书院和学校、城市、县乡镇等，除个别孔庙（如吉林孔庙），基本上恢复到明式祭孔礼仪和乐舞表演。而对于传统的夏历八月二十七日孔子诞辰祭祀，一些孔庙（如台北孔庙），个别书院（如湖北经心书院）和学校亦遵循下来，值得称道和学习。除了中国大陆祭孔之外，中国台湾以及韩国、日本也进行了祭孔释奠活动。

通过对近年来祭孔活动的回顾，我们对现当代祭孔总结如下：

（1）祭孔队伍数量逐年增多；规模日趋增大；走向广泛联合；正献官级别越来越高（包括省、市、县委政府领导）。

（2）政府祭孔和民间祭孔相结合，形成双向互动。

（3）除个别孔庙用清式（如吉林孔庙），大都回归明式祭孔，逐步恢复传统三献礼。

（4）祭孔活动内容不仅仅是释奠礼，而且包含了开笔礼、拜师礼、成人礼、读经等多种仪式，形式多样，内容丰富。

（5）各地祭孔活动充分融合地方民风风俗，具有区域性特色。

（6）祭孔活动引起媒体广泛关注，现场直播，影响更大。

（7）祭孔时间大多9月28日，有的开始增加为春秋二祭，部分（包括韩国）已向传统的春秋丁祭（仲春仲秋上丁日）和孔子诞辰（夏历八月二十七）回归。

（8）中国诸多地区纷纷修建、恢复的孔庙、书院学校乃至中国台湾，韩国、日本等孔庙，都举行祭孔释奠礼及各项纪念活动，充分体现了孔子的伟大，儒学的顽强的生命力，对于中华民族文化自信力的恢复，自信心的提升，都有很好的促进和推动作用。

自古至今，中国的国家治理理念一直是礼法结合、德主刑辅，所谓"教民亲爱，莫善于孝。教民礼顺，莫善于悌。移风易俗，莫善于乐。安上治民，莫善于礼"（《孝经·广要道》）。"夫礼禁未然之前，法施已然之后。法之所为用者易见，而礼之所为禁者难知。"（《史记·太史公自序》）礼的作用是防患于未然，法的作用是除恶于已然；法的除恶作用容易见到，而礼的防患作用难以被人们理解。如孔子所言："道之以政，齐之以刑，民免而无耻；道之以德，齐之以礼，有耻且格。"（《论语·为政》）如果治理国家只是依靠政令和刑罚，那么人民只能免于犯法，但却没有羞耻；反过来，如果国家能以道德引导人民，以礼乐教化人民，那么人民就不但知道羞耻，而且能正心诚意，迁善改过。

孔庙祭孔正是对孔子为中华文明乃至世界文明所做出的巨大历史

贡献的肯定、认可和礼赞。作为华夏儿女、炎黄子孙，我们应该尊重历史，将祭孔释奠礼乐这份沉甸甸的非物质文化遗产继承和接续下来。

结合历史和当下，我们来探讨一下与孔庙祭孔相关的几个重要问题。

一、如何看待祭孔与祭天、祭祖的关系？

在研究孔庙祭孔的过程中，我们也注意到祭天、祭祖这样一些祭礼。其相同点，就是他们都是古代国家祭祀的重要内容。礼有三本，《荀子·礼论》曰："礼有三本：天地者，生之本也；先祖者，类之本也；君师者，治之本也。无天地，恶生？无先祖，恶出？无君师，恶治？三者偏亡，焉无安人。故礼，上事天，下事地，尊先祖，而隆君师。是礼之三本也。"

所以，其共同点都是对天地、祖先，对先圣先贤的一种敬畏和尊崇。其不同点：首先，他们的祭祀对象是不一样的，而且在各自祭祀礼仪过程中有不同的表现形式。从历史来看，祭孔在古代，除了宋高宗年间曾经上升为大祀，以及明代成化、弘治年间，曾经实行大祀之外，长时间基本上是用的中祀的祭祀形式。直到光绪三十二年（1906年），清朝将祭孔最终上升并定格为大祀，同祭天、祭地、祭祖取得了平等的祭祀规格。在古代，中祀和大祀是有很大区别的，例如献礼中的跪拜之礼不同，祭器和礼器数量不同，佾舞生数量不同，乐章歌词也不相同。中祀一般用文舞，即手持羽和籥舞蹈，没有武舞；而大祀中除了有文舞外，还有武舞，即手持干戚（盾牌和大斧）舞蹈等。

二、祭孔是一种宗教性或带有
宗教色彩的活动吗？

儒教是一种宗教吗？这个问题在学界争论的也很激烈。不同的学者，包括儒家学者内部，也是有不同的观点。有人认为儒教是宗教，有很多学者就认为儒教不是宗教。我们看到，祭孔的仪程主要由迎神、初献、亚献、终献、撤馔、送神、望燎几部分组成。望燎也就是把祝文、献的帛焚化了，希望孔子的在天之灵能够收到，似乎跟现代宗教很相似。但是，归根结底，祭孔其实不是宗教，只是带有一定的宗教性。关于这一点，李景林先生在中华孔子学会举办的一次关于"儒家的意义与当代中国的信仰、宗教问题"的研讨会上曾经提到并深刻阐发过。[1]同时,我们认为,祭孔与现代宗教不同。祭孔,因为孔子是人,所以其基本等同于祭祀人鬼。而对现代宗教来说,它有一种超越性的实体(或曰至上神,如基督教中的上帝)存在;因此,其跟中国祭孔或祭祀人鬼还是有很大不同的。

古代祭天、祭地、祭祖先、祭社稷,包括祭先师,有一种"报本返初"的理念在里面。即是说,无论人类发展到什么程度,无论历史走向何方,我们都不应该忘记我们的祖先,忘记我们的先圣先贤,它是有这样一种文化理念在里面作为支撑。

三、祭孔在古代的和在现代的价值和作用
是否是一脉相承?祭孔在古代有
精英/士绅祭祀与群众、大众性
祭祀的区别吗?

我们必须承认,现代祭孔和古代是有相承性的。从关于孔庙祭孔之历史考述中,我们应该有深切体会和感触。祭孔有其当代价值,比如接续历史,传承文化,敬仰先贤,凝聚华族等。这些价值其实在不同时代,都有体现。在现代意义上,孔庙联合祭孔对推动两岸文化交流、和平统一,亚洲乃至世界的和谐稳定,有一定推动和促进作用。

而在古代,我们可以看到,汉武帝"罢黜百家,独尊儒术"之后,儒家就上升为一种国家统治思想,称为经学。从汉代开始,一直到魏晋、隋唐、宋元明清,祭孔基本上是一种国家祭祀,皇帝亲自祭祀,或者派遣国家重要官员来祭祀。这里面有很强的政治教化色彩。古代孔庙祭孔是"儒学经学化""儒学制度化"的重要内容及体现。而现在,这方面可能就弱化许多,其意义更多是一种对先圣先贤的敬仰。

在古代经学时代,儒学作为国家统治思想,祭孔主要是国家所主办举行的。阙里孔庙也好,国学文庙也好,直省文庙也好,府州县文庙

---

① 参见王中江,李存山.中国儒学(第十辑).北京:中国社会科学出版社,2015:344.

简说中国古代天神之祀与
北京清代风云雷雨庙

◎李 莹

对自然神灵的祭祀是封建统治者政治生活的重要内容，在中国传统文化中占有举足轻重的地位。在远古时代，人们认识自然的水平有限，他们希望通过对一些自然神灵的崇祀，获得神灵的庇佑。在以农立国的中国，人们对农业十分重视，在靠天吃饭的时代，他们无力抵抗自然灾害，于是，他们把对农业丰收的期盼和对风调雨顺的期望寄托于冥冥之中所谓的神灵身上，希望这些神灵能够给他们带来福祉。封建统治者在实行一系列重农的政治措施同时，也通过对一些天神的崇祀，祈求农业丰收，以达到维护统治的最终目的。本文所述天神，并非我们通常所指的昊天上帝，与天坛祭祀的上天有本质区别，而是专指在中国原始农业生产中影响农作物生长的重要自然因素——风、云、雷、雨。

在中国漫长的历史长河中，风、云、雷、雨这些自然现象一直被人们当作神灵崇祀，在周代已有关于统治者对风云雷雨之神的记载。明嘉靖帝时期，在北京先农坛内建造天神坛专祀风、云、雷、雨。清雍正帝时采纳礼官的建议，提高了风、云、雷、雨等自然神的地位，在紫禁城的两侧分别兴建或改建了单独祭祀风、雨、云、雷四神的专祀神庙，即宣仁庙、凝和庙、昭显庙和时应宫，也就是我们这里说的风云雷雨庙。由此可见，风云雷雨等天神的崇祀在中国封建社会中占有重要地位。

一、中国古代自然崇拜

人类历史上早期出现的崇拜对象是自然和自然力，自然崇拜是世界各民族大多经历过的一个早期或称原始宗教阶段。原始人类在适应自然、征服自然、在自然界谋求生存繁衍的过程中，由于生产力十分低下、智慧未开等原因，认识世界的能力十分有限，不能理解、解释影响人类生活的自然界许多现象变化，在强大的自然界面前显得软弱无力，因而对自然物和自然力产生了畏惧、惊慌和神秘的感觉。当早期人类产生灵魂的观念之后，便将这个观念扩展到与自己生产生活相关的万物之中，将人类的思想感情赋予了世间万物。他们认为日月星辰、江河湖海、风云雷雨、动物植物等一切自然事物都具有生命、意志、灵性和神奇的能力，是有灵魂的，伟大的自然力冥冥之中主宰和影响着他们的意志。人类在认识自然能力低下的时代，出于对自然力的依赖和敬畏，人们开始崇拜自然中的一切，把种种与人类生活密切相关的自然物、自然力和动植物等演变成具有某种超自然力的神灵，并对这些神灵举行各种形式的祈求仪式，通过各种形式的音乐、舞蹈、祭祀等行为，对这些神灵施以影响，希望这些超自然力的神灵能够满足人类风调雨顺、五谷丰登、生活幸福、子孙兴旺等美好的愿望，得到他们的庇护和福祉，自然崇拜由此产生。万物有灵是自然崇拜产生的根源和生存发展的基础。自然崇拜的对象是神灵化的自然现象和自然力，如天、地、日、月、风、云、雷、雨、山、岳、海、渎等等。

各种自然崇拜形式不是同时产生的，与人类生活方式密切相关，在人类长期发展过程中逐渐出现、形成、发展、成熟。人类社会早期主要从事采集和渔猎生活，当时人类更多思考的是人与动物及植物的关系。随着农业的产生和发展，农业成为人类生产和生活中的重要内容，是人类生活和发展的重要基础。此时，人类对自然的崇拜被赋予了新的内容和意义。随着人类对自然界认识的不断加深，除了植物本身，他们还要思考影响农作物生长的各种因素，如环境、气候、土壤等自然现象变化与农业生产的关系。自然崇拜的范围不断扩大，形成了无所不包、无所不容的自然崇拜体系。可以说，几乎所有主要自然物和自然现象都曾经在不同时期、不同情况下被当作一种人格化的超自然存在而受到崇拜。

中国是一个以农耕农业为主的农业国家。当农业生产处在依赖大自然恩赐的时代，农作物的丰收、歉收、绝收，牲畜的生长或死亡，都直接取决于大自然的风调雨顺还是旱涝不均。因此凡是影响农业收成和牲畜生长的自然物都成为人们崇拜祭祀的对象，天、地、日、月、风、云、雷、雨、山川、树木等都是主宰农业收成和牲畜生长的神灵，对这些神灵的崇拜是自然崇拜中的高级形态，它与中国农耕自然经济的生产方式有着密切的关系，并对中国古代社会生活产生了重要的影响。

同时，自然崇拜在历代王朝的统治中发挥了重要作用。天在国人的心目中是无上崇高的神灵，统治者为了巩固自己的地位和政权，都宣称自己是天子，是天帝的儿子，其权力是神授予的。作为人间的最高统治者，秉承天意治理天下，他的命令就是天的旨意，所有的人都要服从，若不服从就是对天的不敬。尤其是进入阶级社会后，对自然神的崇拜已经成为统治阶级一项重要活动。祭祀自然神的活动成为政治生活的重要内容，正所谓"国之大事，在祀与戎"。统治者花费了大量人力物力建造祭祀天、地、日、月、风、云、雨、雪、山、川等自然神的建筑，制订并完善了严格的祭祀礼仪。明清时期，祭祀自然神的建筑最为宏大，礼仪最为隆重、规范。

自然崇拜在中国农业文化中占有十分重要的地位，更是中国传统文化中极为重要的文化现象，渗透到传统文化的方方面面。作为一种文化现象，在中国农耕文明的影响下，经过长期的发展融合，已经同中国社会的政治、经济、文化紧密地结合在一起，成为中国农耕文明不可分割的一部分。

二、中国历史上的天神崇祀

在古人的观念中，天、地、日、月、风、云、雷、雨等都是主宰农业丰歉的神灵，其中风云雷雨等自然神都与农业生产所需水源的主要提供方式——降水有关，崇祀风云雷雨等天神是古代先民"靠天吃饭"的真实写照。从殷商时代开始，祈雨（止雨）的相关祭祀活动就成为统治阶级政治生活中的一件大事。人们对风、云、雷、雨等天神的崇拜最终目的是为了获得充沛适量的雨水供农作物生长。随着人们认识自然能力的增加，风云雷雨等天神也逐渐出现在国家祀典之中。风师和雨师是最早出现在国家祀典之中的天神，但是对他们的祭祀并不被重视，被列为小祀。直到唐代修《大唐开元礼》时，风师、雨师的祭祀仍列为小祀，唐天宝四年（745年）时，才升为中祀。根据《文献通考》的记载，唐天宝五年（746年），雷神列入国家祀典。明洪武初年，增云师为风师之次。风云雷雨四天神自此作为一个整体，成为国家祀典中不可或缺的一部分。

作为关系国家民生政治基础——农业的一个重要侧面，风雨等自然崇拜一直为古代国家所看重，借此嘉佑这些关系农业神祇，使国运安康。唐代明确规定，立春后丑日，祀风师于国城东北；立夏后申日，祀雨师于国城东南。唐代，祭祀风、雨二天神时间、地点各不相同，除此之外，其建筑形制也大相径庭。风师坛，坛制为圆坛，高三尺，周回二十三步。长安城风师坛初在通化门外道北二里近苑墙处，贞元三年（787年），挪至通化门外十三里浐水东道南。雨师坛，坛制为圆坛，高三尺，周回六十步，坛上设雨师座、雷神座。长安城雨师坛在金光门外一里半道南，洛阳城雨师坛在丽景门内。雷神列入国家祭祀后，"其以后每祭雨师，宜以雷神同坛祭，共牲别置祭器"。

虽然，唐代风神、雨师各自别祭，但是作为郊祀对象，历代都有完整的祭祀礼仪，体现了统治者对天神祭祀的虔诚。唐代，祭祀风雨雷等天神的仪程大致相似。《大唐开元礼》中，有唐代开元年间对风师的祭祀仪程：

> 立春后五日祀风师，前祀三日，诸应祀之官散斋二日致斋一日，并如别仪，前祀一日，晡后一刻，诸卫令其属各以其方器服守壝门，俱清斋一宿，卫蔚设祀官次于东壝之外道南北向，以西为上，设陈馔幔于内壝东门之外道南北向，郊社令积柴于燎。坛方五尺，高五尺，开上南出户。祀日未明三刻，奉礼郎设祀官位于内壝东门之内道北。执事位于道南，每等异位俱重行西向，皆以北为上设望燎位。当柴坛之北南向，设御史位于坛上西南隅东向。令史陪其后于坛下，设奉礼位于祀官西南。赞者二人在南，差退俱西向。又设奉礼赞者位于燎坛东北西向，北上设祀官门外位于东壝之外道南，每等异位重行北向，以西为上。郊社令帅齐郎，设酒樽于坛上东南隅，象罇二寘于坫北向。西上设幣篚于罇于之所，设洗于坛南陛东南北向，罍水在洗东，篚在洗西南肆。祀时未明三刻太史令郊社令升社风师神座于坛上，诸祀官各服其服。赞引引御史太祝及令史与执罇罍篚冪者，入当坛南重行北面，以西为上。立定奉礼曰再拜，赞者承传，御史以下皆再拜。
>
> ——《大唐开元礼》附《大唐郊祀录》卷七《祀礼》四

宋代继承唐制，宋真宗在位期间，明礼官考仪式颁之，后不断完善。《宋史》中就有一段宋神宗时期对此类天神祭祀的相关记载：

> 熙宁祀仪：兆日东郊，兆月西郊，是以气类为之位。至于兆风师于国城东北，兆雨师于国城西北，司中、司命于国城西北亥地，则是各从其星位，而不以气类也。请稽旧礼，兆风师于西郊，祠以立春后丑日；兆雨师于北郊，祠以立夏后申日；兆司中、司命、司禄于南郊，祠以立冬后亥日。其坛兆则从其气类，其祭辰则从其星位，仍依熙宁仪，以雷师从雨师之位，以司民从司中、司命、司禄之位。
>
> ——《宋史》卷一〇《礼志》六

关于风云雷雨四类天神的崇祀，经过先秦到唐宋的不断发展完善，成为中国封建国家祀典的重要内容，并一直延续至明清时期。

明初风云雷雨作为天神，没有专祀的场所，与太岁及岳镇海渎等诸神合祀于山川坛正殿。《明会典》卷八五记载：

> 国初，建山川坛于天地坛之西，正殿七间，祭太岁、风云雷雨、五岳、五镇、四海、四渎、钟山之神……合祀太岁、风云雷雨、岳、镇、海、渎、山川、城隍、旗纛诸神。又令每岁用惊蛰、秋分各后三日，遣官祭山川坛诸神。嘉靖八年令每岁孟春及岁暮特祀，九年，更风、云、雷、雨之序，曰云、雨、风、雷，又分云师、雨师、风伯、雷师以为天神。岳、镇、海、渎、钟山、天寿山、京畿并天下名山大川之神以为地祇，每岁仲秋中旬，择吉行报祀礼……

明初规定，圜丘、方泽、宗庙、社稷、朝日、夕月、先农为大祀，太岁、星辰、风云雷雨、岳镇、海渎、山川、历代帝王等为中祀。后又将先农、朝日、夕月改为中祀。仲秋祭太岁、风云雷雨、四季月将及岳镇、海渎、山川、城隍，仲春祭先农，仲秋祭天神地祇于山川坛。

明嘉靖九年（1530年），明世宗厘正祀典，于山川坛内坛南墙外另行建造天神地祇坛并将风云雷雨请到这里祭祀后，这些天神们才有了自己的专属祭奠场所，拥有了专享祭祀之礼、礼器。

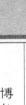

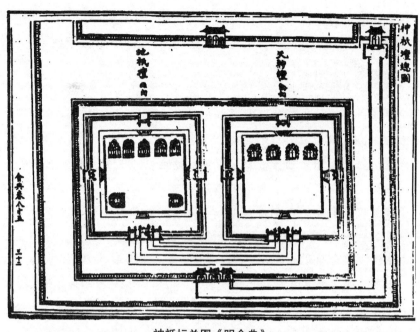

神祇坛总图《明会典》

　　嘉靖时规定，以仲秋中旬至祭神祇坛。《明会典》卷八五中，详细记载着嘉靖帝祭拜天神坛的祭礼仪程：

　　是日，昧爽。上具翼善冠、黄袍，御奉天门。太常卿奏请诣神祇坛。上升辇，卤簿导从，由农先坛东门入，至斋宫，更皮弁服，诣天神坛。典仪唱："乐舞生就位。执事官各司其事。"内赞导上至御拜位。典仪唱："迎神。"乐作，导上升坛，三上香讫，复位。乐止，奏两拜（传百官同）。典仪唱："奠帛，行初献礼。"乐作。执事者捧帛、爵于神位前跪奠讫。乐暂止，奏："跪。"上跪（传赞众官皆跪）。读祝讫，乐复作，奏："俯伏。兴。平身。"（传赞同）乐止。行亚献礼，乐作，执事者捧爵跪奠于神位前，乐止。行终献礼，乐作（仪同亚献），乐止。太常卿唱："答福胙。"内赞奏："跪。"上饮福、受胙，讫，俯伏，兴（传赞同）。典仪唱："彻馔。"乐作，乐止。唱："送神。"乐作，内赞奏："两拜。"（传赞同）乐止。典仪唱："读祝官捧祝，掌祭官捧帛、馔，各诣燎位。"乐作，捧祝、帛、馔官过御前，奏："礼毕。"内赞、对引官复导上至地祇坛御拜位。典仪唱："瘗毛血，迎神。"内赞导上升坛，至

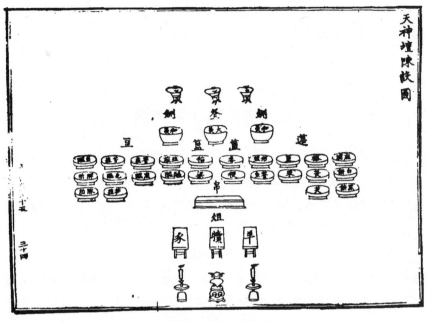

天神坛陈设图《明会典》

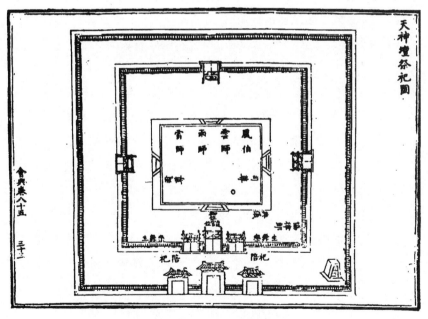

天神坛祭祀图《明会典》

五岳香案前，三上香（五镇以下，俱大臣上香；以后行礼俱同前）。礼毕，上易服还。诣庙参拜致辞曰："孝玄孙嗣皇帝（御名）祭云、雨、风、雷、岳、镇、海、渎等神回还，恭诣祖宗列圣帝后神位前，谨用参拜。"参毕，还宫。

——《明会典》卷八五

三、清代风云雷雨庙

北京清代风云雷雨庙，分别是宣仁庙、凝和庙、昭显庙和时应宫。清雍正帝在位时采纳礼官的建议，提高了风、云、雷、雨等自然神的地位，在紫禁城的两侧分别兴建或改建了单独祭祀风、雨、云、雷四神的专祀神庙，也就是我们这里说的风云雷雨庙。

宣仁庙，亦称风神庙，位于紫禁城外东侧北池子大街最北端路东。凝和庙，亦称云神庙，与宣仁庙并排，位于其南。昭显庙，亦称雷神庙，位于紫禁城外西侧北长街路西。时应宫，亦称龙王庙，原址位于今中南海西北角。四座庙宇中时应宫于20世纪50年代初期拆除，其余三座还留有遗迹：宣仁庙建筑格局基本保存完好，凝和庙尚存山门、二门、前殿及后殿，昭显庙仅存前殿。

《清史稿》志五十八 礼二对于风云雷雨庙有较为详细的记叙：

顺治初，定云、雨、风、雷……雍正六年，谕建风神庙。礼臣言："周礼櫃燎祀飘师，郑康成注风师为箕星，即虞书六宗之一。马端临谓，周制立春五日，祭风师国城东北，盖东北箕星之次，丑亦应箕位。汉刘歆等议立风伯庙于东郊。东汉县邑，常以丙戌日祀之戌地。唐制就箕星位为坛，宋仍之。今卜地景山东，适当箕位，建庙为宜。岁以立春后丑日祭。"允行。规制仿时应宫，锡号"应时显佑"，庙曰宣仁。前殿祀风伯，后殿祀八风神。明年，复以云师、雷师尚阙专祀，谕言："虞书六宗，汉儒释为乾坤六子，震雷、巽风，并列禋祀。易言雷动风散，功实相等。记曰：'天降时雨，山川出云。'周礼以云物辨年岁，是云与雷皆运行造化者也。并宜建庙奉祀。"于是下所司议，寻奏："唐天宝五载，增祀雷师，位雨师次，岁以立夏后申日致祭，宋、元因之。明集礼，次风师以

云师，郡、县建雷雨、风云二坛，秋分后三日合祭。今拟西方建雷师庙，祭以立夏后申日。东方建云师庙，祭以秋分后三日。"从之。乃锡号云师曰"顺时普应"，庙曰凝和；雷师曰"资生发育"，庙曰昭显；并以时应宫龙神为雨师，合祀之。

风云雷雨庙中，首先敕建的是时应宫，祀雨神。雍正帝认为"龙神专司雨泽，散布霖雨，福国佑民，功用显著"，于雍正元年（1722年）降谕旨"以西苑紫光阁北前后殿改建为时应宫"，利用原明代先蚕坛旧址改建而成，前殿祀四海、四渎诸龙王神像，后殿正中供奉"顺天佑畿时应龙神"，两旁左右供奉全国十七省龙神，外悬雍正帝御笔"瑞泽沾和"匾额。时应宫内设有住持道士，以供香火。每年六月十三日、农历新年正月前后九日、万寿圣节前后三日皆为道场。

宣仁庙，雍正六年（1728年）敕建，祀风神。雍正帝谕内阁：

　　朕惟风雨时若，百物繁昌，皆由诚敬感格天心，用能福佑下民，时和岁稔，而司天号令，长养阜成，风神之贶，厥功允懋。频年以来，朕虔祀龙神，福庇苍生，历有明验。因思古称雨旸燠寒、以风为本。亦宜特隆祀典，以答洪庥。考之《周礼·大宗伯》，以櫎燎祀风师。《虞》书禋于六宗，刘歆、郑康成之说，咸谓六宗之内、风其一也。历代各置坛兆，至宋祥符间，曾立风伯庙。近代及本朝，俱列南郊四配之中，典礼具备。今欲于都城和会之地，特建庙宇，因时祷祀，以展朕为民祈福之诚"（《清实录·雍正朝实录》）。

于是，礼、工二部会同内务府议定，根据古籍考证，择宫城东北官房一所仿时应宫式样建立庙宇，内亦设住持道士。同年，钦定风神封号为"应时显佑风伯之神"，钦定庙名为"宣仁庙"。庙内有雍正帝御书"协和昭泰"匾额，前殿祀风伯，后殿祀八风神。每年以万寿圣节并立春后丑日致祭，同时以农历每月初一、十五摆祭器。住持道士则从在京城的道士内遴选。每遭遇旱、涝天象时，皇帝都要派亲近大臣前往拈香祈雨或祈晴，待祈祷验应后，再派亲近大臣去报谢。

凝和庙，雍正八年（1730年）敕建，祀云神。昭显庙，建于清雍正十年（1732年），祀雷神。雍正七年（1729年），雍正帝谕内阁：

朕惟云雨风雷之神，代天司令，俾百昌万宝，普含膏泽，以锡福于烝民，厥功并懋。朕恭承天眷。恪修祀典。为四海苍黎仰祈嘉佑。已经特建庙宇，崇祀龙神风伯，而云师、雷师、尚阙专祠。尝考《虞》书禋于六宗之文。汉人以乾坤六子释六宗。震雷巽风，均列禋祀。而《易》曰雷以动之，风以散之。则风雷之发生万物，功实相等。《礼记》曰：天降时雨，山川出云。《周礼》亦以五云辨年岁。是云与雨，皆运行造化。同昭天贶者也。前代、及本朝、南郊大祀，云雨风雷，俱列从坛之次，式隆配享，典礼亦既备矣。迩年以来，云物兆祥，雷行应候，茂育庶汇，宣布阳和，庇国佑民之德，灵应显然。今欲特建庙宇，虔奉云师、雷师之神。因时祷祀，敬迓洪庥，以展朕为民祈福之意。

两座庙宇"悉仿宣仁庙式建造"。钦定云师封号为"顺时普荫云师之神"，庙名为"凝和庙"，取云雾可凝结为水之意，于秋分后三日致祭；钦定雷师封号为"资生发育雷师之神"，庙名为"昭显庙"，于立夏后申日致祭。

雍正年间制订风云雷雨庙举行崇祀活动的时间后，延续了几十年，至嘉庆朝重新制订了祭祀时间，"昭显庙雷神每岁立夏后申日及六月二十四日致祭；凝和庙云神每岁秋分后三日致祭；宣仁庙风神每岁立春后丑日致祭；时应宫龙神每岁元旦及六月十三日，并万寿圣节致祭。四庙均奏遣大臣行礼"（光绪《清会典事例》卷443）。自此以后没有再进行更改。

风云雷雨庙的建造是雍正帝通过典章制度的改变，加强皇权、实施重农理念的有形反应。"国之大事，在祀与戎"，祭祀在中国古代社会一直占据着重要地位，历代封建统治者都十分重视，祭祀建立精神信仰与文化。国家祀典象征并营造着符合人分贵贱、等级森严的统治秩序需要，是彰显封建血亲宗法观念、维护皇权专制的重要政治手段。雍正帝时期，为了经过80余年的休养生息，国家渐趋稳定，为了江山永祚，强化对农业的重视，在采取了一系列有效发展农业的措施同时，提高了对原始农业具有重要影响的风云雷雨等天神的地位。同时，雍正皇帝的宗教观也通过风云雷雨庙的建立得到体现。同时，雍正皇帝很重视道教的教化功能，风云雷雨庙具有明显的道教特征，内设主持道士。在道教

建筑中，"宫"比"庙"大，供奉在宫中的神明等级要比供奉在庙中神明高，比如时应宫中供奉是"顺天佑畿时应龙神"，地位要比其他三神的地位显贵。

同明代天神坛风云雷雨共享一坛不同，清雍正帝建造风云雷雨庙将四神灵分别专享，提高了这些天神在国家祭祀体系中的地位，是清代封建国家祀典的重要内容之一，是中国封建社会对天神祭祀最终表现形式，是中国自然崇拜不断发展的结果。中国古代奉行效天法祖，对"天"的崇拜在国家政治生活中十分重要。在封建国家中，祭天成为统治者并行不悖的重要典仪，是封建国家祭祀典礼的中心。历代统治者以"父天母地，为天之子"而自居，以"敬天礼地"为己任。在明代祭祀体系中，人们将日月星辰风云雷雨等天神同归于最高神灵——昊天上帝统领之下，是能够沟通天人的神灵，因此，封建天子十分重视对诸天神的祭祀。而清代伴随着风云雷雨庙的建成，事实上将风云雷雨诸天神的崇拜推向了高峰。

李莹（北京古代建筑博物馆社教与信息部主任）

博物馆学研究

51

民国时期先蚕坛的使用
与修缮状况

◎ 刘文丰

北京古代建筑博物馆文丛

第六辑

2019年

52

　　先蚕坛位于北海公园的东北隅，总占地面积约 17000 平方米，建于清乾隆七年（1742 年），乾隆十三年（1748 年）、道光十七年（1837 年）及同治、宣统朝时均有修缮。先蚕坛的建筑，包括先蚕坛台、观桑台、具服殿（亲蚕殿、茧馆）、织室（后殿）、蚕神殿、神厨、神库、井亭、宰牲亭、先蚕坛祠祭署、蚕室、游廊、桑园、浴蚕池、浴蚕河等，种类多样，构造精美，是清代著名的皇家坛庙之一。

一

　　先蚕坛是皇后祭祀先蚕之神的场所，属国家典祀范畴。从乾隆九年至宣统三年，历朝后妃（少数因故遣官）致祭不辍。但从八国联军占据北京起，先蚕坛逐渐遭到破坏，曾一度为蒙古人占用，成为火葬场，臭味难闻。①

八国联军在先蚕坛留影

---

　　①　齐如山.北平怀旧.沈阳：辽宁教育出版社，2006：51.

民国以降，先蚕坛的祭祀功能消失，一直空置作为北海的一部分，建筑多已陈旧，存在不同程度的凋敝。据成书于 1924 年的《三海见闻志》记载，先蚕坛曾为河道派出所使用。[①] 1925 年北海公园开园以后，被拆除的西苑小火车钢轨，曾运至先蚕坛搭建房屋。

1929 年，中央研究院历史语言研究所从广州迁至北平后，经与外交部协商，将北海静心斋（所本部）和先蚕坛（考古组）用作办公场所。期间，李济、梁思永两位先生合开考古学、人类学等课程，在先蚕坛上课。[②] 1933 年长城抗战后，华北渐入危机。史语所除第一组外全部迁往南京，留下徐中舒等人负责整理明清内阁大库的档案资料。徐中舒等人将这批内阁大档，从午门移至先蚕坛保存，直至抗战全面爆发前撤离。战后这批资料存于南京，1949 年又随中研院南迁台湾保存。

二

1939 年初，北京大学医学院决定暂借北海先蚕坛成立研究院。据北京大学医学院第九七号公函记载"为设置研究院请暂行拨借北海蚕坛前历史语言研究所原址为院址，因亟待成立着手修理希查照惠允等因到会。"因事关拨借政府公产一事，故由当时的伪北京特别市公署出面，发出公字第二四五号指令："呈悉案经函准教育部二十八年一月九日咨覆，查本部所属医学院此次设立研究院，因一时无适当房屋可资应用。爰由本部将前历史语言研究所档案挪出暂行借拨该院为院址。一俟觅得相当地点即行迁让。相应资请查照准予继续借用等因，准此查所请借用蚕坛房屋一节，准予暂借一年。"[③]

1939 年 5 月 15 日，国立北京大学医学院研究院（下称研究院）与北海公园委员会（下称公园）因借用先蚕坛房屋订立合同如下：

> 一、公园为赞助教育文化起见，依照呈准北京特别公署定案允将蚕坛内坛全部殿宇暂行借与研究院为办公之用。但研究院不得将该处转借转租并不得移作他项用途。

① 适园主人.三海见闻志.北京：京城印书局，1924：83.
② 胡厚宣.我和甲骨文.北京：朝华出版社，1999：279.
③ 北京市档案馆藏档案 J29-3-558《北大医学院关于学制拟改为四年并借蚕坛房屋筹设研究院等问题与北大总监督办公室、北海公园委员会来往公函》.

二、暂借期限依照市公署规定以一年为度，期满研究院应将房屋交回公园。如未届满期研究院已另觅妥院址时，亦得提前将房交回公园。

三、借用范围蚕坛内前后院计大小房二十八间，游廊二十四间。但界外未经公园允许研究院不得扩充占用之。其一切打扫仍由公园负责。

四、借用期内遇有研究院来宾入园时除有特别规定外，仍须照章先购公园游览券。

五、原来建筑物附着物及所有设备研究院应加珍护，非得公园同意不得变更。

六、借用范围内原有附着物及设备装修等件，另缮清单附粘本合同以资查考。

七、借用范围内得由研究院依照旧制修葺不加变更，但已经研究院增修之各项建筑物及毗连之附着物于将来交房时一并交还公园。

八、研究院职员及其事务关系之人员先期开单交由公园给予入门证，工役则由公园给予腰牌，进公园前后门必须持验其有外来差役及商贾，经呈验所送信函物件亦得免费入园。

九、关于借用范围之清洁事项由研究院负责。

十、研究院职员工役务须遵照公园规章由研究院负责。

十一、本项合同缮具三份，公园、研究院各存一份备查，并由公园呈报市公署一份备案。

国立北京大学医学院　鲍鉴清　　北海公园委员会
　　　　　　　　　　　　　　　　　傅增湘

在这份合同之后，附有一份当时北海先蚕坛的房屋装修清单，对当时先蚕坛的建筑格局及房屋装修做了比较详细的描述。

前院北房五间，前面玻璃窗户八扇，前后玻璃帘架二份，记玻璃八块。前后玻璃隔扇四扇，记玻璃八块。前后玻璃风门二扇，计玻璃二块带洋锁。前后横楣十二扇。屋内屏风一槽（只有上槛木框），内外电灯九盏。

东配房三间，玻璃窗户四扇，玻璃帘架一份，计玻璃四

块，隔扇二扇，计玻璃四块，横楣九扇，隔断二槽，板门一
扇带洋锁。玻璃风门一扇，计玻璃一块，带洋锁电灯四盏。
西配房三间，玻璃窗户四扇，玻璃帘架一份，计玻璃四块，
隔扇二扇，计玻璃四块，横楣九扇，隔断一槽。玻璃风门一
扇（玻璃坏）带洋锁，电灯四盏。

东厨房一间，窗户一扇，风门一扇，电灯一盏。

亲蚕门门楼一座，大门一合带闩架，闩石墩二个，额一
块。院内屏风木架一槽，石墩十个。院内门灯二盏，闩口二
个。西墙木门一合带闩，电灯一盏。

北平台一间，窗户二扇，玻璃风门一扇，计玻璃四块带
洋锁，玻璃横楣一扇，计玻璃二块（坏一块），电灯一盏。

院后北房五间，玻璃窗户八扇，吊窗八扇，挺钩十二根。
玻璃帘架一份，计玻璃四块。玻璃风门一扇，玻璃一块带洋
锁。玻璃隔扇二扇，计玻璃四块。横楣十五扇，隔断二槽，
板门二扇带洋锁，电灯六盏。

东端北耳房一间，窗户二扇，板门一扇带洋锁，电灯一盏。
西端北耳房一间，窗户二扇，板门一扇带洋锁，电灯一盏。

东配房三间，玻璃窗户四扇，吊窗四扇，挺钩八根。玻
璃帘架一份，计玻璃四块。玻璃隔扇二扇，计玻璃四块。玻
璃风门一扇，计玻璃一块带洋锁。横楣九扇，电灯四盏。

西配房三间，玻璃窗户四扇，吊窗四扇，挺钩八根。玻
璃帘架一份，计玻璃四块。玻璃隔扇二扇，计玻璃四块。玻
璃风门一扇，计玻璃一块带洋锁。横楣九扇，隔断一槽，板
门一扇带洋锁。南面玻璃窗户二扇，计玻璃六块，窗户一扇
带护窗板一块。电灯四盏。

廊子二十四间，窗户隔断六十扇，坐凳板十六段，花横
楣十六扇，电灯四盏。

北厕所二间，玻璃窗户一扇，计玻璃四块，玻璃横楣二
扇，计玻璃四块。木板门二扇带洋锁，木板墙二段，电灯两
盏。院内桑树七株，松树二株，槐树四株，珍珠梅四株，石
墩八个。

1939 年 11 月 2 日，北京大学医学院研究院另觅他址，从北海先蚕

坛迁出。依据伪北京特别市公署公字第四〇八四号指令，上述租借合同注销。[1]

三

1941 初，国货陈列馆奉伪北京特别市公署令"推陈出新，切实整顿"，将馆址迁移至北海先蚕坛。据北海公园委员会致伪北京特别市公署国货陈列馆公函记载："奉令将本园蚕坛房屋及东南角三合小院一所暨东墙根群房九间拨为市立国货陈列馆应用一案，事关公产公用，自应遵令照拨。迭经贵馆派员接洽，妥协修葺裱糊，并准来函于 1 月 15 日开始移驻蚕坛。"

原位于正阳门箭楼内的国货陈列馆于 1941 年 1 月 7 日起停止游览，筹备迁移。1 月 15 日开始搬迁陈列物品，于 1 月 24 日全部搬运完毕。旧馆址正阳门箭楼移交外一区警察分局巡守保管。国货陈列馆员役一方面在先蚕坛新馆址内加紧整顿布置，另一方面又抽派人手向各厂商征集陈列品。各厂商"为切实提倡维护工商业之盛意，无不鼓舞参加。关于本市名贵出品雕漆、珐琅等新送陈列，共已有数百件之多。业已分部陈列。"辛巳年春节过后，国货陈列馆自迁往北海先蚕坛的各项布置整理工作已全部就绪。并于阴历正月十六日（1941 年 2 月 11 日）上午 12 时举行了开幕典礼。开幕当日，伪北京特别市市长秘书、市属机关长官及各厂商代表均来到北海先蚕坛新馆址参观。因先蚕坛内空间狭小，又借用北海公园董事会房间举行了隆重的招待会。[2]

1945 年抗战胜利后，先蚕坛仍为国货陈列馆使用，至 1948 年国货陈列馆准备迁出。据 1948 年 4 月 27 日北平市政府府秘二字第六一九〇号令载："国货陈列馆现存物品原主既未取回，准由教育局所属第一、二两民众教育馆接收负责保管。如原主请领仍应发还。馆址交还北海公园。"

随后，国立北平图书馆致信给北海公园理事会欲借先蚕坛作为图书馆新址，并愿意承担古建筑修缮工程经费。信中写道："敝馆近来书

---

① 北京市档案馆藏档案 J77-1-97《北海公园事务委员会与冰窖商人王德山订立的合同及与北京大学医学院研究院订立借用蚕坛房屋合同等》.

② 北京市档案馆藏档案 J20-1-184《北京市国货陈列馆关于将馆址迁移北海蚕坛给外一区警察分局的函》.

籍日益增多，原有馆址已感不敷应用。查北海蚕坛为故都名胜，以之藏书见称适宜。拟请贵会准予借用蚕坛全部及其东南三合小院，期间所有房屋之修理均归敝馆担任，藉答赞助厚意，相应函达即希查照惠允见复为荷。"

因为涉及文物古建修缮问题，故行政院文物整理委员会于1948年5月21日致函北海公园理事会："查北海蚕坛亲蚕殿等四座保养工程即将开工，前经函请惠于饬属协助在案准该工程需用材料（应由官发）颇多，本处现无适当材料可拨。兹查该坛东边有露顶缺墙之破屋三间，颓废已久，并无复修价值。依据整理古建筑物原则，拟予摄影记录以备将来文献与法式上之参考。即将残存旧料拆除，移作修复亲蚕殿等工程之用，以节公帑。"由此可知，因为解放战争期间时局动荡，国统区经济凋敝。文物整理委员会工程处无力负担先蚕坛修缮工程的全部建筑材料，不得不利用坛东三间残损老房（悬山顶筒瓦过垄脊）的旧料，拆东墙补西墙，实属权宜无奈之举。

被拆除的先蚕坛老屋

1948年6月9日，为了先蚕坛修缮工程的顺利进行，北平文物整理委员会工程处致函（工字九一号）北平市教育局，称修缮中需要揭瓦露顶，希望国货陈列馆能将陈列展品尽快移出，以便修缮工作顺利进行。信函内容如下：

"案查本年度北平文物整理预算案内北海蚕坛保养工程（即亲蚕殿等现为国货陈列馆占用）前经本处标定广和营造厂

承揽并函请北平市政府社会局饬属协助在案。正工作间，侧闻该国货陈列馆已由社会局移交贵局接管，应请惠予饬属经续协助一切。又查该保养工程范围不涉及室内，但拔草勾抹时须揭开瓦顶，方能修葺。诚恐椽、望、泥工牵连坠落致影响室内陈列品之安全。督工人员深苦无法预为防范，拟请查照，迅赐办理，并希见复为荷。"

由上述内容可知，当时的国货陈列馆已由北平市社会局移交给北平市教育局接管。国货陈列馆虽然应于4月份将先蚕坛归还北海公园，但2个月后该馆陈列品仍未腾出。另外，负责这次先蚕坛修缮工程的施工方为广和营造厂。在该公函之后另附有一份北海先蚕坛保养工程的做法说明书，使我们能够清晰地看到当时先蚕坛的保存状貌和具体修缮细节。[①]

北海蚕坛保养工程做法说明书

甲　工程概说

蚕坛位于北海东北隅，正门三楹。入内有坛台，迤东为宰牲亭、神库等。迤北为亲蚕前殿、亲蚕后殿及东西配殿、中夹浴蚕池，回廊相继，均绿色琉璃瓦顶。全坛以久失修葺，瓦顶檐木、月台、踏踩、阶条、坛台、围墙均有走闪破坏。如全部修葺，所费颇巨。以工款有限，本工程先就主要之四殿顶及回廊施以保养，并择要局部修缮，以免渗漏继续损坏而保建筑。

乙　施工细则

一、保养做法：图示范围内全部瓦顶拔草、扫垄。拔草时务须注意连根拔除。瓦垄隙尘埃、青苔等物须用瓦刀或铁刷仔细铲除干净，然后扫垄。灰皮脱落处先用水刷一遍，随用百比五青白灰麻刀查补、捉节、夹垄。瓦件松脱者揭起将原有瓦灰铲除，重新用一点二白灰细焦砟，瓦用百比五麻刀灰捉节夹垄。然后全部瓦顶擦拭干净。

二、局部修缮做法：

在图中所注各糟朽、下垂部分均拟予以局部修缮。凡连

---

① 北京市档案馆藏档案 J77-1-210《北海公园委员会关于团城房屋、天王殿、蚕坛等保养修缮事宜与北平市文整处的来往函》.

檐、瓦口、飞头、椽、望糟朽或下垂部分，先将瓦件灰背揭除。然后将糟朽椽、飞、望板用松木照原样剔换齐全，钉装坚固。稍有糟朽、裂缝者，以松木钉补坚实。在新钉望板上涂抹臭油二道，用一点三白灰焦渣（焦渣过节）苫背，厚随旧背，拍打出浆。再抹百比五青白灰麻刀背一层，厚约二公分。俟八成干后，用一点二白灰细焦砟（过细节）瓦瓦，百比五青白灰麻刀捉节夹垄，然后擦拭干净。凡新换各件木料露明部分，均攒生桐油二道随旧色断白。

三、杂项：

1. 亲蚕后殿及东西配殿山墙琉璃博缝多有残缺，均照原尺寸改挂木板，上钉有刺铁丝网抹白洋灰沙子。干后涂绿色油，务使与琉璃仿佛。

2. 吻件有残坏处改用砖砂、白洋灰及铁丝网堆砌表面，纹饰须仿原式刻做，干后亦涂绿色油。

附注：

一、零星工程：本工程做法说明未经载明而为工程上所必需之零星工程，承揽人须照做不得故意推诿。

二、清理工地：工竣后承揽人须将工地清理干净，渣土送至指定地点。

三、官发材料：

1. 旧木料及瓦件均由亲蚕门外东面指定破房拆用。

2. 油料四十公斤、白洋灰十五袋、洋灰五袋、铁丝网六十张、有刺铁丝二卷。以上材料均由景山材料库随工程进度临时发给，有余缴还，不足时由承揽人员负责添配。

从上述工程做法可以看出，1948年的这次先蚕坛修缮是一次简单的养护性抢险工程。由于经费极其有限，其只对主要殿宇的屋面进行了清理修补，以防渗漏。而对于砖石基础及木构屋架部分，却没有进行有效的勘查和维护。更有甚者将屋脊吻兽、山花博缝等琉璃构件的修补，以洋灰、沙子、木板、铁丝、绿油漆等加以仿制，其因陋就简的程度可见一斑。

到了1948年8月间，先蚕坛房屋内仍堆积国货陈列馆家具物品，坛东27间蚕室中18间为北海公园的库房及工人宿舍占用。北海公园理事会就是否将蚕室借予北平市图书馆及敦请国货陈列馆迁出等问题，向北平市参议会提请核议。8月25日，经北平市参议会文化教育委员会审议决定："查北海蚕坛国货陈列馆历史已久，应继续保存并加改善，市政府既无力保管，可将全部物品移交历史博物馆接收陈列"。照此决议，随后北海公园准备将除18间蚕室外的全部先蚕坛房屋借予北平市图书馆。

与此同时，民国国史馆亦相中先蚕坛这块古迹，希望借用作为北平办事处办公。于是发出史总字第七四三号公函给北平市政府表达此意："本馆前以北平为我国文献之渊薮。因于北平分设本馆办事处采撷史料，以供载笔之需。经岁以来颇有进展，惟该处办公地址系暂借中央党史会东四二条5号之房屋。现党史会收回自用在即，本馆另觅地点极感困难。现悉贵府掌管北海公园内之蚕坛有房二十余间久未使用。拟请拨借本馆作为北平办事处办公之用，以裨史政。倘承惠允，本馆自当负责爱护，一举两得。"

1948年9月22日，时任北平市市长刘瑶章开具介绍信给国史馆纂修金毓黻、贺培新。次日，金、贺二人持市府信函，与北海公园理事会接洽商讨借用事宜。但由于北平市图书馆借用在先，国史馆之请只得作罢。次日北海公园答复北平市政府称："查该蚕坛内房屋于本年9月1日接国立北平图书馆函请借为办理查报、阅览及存查之用。当时本园以该蚕坛房屋损毁殄重，各部分亟待修理，第以园中经费困难，无力兴工。经与该馆商洽修理办法，计第一期内该馆先行修理，亲蚕殿前院东西配殿、围墙、内楼及神库房等顶部翻修，所有一切工料费已由该馆负担。第二期修理蚕坛全部房屋需用工程费亦允全部担任。国史馆请借蚕坛房屋办公一节，已无余房可借。"[①]

1948年10月2日，先蚕坛已经正式开工修缮。北海公园将《蚕坛殿宇修缮计划书》抄录一份，交由北平文物整理委员会工程处代为审查，并请其派员赴工地指导修缮。《蚕坛殿宇修缮计划书》内容如下：

> 查蚕坛院屋年久失修，榛荞荒秽，屋顶渗漏。其坍塌摧折之处，犹数见不鲜。若不及时修葺，恐损坏愈甚，更难应用。兹就贵馆借与之该坛前院、中院、东院，分为三部工程。先将

① 北京市档案馆藏档案 J77-1-204《北海公园委员会关于国史馆、文整处借用蚕坛、团城房屋事宜的呈及北平市政府的训令》.

各院正殿及配殿屋顶、墙头及亭廊上顶各处莠草芟除。其小厨房及东西跨院月牙河畔杂枝乱草丛生之处甚多，须一一找补齐全。其损坏较大各处，并须加工修理。为东院北殿东北隅上顶坍塌，覆瓦残破应改换椽木补瓦。其各殿槛、柱、阶、台亦多损坏并应修理，此项工程需用大量白灰、麻刀、洋灰及木料。工竣之后，所有殿房既可应用，蚕坛胜迹亦可恢复旧观。一切依旧对于原有建筑决不变动，以期保存旧有建筑。

从这份修缮计划中可以看出，民国时期的古建筑保护理念已经相当成熟，与当代文物建筑"最小干预，修旧如旧"的修缮原则颇有异曲同工之处。

1948年12月8日，占用先蚕坛的国货陈列馆家具物品等仍未腾出。北平市社会局杨德馨科长宣称："国货陈列结束装箱事，在原则上已经决定，惟所需经费五千三百万元。曾经详细计算，无法再减，此案系本局本身事务，自难向图书馆索款，倘图书馆情愿帮助，数目多寡，本局自无异议。其余不足之数，当由本局尽力筹措。惟何日可以筹足着手迁动，尚不能预计。"北平市图书馆馆长袁同礼答复道："经向教育部及信记局请求拨贷各款尚未拨到。稍迟几日，拟筹二千万元交付社会局。"由此至1949年1月31日北平和平解放，国货陈列馆的这批家具物品总计300余件，才得以从先蚕坛腾出，最终由后来的北京市教育局接收。

与此同时平津战役已经打响，"华北剿总"节节失利，国民党军队被围困于北平城内。败退入城的傅作义主力第35军下属262师785团1营士兵强行进入先蚕坛，占据达2月有余。直至北平和平解放后，才撤出先蚕坛。驻军期间，先蚕坛的建筑设施略有损坏。1949年2月7日，北平市教育局财务股派专员将傅作义部队占用的房屋一一加以查封上锁，并统计了损坏状况。据当时看守国货陈列馆物品的工人王俊清及警士胡维启开列的损坏公物名目包括：残破路椅三个、瓷痰盂十三个（内残破者居多）、残损藤椅六个、桥上木板压坏十五块、黑长方凳三个、桌面二块，余下的零碎杂物或有损失已无从查计。①

1949年4月1日，经北京市公用局军管会批准，将先蚕坛全部房

---

① 北京市档案馆藏档案98-2-115-21《北京市公用局革命领导小组关于北海公园蚕坛房屋修缮问题的报告》.

屋拨借给北海实验托儿所使用。7月份托儿所迁入先蚕坛。1951年1月23日，北京市人民政府公园管理委员会函北海公园管理处："关于北海实验托儿所借用你处蚕坛建筑房屋订立手续问题，兹拟订协议书一纸，希按此项精神径与该所订立为荷！"[1]由此，先蚕坛正式转为北海幼儿园使用至今。

刘文丰（北京市古代建筑研究所副研究馆员）

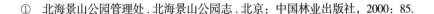

①　北海景山公园管理处.北海景山公园志.北京：中国林业出版社，2000：85.

明初坛庙礼乐推行及传承价值

◎贾福林

提到礼乐文化，人们首先想到的是周公。周公，姓姬名旦，中国文化的"原圣"。3000多年前，周公总结前代经验，"制礼作乐"，涉及到社会的方方面面。正所谓："周公吐哺，天下归心。"使得神州大地进入崭新的历史时期，创造了数千年领先于世界的中华文明。

明初朱元璋"礼致耆儒，考礼定乐，昭揭经义，尊崇正学""纬武经文，统一方夏，凡其制度，准今酌古，咸极周详"这些功绩，不仅成为大明王朝的华夏正统加分，在中华数千年的历史中留下浓重、杰出的一笔。可以这样说：朱元璋是周公治理作乐的重要继承者和成功改革者。

一、朱元璋的礼乐思想和推行措施

朱元璋出身贫困，少时无缘读书，更无缘接触皇家主流文化。对古代皇家核心文化——传承数千年的礼乐制度更是连做梦都无法梦到。但历史的机缘巧合，他成为大明的开国皇帝。天性聪明，认真学习，使他认识、掌握了帝王经天纬地、经国治世之才。中国历史的规律是：礼崩乐坏，天下大乱，旧朝因此而灭亡。新朝开国初定，必先制礼乐。

明代开国，与以往朝代更迭不太一样。不是汉族朝廷的变迁，而是从文化上有较大差异的蒙古族建立的元朝脱颖而出。而且元朝是一个大一统的庞大帝国。近百年的文化形态，若想回归华夏正统文化，确实有难度。明代开展了去蒙古化的风潮，在文化上采取了多项举措。其中最为重要的就是中华礼乐文化的重新建立。

明朝立国之初。太祖朱元璋"锐志礼乐"，确立祭天祭祖制度，从朝廷到地方，制礼作乐。太祖在位30余年，今可见之礼乐之书达十余本，虽然太祖仿汉制，但实际上可谓"其远度汉唐远矣。

自周代以来，礼乐便是政治文化的核心，礼乐活动便是一种政治活动。因此，对于历朝历代的君主而言，开展礼乐活动是一项政治工作。明初，朱元璋以复兴三朝礼乐为己任，由此彰显自己的文治武功。在制度设计上，朱元璋设想了一套雅俗分流的礼乐体系。洪武元年，朱元璋设太常寺。洪武初年，朱元璋设教坊司。洪武二十四年，朱元璋设钟鼓司。除朝廷的礼乐制度外，在地方府、州、县，乃至村镇，建立了一整套礼乐制度，并得到有效的推行。

（一）朝廷尊古制祭祀神祇和祖先

明初，朱元璋尊崇古制，朝廷施行五礼，五礼的具体内容是：

吉礼的名目多达 129 项，包括祭祀天地、神祇、太庙、历代帝王、先圣先贤、忠烈名臣等祭典。

嘉礼的名目有 74 项，包括登极、传位、亲政、婚嫁、庆寿、册封、颁诏、筵宴等庆典。

军礼名目有 18 项，包括大阅、亲征、命将、纳降、凯旋、献俘、日月食救护等礼仪。

宾礼名目有 20 项，包括朝贡、敕封、宗室外藩王公相见、官员相见、宾朋相见、师弟相见等礼仪。

凶礼名目有 15 项，包括帝后、妃嫔、皇子、亲王、公主、品官以及庶士、庶人等的丧葬礼仪。

吉礼即祀神致福之礼。皇家所祀：太庙、社稷、风云雷雨、封内山川、城隍、旗纛、五祀、厉坛。府州县所祀，则社稷、风云雷雨、山川、厉坛、先师庙及所在帝王陵庙。各卫亦祭先师。至于庶人，亦得祭里社、谷神及祖父母、父母并祀灶，载在祀典。虽时稍有更易，其大要莫能踰也。这是《明史》中的记载吉礼祭祀的内容，表明从宫廷、王国、地方官府到卫所甚至庶人之礼的总体状况。这种状况在有明一代是上下贯通的。

（二）明代朝廷的礼乐制度

1. 坛庙与礼乐制度

礼乐起源于祭祀，形成后主要用于祭祀。所以礼乐的发展首先要形成皇家祭祀系统，并建成相应的祭祀场所——坛庙。

建天地坛及其礼乐制度。

朱元璋建都南京，明初仿古制在南郊建天坛，北郊建地坛。洪武十年（1377年）朱元璋认为，自己是天子，天是父亲、地是母亲，父母岂能分居。于是创立天地同坛合祀制度。坛名天地坛。坛上覆盖大殿，名大祀殿。形状为每面7.8丈（约26米，明间阳数象天，次间2.4丈，阴数象地，总长是阴阳合数），面阔三间，呈"九宫"分割的方形重檐大殿。图见正德年间《金陵古今图考》。

建太庙及其礼乐制度。

朱元璋登基之后，曾册封自家祖先，首先，尊称先人为皇帝、皇后，其次，还得在祖先的葬身之处修建陵墓。

明洪武元年，在皇宫的阙左门外建造四庙。德祖庙居中，懿祖在东面第一庙，熙祖在西面第一庙，仁祖在东面第二庙。庙和神主都朝南。由于是开国的皇帝，朱元璋追尊其高祖孝曰玄皇帝，庙号德祖；曾祖考曰恒皇帝，庙号懿祖；祖考曰裕皇帝，庙号熙祖；皇考曰淳皇帝，庙号仁祖，妣皆皇后。追尊四册宝。

同年制定太庙每月初一荐新的仪物。这个礼仪由天子恭敬地执行。没过多久，这些职责属于太常寺管理，在这之后，初一、十五祭祀及荐新、献新包括奉先殿。

太祖朱元璋同时建造太庙并制定宗庙祭祀的制度，每年四孟和岁际共有五次大的祭祀。第二年正月时享的日期更改为清明节、端午节、中秋节和冬至祭祀，岁际的祭祀日期不变。

明洪武三年冬天，太祖朱元璋认为仅有太庙的平日四孟的祭祀不足以表达对祖先的孝敬和追思，开始在乾清宫另外建造奉先殿，每天早晚烧香，逢初一和十五亲往祭拜，平日供奉时鲜的食品和果品，先祖生日和忌日祭祀用标准的祭品规格，行拜家人的礼节。

洪武九年，改建太庙。规制是前面是正殿，后面是寝殿，东西两边都设有配殿。寝殿九间，以每一间为一室。中一室奉安德皇帝神主，懿祖在东第一室，熙祖在西边第一室，仁宗东第二室，神主都朝南。这里预备的香几、席子、床榻、被褥、竹箱、帷幔等器物，都和侍奉在世的皇帝一样。在宝座上陈设着先祖的衣服和帽子，而不是安放着神主。在东墙是亲王配享，功臣在西墙配享。配享就是和先祖一块享受祭祀的荣誉待遇。

洪武二十六年，制定了详细的时享祭祀的礼仪。

明洪武三十一年，将太祖朱元璋的神主归附到太庙供奉，太祖的神主位于寝殿的西边第二室，神主面向南。奉请到正殿祭祀的时候，太祖的位置在正殿神座右边第二位，神主面向东。

洪武三年，遣官访查历代帝王陵庙。并另具图进。四年二月。议祭祀古先圣、贤帝、贤王。遂派遣使者诣陵，但礼乐布局庞大。定从当地州府县遣乐人前往祭祀。与刑法相比，太祖更加注重礼乐。或者曰："有礼乐而不可无刑政。朕观刑二者，不过辅礼乐为治耳……大抵礼乐者，治平之膏粱；刑政者，救弊之药石。"太祖出身草芥。明代多数礼乐制度是于洪武初年已经定成定制，后世不得改动。国家治理制度的方面，礼乐一体。祭祀中多用乐。明代官私修撰的礼乐书籍中也多有记载。同时，地方官署的祭祀礼乐，也很重视，有一套相应的制度。

2. 朝廷与地方礼乐部门的规制

宫廷礼乐需要礼部、太常寺、鸿胪寺、光禄寺、神乐观等众多部门的配合。仅礼部就下设仪礼司、行人司、铸印司，教坊司。部门不同，地方官署的礼乐机构和官员的设置精简很多。洪武年间制定的《诸司执掌》中《到任须知》共31条，第一项就是祭祀。"祀神有几。各开：祭祀国之大事，所以为民祈福。各府州县、每岁春祈秋报，二次祭祀，有社稷山川风云城隍诸祠。及旧有功德于民，应在祀典之神，郡厉、邑厉等坛。到任之处，必须报知祭祀诸神日期，坛场几所，坐落地方。周围坛垣、祭祀器物，如遇损毁，随即修理。务在常川洁净，依时致祭，以尽事神之诚。"

3. 乐舞制度的继承和改创

洪武三年所制定的宴飨九章，代表了洪武时期宴飨乐的最高成就。宴飨九章有九部曲组成，依次是《临濠之曲》《开太平之曲》《安建业之曲》《削群雄之曲》《平幽都之曲》《扶四夷之曲》《定封赏之曲》《大一统之曲》《守承平之曲》等九部。从曲名上不难看出，这是一部歌颂朱元璋平定天下，开创万世基业，具有史诗气质的一部大作。而且，属于原创作品，充分体现了教坊司艺人的惊人才华。此外，洪武时期的教坊司创作的宴飨乐还有《玉街行》《过门子》《朝天子》《新水令》《滚绣球》《庆宣和》《太平令》《清江引》《沽美酒》《金殿万年欢》《普天乐》《喜秋风》等，总计57首。这些作品中，多数为明代原创，并且流传甚广，这里所用乐章是明代之国乐——"和"乐，其乐队组合明确为乐悬领衔，是典型意义上的雅乐。

（三）地方及民间礼乐制度的健全

寓教于礼乐是朱元璋的治国理念。朱元璋认为，礼乐对百姓，特别是青少年道德教育的重要性，在他的倡导推动下，从国子监到地方各种学校，都祭祀孔子，表明对尊师重道、例行教化的高度推崇和认同。明初规定孔庙乐舞用六佾。

1. 地方衙署的礼乐制度

地方衙署礼乐机构和官员的职责任务是："'迎接诏赦'：凡朝廷遣使各处开读诏赦，如至开读所，本处官员具龙亭彩舆仪仗鼓乐，出郭迎接，朝使下马取诏书，置龙亭中，南向，朝使立于龙亭之东。本处官员具朝服北面，行五拜礼。众官及鼓乐前导引，朝使上马，在龙亭后行。至公庙门外，众官先入。文物官员分东西序立，候龙亭至公庭当中，朝使立于龙亭之东，西向。如有出使官员，赞者先唱曰，出使先行礼，礼生引出使馆，于公庭露台上，行五拜礼毕，于露台智商东向立，赞众官排班。有武官处，文东武西排班，如无武官处，文管依次左右排班。班齐，乐作。赞四百拜礼……众官俯伏、兴、四拜，礼毕……本处官员复具鼓乐，送诏于官亭。"

2. 地方学校的礼乐制度

明代初年，南京和中都均设立国子监，天下州府县，具设儒学。"洪武二年，诏天下府、州、县立学校。学者专致一经，以礼、乐、射、御、书、数设科分教。"洪武时期重建或创建的学校达到一千多所，新建的学校主要分布在礼乐较为薄弱的北方及西南边疆地区。学校为国家培养人才，包括乐官、协律郎。日常教学中有乐的教习。

礼乐教学的内容十分详备。洪武二十六年正月戊午，明大成乐曲颁给天下学府。先是以天下通祀孔子而乐器未备，命礼部、工部召集工人制造。至于乐成，给各府儒学，俾州县皆如式制之。

洪武八年，诏有司立社学。延师儒，以教民子弟。社学是地方最基础的教学机构，讲习基本的冠婚丧祭等礼仪。

3. 地方书院的礼乐制度

书院是官方在各地设立的专职礼乐教化机构。负责收藏乐舞等书籍资料。同时朝廷倡导"民间立私学，有司不得干预"。对礼乐文化的民间普及，对礼乐艺术的传承，都起到了很大的作用。可以说，从朝廷到地方，礼乐文化得到了成都十分高的推广。洪武年间的宗庙乐章，直接编入了明太祖九世孙朱载堉的《律吕精义》当中。可见，明代的礼乐文化，在太祖朱元璋的推动下，从上到下，贯彻传承的十分成功，为明代的社会稳定，百姓教化发挥了极为重要的作用。

4. 乡酒礼的礼乐制度

古代乡学，三年业成，以贤能者推荐于朝，临行前，由乡大夫为主人，设宴饯行，饮酒酬酢，皆有礼仪。这就是"乡酒礼"。有很强的教化作用。朱元璋在开国之初就规定天下各级学校学习实施乡酒礼。据《明会典》记载：洪武初，诏中书省详定乡酒礼条式。使民岁时燕会，习礼读律。期于申明朝廷之法。敦叙长幼之节，遂为定制。洪武五年定，在内应天府及直隶府州县，每岁孟春正月，孟冬十月，有司与学官率士大夫之老者，行于学校，在外行省所属州府县，亦皆取法于京师。在明代，乡酒礼的实施遍布基层，成为规模巨大，影响深远的中国传统的民间礼乐教化活动。

（四）中和韶乐的重大改革

中和韶乐源于雅乐，又称郊庙乐，有五千年的历史，明洪武年间，明太祖朱元璋将雅乐更为中和韶乐，清朝沿用。中和韶乐在明清两朝普遍用于祭祀、朝会、宴飨。

1. 中和韶乐概述

韶乐是中国宫廷音乐中等级最高、运用最久的雅乐，由它所产生的思想道德典范和文化艺术形式，一直影响着中国的古代文明，韶乐因而被誉为"中华第一乐章"。

韶乐源于远古先民的原始乐舞。最初是远古先民一种基本的艺术活动，表现了氏族部落的图腾崇拜、祭祀典礼、农耕狩猎、部落战争、繁衍生息等社会生活。早在3000多年前我国就产生了"八音"，即根据制作材料所分的金、石、丝、竹、匏、土、革、木等八种乐器。雅乐就是用我国传统的八音古乐器演奏的音乐。所演奏的乐曲庄严优雅，意境尽善尽美。在商周时期经过宫廷乐师的整理成为宫廷雅乐。经过几千年的传承，韶乐成为历代宫廷举行祭祀及宴享等重要活动时所使用的音乐，明朝初年明太祖朱元璋将其更名为中和韶乐。清代继承了明代中和韶乐的制度和风格。

中和韶乐融合礼、乐、歌、舞为一体，仅用于宫廷重大场合的演出。帝王郊社祭祀天地，宗庙祭祀祖先，宫廷礼仪如朝会、燕飨宾客，射乡即宴享士庶代表，还用于军事大典等庄严隆重的场合演奏。

2. 集历代之大成将雅乐更名为中和韶乐

明朝建国之初即设典乐官，置雅乐，朱元璋还曾亲自敲击石磬试定音律，设太常寺主持祭祀礼乐事宜，招冷谦为协律郎，编制乐章声谱，并教令乐生肄习。朱元璋还根据雅乐具有的中正平和的乐理特点和思想理念将雅乐更名为中和韶乐，此后雅乐即改称为中和韶乐。因此，中和韶乐并非舜帝时代夔所创制的韶乐，而是集包括韶乐在内的历代雅乐之大成。如果说韶乐人齐，是韶乐的改良，而中和韶乐的诞生，是雅乐的熔炼和提升。既保留了韶乐的本质，又凝结了雅乐的精华。体现"中和"理念，完全融化进封建社会全盛期"礼乐文化"，为国家长治久安服务，代表朝廷典雅严肃文化的象征。

中和是中庸之道的主要内涵，是一种伦理道德，受到古代儒家学派极力推崇。《礼记·中庸》讲道："喜怒哀乐之未发谓之中，发而皆中节谓之和；中也者，天下之大本也，和也者，天下之达道也。致中和，天地位焉，万物育焉。"即人的修养能达到中和境界（即致中和），就会产生"天地位焉，万物育焉"的效果。

韶乐教化的中和作用非常神奇并被历朝历代推崇备至。

韶乐一语出于舜时所做的《韶》。《韶》又称《箫韶》或《韶箾（xiāo）》，清同治《湘乡县志》载："相传舜南巡时，奏韶乐于此，凤为之下。"记载舜帝南巡到达位于汉、苗交界处的韶山，登上最高峰，遇到手执弓矛的苗民将舜等围困。舜帝命人奏乐，乐曲奏响，一时间凤凰来仪，百鸟和鸣。在美妙的乐声中，苗民也丢下弓矛跳起舞来，化干戈为玉帛。舜帝演奏的乐曲即称韶乐，奏乐的山峰也由此得名"韶山"。

中和韶乐在明清两朝都被用为宫廷大乐。清顺治元年（1644年）议定，祭天地、太庙、社稷，都用中和韶乐，亦称宫廷雅乐，它包括祭祀乐、朝会乐、宴会乐。朝会乐、宴会乐只有奏乐而无演唱和舞蹈，祭祀乐则包括了演奏、演唱和舞蹈。康熙五十二年（1713年），考定坛、庙、宫殿乐器，乾隆时又加修改，凡大朝会、大祭祀皆在殿陛（月台）奏此乐。

最早的雅乐采用五声音阶，古人把宫商角徵羽称为五声或五音，大致相当于现代音乐简谱上的 1（do）2（re）3（mi）5（sol）6（la）。从宫到羽，按照音的高低排列起来，形成一个五声音阶，宫商角徵羽就是五声音阶上的五个音级。中和韶乐所有颂歌均采用这五个音阶谱曲，突出了其古朴典雅的歌唱音色。

中和韶乐除了在音乐方面采用五声音阶外，另一个显著特点是融礼、乐、歌、舞为一体，具有强烈的礼乐意义。中和韶乐的舞蹈采用八佾，即对应的人等分列为对应的队数起舞，八佾是古代天子用的一种最高级别的乐舞排列方式，排列成行，纵横都是八人。舞蹈的种类有文德舞、武功舞，交替上演。按中国古代传统，以征伐得天下者祭祀先演武功舞，以揖让得天下者祭祀先演文德舞。天坛大祀采用八佾舞即八八六十四人的队列形式起舞，舞蹈场面宏大，等级鲜明。舞蹈时，八音合奏，颂歌清越，祭祀人员在音乐舞蹈映衬中虔诚的进退恭献，表达对神明的敬仰、拜服。

中和韶乐的歌词充满了对皇帝的颂扬，宣传皇帝禀受上天眷佑，受命于天，替天行道，而皇帝对上天无限敬仰，顶礼膜拜。明洪武年钦定的献辞为："圣灵兮皇皇，穆严兮金床。臣今乐舞兮景张，酒行初献兮捧觞。载斟兮再将，百辟陪祀兮具张。感圣情兮无已，拜手稽首兮愿享。三献兮乐舞扬，肴羞俱纳兮气蔼而芳。祥光朗朗兮上下方，况日吉兮时良。粗陈菲荐兮神喜将，感圣心兮何以忘。民福留兮佳气昂，臣拜手兮谢恩光。旌幢烨烨兮云衢长，龙车凤辇兮驾飞扬。遥瞻冉冉兮上下方，必悉民兮永康。"用极其华丽的辞藻描述了人们对上天的崇拜。

音乐以及舞蹈是祭祀礼仪中重要的方面，祭祀和宫廷典礼乐舞在古人的心目中并不是一种艺术，而是道德、教化和天命的载体。令孔夫子"三月不识肉味"的"中和韶乐"使用了土、木、金、石、丝、竹、匏、革八种材质的乐器演奏，乐曲的结构和演奏上有非常繁复和严格的规定，使得"中和韶乐"成为最中正平和、稳健中庸的音乐。所以使孔子陶醉的不只是音乐本身，更多的可能还是它所代表的儒家理想和道德力量。中和韶乐是一种载体，是中国礼制的一种化身。每当人们置身于神乐署的院子里，凝视着光彩重生的大殿，它在澄澈的天空下仿佛显得格外高大雄伟。这时候，喧嚣仿佛渐渐退去，天地间回响起庄严的中和韶乐和祭祀颂歌。

二、朱元璋对中华礼乐文化的贡献及其历史价值

朱元璋对礼乐文化的创新与推行，恢复乃至极大地增强了汉族的

民族地位和民族自信心，修复并光大了已经走样的中华优秀传统文化。朱元璋为巩固来之不易的大明江山，接受元代华夏礼乐不正规的教训，在大臣的建议和支持下，把礼乐制度的传承发展作为重要的国家战略。对中华传承数千年的礼乐制度继承并大胆改革。使体现华夏正统的礼乐文化达到一个新的阶段，并为清朝学习传承华夏正统文化奠定了厚重的基础。

在朱元璋建立了明朝以后，中国在民族解放的基础上再次迈向了繁荣与强盛。明朝二百多年间，汉人之鲜明风骨在历朝历代可谓仅见，明朝军队包括海军在多次大的对外战争中所表现的强劲战斗力在总体上要超越其他朝代——这正是汉族恢复正统地位后所建立起的极为强大的民族自信心的集中表现。

清承明制，清朝以偏远少数渔猎民族兴起，从白山黑水入主中原，在保持本民族特色的同时，全部接受汉族正统礼乐文化。清代的雅乐，在康熙皇帝、乾隆皇帝的推动下，虽规模远不及唐宋，但体制尚且完备。除宫廷乐舞服装具有清代特点、歌词进行修订以外，几乎全盘继承了明代的中和韶乐，形成中华雅乐最后的兴盛。然而，清代雅乐随着清朝的衰落而衰落，在辛亥革命的风暴中，随着封建帝制退出历史舞台，被近代历史所湮没。

三、中华礼乐文化的现代传承及申遗

可以这样说：朱元璋是周公治理作乐的重视继承者和成功改革者。明初礼乐改革和教化的成功，对后世产生了极大的影响。可以说，中华礼乐文化在当代出现了传承的强音，对中华民族文化自信和文化复兴依然具有重大的价值。

中国古代礼乐文化，"礼"是内容，是核心。"乐"是形式，是特征。"礼"和"乐"结合形成"礼乐"，其意义已经超出了两字的简单相加，而形成了中华独特的文化形态，是中华文明发展累累硕果。"礼"是其本质，"乐"是其外化。"礼""乐"互为表里，凝结升华，传承不息，规范和引导了中华民族数千年的和谐发展，自立于世界民族之林，并且对周边国家如日本、韩国、越南、泰国、缅甸的文化产生了重要的影响。形成与西方文化相媲美的东方文化。中华礼乐文化，不仅在历史上就得到世界的认可和尊重，而且在现代国际社会日益得到重视。

《保护非物质文化遗产公约》给"非物质文化遗产"所下的定义是："指被各群体、团体、有时为个人视为其文化遗产的各种实践、表演、表现形式、知识和技能，及其有关的工具、实物、工艺品和文化场所"。非物质文化遗产及其扎根、生长、发展的人文环境和自然环境，才是其作为遗产的整体价值所在。非物质文化遗产的表现形式包括若干方面：口头传说和表述（包括作为非物质文化遗产媒介的语言）；表演艺术；社会风俗、礼仪、节庆；有关自然界和宇宙的知识和实践；传统的手工艺技能。所有的形式都是与孕育它的民族、地域生长在一起的，构成文化综合体。

中华礼乐的内涵和分类如下：首先礼乐是中华文化和国家尊严的体现，祭祀礼乐是自然神和祖先崇拜的文化体系。这是北京传统礼乐产生和依托的历史文化环境，蕴涵着先人的宇宙观和生命观，是典型的非物质文化形态。无论是文化体系还是具体的程序和表演，都包括在"表演艺术；社会风俗、礼仪、节庆；有关自然界和宇宙的知识和实践"的典型的范围之内。这些建立在中华民族源远流长的历史和文化之中的生存形态，只要中华民族存在，只要中华文化延续，就永远传承。

中国礼乐文化在"非遗"中的地位：礼乐由于其悠久和独特，在"非遗"中具有极为重要的地位。效仿明代北京坛庙祭祖礼乐而形成的"韩国宗庙祭祖礼乐"早在2001年已经被批准为第一批世界非物质文化遗产。效仿中国雅乐的所谓"越南雅乐"也于2003年获批进入第二批世界非物质文化遗产名录。这完全可以说明北京宫廷坛庙礼乐更加有资格申报世界非物质文化遗产。中国首都北京作为明清两代的帝都，正是北京宫廷坛庙礼乐这典型的非物质文化遗产及其扎根、生长、发展的人文环境，完全能体现其作为遗产的整体价值所在。

中华礼乐文化传承对中华民族的未来发展具有极为重要的意义。在世界上四大文明古国当中，中华文化是唯一绵延数千年而没有中断的文化，其重要的原因之一是中国传统文化中祖先崇拜的力量。共同的祖先崇拜，是中华民族的核心凝聚力所在，是延续中华文化的中心载体，对保障和促进中华传统文化千秋万代，永远延续和发展，具有极为重要的意义。

中华传统文化是中华民族五千年历史发展的精神根基，是中华文化的精髓。以周代为本源的中原汉族的礼乐形式。随着世界性的传统回归，随着中国改革开放并与世界文化的接轨，作为中华传统文化经典的中华礼乐日益得到了社会各界空前的重视。保护中国传统文化，重构中国传统文化，使中国传统文化深入民心，为社会和谐、民族凝聚和国家长治久安发挥无可替代的重要作用，成为世界文化的重要组成部分。这就是明代礼乐教化研究给现在和将来，正确弘扬中华优秀文化传统，传承宝贵的文化遗产，激活数千年中华文化基因，融入现代生活，实现中华民族伟大文化复兴的重要启示。

主要参考文献

［1］（唐）贾公彦．周礼注疏．文渊阁四库全书：电子检索版．上海：上海人民出版社．

［2］（宋）王与之．周礼订义．文渊阁四库全书：电子检索版．上海：上海人民出版社．

［3］（宋）陈旸．乐书．文渊阁四库全书：电子检索版．上海：上海人民出版社．

［4］（宋）易祓．周官总义．文渊阁四库全书：电子检索版．上海：上海人民出版社．

［5］（明）太常续考．文渊阁四库全书：电子检索版．上海：上海人民出版社．

［6］（明）明集礼．文渊阁四库全书：电子检索版．上海：上海人民出版社．

［7］（明）丘濬．大学衍义补．文渊阁四库全书：电子检索版．上海：上海人民出版社．

［8］（明）姚广孝．明实录．台北："中央研究院历史语言研究所"影印，1926.

［9］（明）霍久思．孔庙礼乐考．续修四库全书．电子在线查询．

［10］宋濂．元史．上海：中华书局，1976.

［11］（清）张廷玉，等．明史．上海：中华书局，1974.

［12］（清）秦蕙田．五礼通考．文渊阁四库全书：电子检索版．上海：上海人民出版社．

［13］（清）龙文彬．明会要．上海：中华书局，1956.

［14］杨荫刘．中国古代音乐史稿．北京：人民音乐出版社，1981.

［15］赵克生．明代国家礼制与社会生活．上海：中华书局，2012.

［16］赵秀玲．中国的乡里制度．北京：社会科学文献出版社，1998.

［17］张会会. 明代的乡贤祭祀与乡贤书写. 长春：东北师范大学，2015.

［18］李曰强. 明代礼部教化功能研究. 天津：南开大学，2012.

［19］李媛. 明代国家祭祀体系研究. 长春：东北师范大学，2009.

［20］谢谦. 中国古代宗教与礼乐文化. 成都：四川人民出版社，1996.

［21］贾福林. 太庙探幽. 北京：文物出版社，2005.

［22］贾福林. 中和韶乐. 北京：北京出版社，2015.

［23］贾福林. 太庙. 北京：北京出版社，2018.

贾福林（北京市劳动人民文化宫副研究馆员）

明代天坛中神厨的功能与作用

◎刘 星 李 高

绪 论

神厨是古代祭祀建筑群中的功能性建筑群，承担着祭祀活动中礼仪、制作祭品的重要职能，坛庙、陵寝中大多会设置神厨，可以说是古人敬天文化中的重要组成部分，对于我们了解不同时期的祭祀活动有着重要的辅助作用。但由于中国人自古的"君子远庖厨"的意识，加之祭祀活动的主体在祭坛，史料中关于祭坛中附属的神厨记载较少，神厨建筑中的陈设、礼仪活动如何进行等方面的记载更是罕见，对于研究神厨的功能作用造成了不小的困难。本文着重梳理了明代史料中关于天坛中神厨的记载，并通过分析法、比较法等，力求对明代天坛中神厨的作用与功能进行详细阐述。

一、明代天坛神厨的历史沿革

明代的祭祀活动繁多，等级分为大祀、中祀和小祀，神厨大多建于祭祀场所内，主要是祭祀活动中制作祭品使用，在北京天、地、日、月、先农、社稷各坛，太庙、孔庙等场所均有设置，根据祭祀对象、祭坛位置不同，神厨的规模和在祭坛中的位置也不尽相同。

部分祭祀活动中神厨位置

祭祀等级	祭坛名称	神厨位置
大祀	圜丘坛	祭坛东门外建神库神厨
	方泽坛	西门外迤西为神库神厨宰牲亭
	太庙	小次门左为神库右为神厨又南为庙门门外东南为宰牲亭
	社稷坛	西门外西南建神库库南为神厨

祭祀等级	祭坛名称	神厨位置
中祀	朝日坛	东北为神库神厨宰牲亭
	夕月坛	南门外为神库西南为宰牲亭神厨
	太岁坛	西为神库神厨宰牲亭亭南为川井（即山川坛旧井也）
	历代帝王庙	景德门门外东为神库神厨宰牲亭
	孔庙	庙门门东为宰牲亭神厨门西为神库
小祀	三皇庙	景咸门门东为神库西为神厨

　　天坛中神厨的建造与祭坛的变迁密切相关，明朝时期天坛初建到嘉靖改制，天坛中的建筑变动很大，天坛中的神厨也从明初只有大祀殿神厨到嘉靖时大享殿神厨、圜丘神厨各一个，具体历史脉络如下：

　　明初，明太祖朱元璋曾在南京钟山之阳建造过一座圜丘坛用于祭天，相应建造了神厨等设施，据《明史》记载："明初，建圜丘于正阳门外，……厨房五楹，在外坛东北，西向。库房五楹，南向。宰牲房三楹。天池一，又在外库房之北。"（《明史》卷四十七志二十洪武十年（1377年）改定合祀之典，在圜丘上建造大祀殿，《明史》记载："名曰大祀殿，凡十二楹，……厨库在殿东北，宰牲亭井在厨东北，皆以步廊通殿两庑，后缭以围墙。"（《明史》卷四十七志二十三）这与《洪武京城图志》中所描绘的明洪武南京大祀殿图中记载相当。

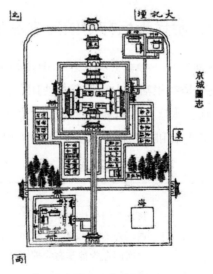

《洪武京城图志》中的大祀坛

北京天坛建成于明代永乐十八年（1420年），明代建成时称为天地坛，是明永乐皇帝仿南京天地坛旧制而建。《明史》记载："成祖迁都北京，如其制"。

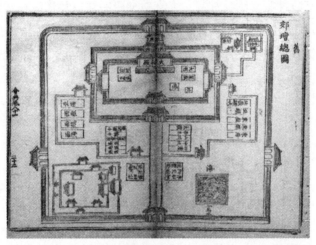

《明会典》永乐郊坛总图

明朝嘉靖九年（1530年），嘉靖皇帝决定实行天地分祀制度，建圜丘坛于大祀殿之南，于是相应建有配套的功能性建筑，据《明史》记载："东门外神库、神厨、祭器库、宰牲亭。"（《明史》卷四十七志二十三）

明嘉靖二十四年，在故大祀殿之址建大享殿，关于神厨神库没有变动的记载。

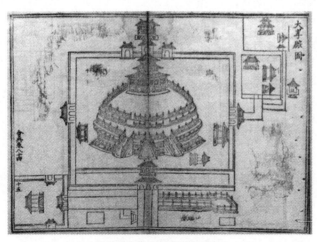

《明会典》嘉靖大享殿图

由此我们可知：神厨自明朝初年建成后，虽然历经了洪武分祀改合祀、永乐迁都重建、嘉靖改制等历史变迁，但神厨的主要格局一直比较稳定，没有发生大的变化。到了明代末年北京天坛中共有两处神厨，分别为大享殿神厨、圜丘神厨。大享殿神厨的建成年代应在永乐十八年（1420年），圜丘神厨的建成年代应在嘉靖九年（1530年），位置都处于祭坛（圜丘或大享殿）东侧或东北方，院落内主要建筑包括：神库，南向五楹；神厨，西向五楹；井亭一座。

二、明代神厨的管理机构

明代太常寺主要负责掌管天地宗庙社稷山川神祇等祭祀。吴元年时曾"设斋郎百余人供郊庙之祀，后更为厨役"。（《太常续考》卷七）厨役人员主要来自山西、河南等地，选取标准是以曾经学习过厨艺，并且身体健康没有疾病的人充任。人员的数量随着时间更替不断增加，到弘治年间曾达到1500人之多，后又裁减，崇祯时期为1300人左右。

根据祭祀活动的不同使用不同人数的厨役，还有一些厨役是分散在各处供职。厨役的划分极为有序，职责分明：

明代厨役情况

	牌数	人数/牌	合计（人）
宰牲	15	10（其中有一牌9人）	149
宰鹿兔	2	10	20
蒸作	15	10	150
茶食	15	10（其中一牌12人，二牌22人）	154
修香	1	10	10
浇烛	1	10	10
供祀	46	10（二牌22人）	462
着坛	19	9（三牌30人）	174
铺排	8	11	88
宫监看库	2	11	22
本寺看库			9
把门			18
看牙牌			3

	牌数	人数／牌	合计（人）
看祭服			2
精膳司跟用答应厨子			4
杂差厨役			

每逢祭祀时，有太常寺负责出厨役供天坛祭祀使用，据《太常续考》记载，明崇祯八年冬至祭天时使用了 57 名厨役，这其中应包括神厨中制作祭品的厨役、宰牲亭中宰杀牲畜的厨役以及铺排等其他厨役。

三、明代天坛神厨的功能与作用

明朝时期神厨的功能与作用主要包括礼仪性和功能性两种：礼仪性的活动主要是在神库殿中进行的视笾豆仪和神厨殿中进行的视牲仪；功能性的活动主要是祭品的准备与制作。

（一）明代的视笾豆仪和视牲仪

有关明代视笾豆仪的记载较少，《明史》中只记载了明嘉靖九年（1530 年），嘉靖皇帝实行天地分祀制度时的大祀圜丘仪注："前期一日免朝，……太常寺卿导至圜丘，恭视坛位，次至神库视笾豆，至神厨视牲毕，"寥寥几句，究竟如何视笾豆、视牲并未详细说明。《太常续考》中明崇祯八年（1635 年）冬至郊祀仪注中对此记载比较详细：祭祀前一日，皇帝亲自填写祝版御名后，舆诣南郊。在昭亨门外，太常寺卿引导皇帝进入昭亨左门，到圜丘坛内壝墙左门内，太常寺卿引导皇帝走上午陛，午陛即南阶，是皇帝登坛的专用阶道，太常寺卿引导皇帝登坛，北向立，太常寺卿向皇帝奏明皇天上帝坛位情况，皇帝转东向立，太常寺卿向皇帝奏明配祀的前代帝王坛位情况，之后引导皇帝从东侧台阶下坛，尚书等官员一同随皇帝来到神库，太常寺卿引导皇帝进入神库殿，北向立，太常寺卿向皇帝奏明正位坛笾豆，皇帝转东向立，太常寺卿奏明配位坛笾豆，皇帝稍转西向，太常寺卿奏明从祀四坛笾豆，皇帝离开神库。视笾豆仪程完毕。

从神库殿出来后，太常寺卿引导皇帝进入神厨殿，来到香案前，太常寺卿奏明燔牛，皇帝进步，太常寺卿奏明正配位二坛牺牲，皇帝稍转北向立，太常寺卿奏明从四坛牺牲。太常寺卿在禀奏的时候都是半跪着的。之后引导皇帝离开神厨殿，视牲仪完毕。

明代冬至祭天时的正位为皇天上帝位，南向；配位为明太祖朱元璋位，西向；从四坛为东侧大明之神，次东木火土金水星、二十八宿之神、周天星辰，西侧夜明之神，次西云师之神、雨师之神、风伯之神、雷师之神。

由此我们大致推测了神库殿、神厨殿中的陈设。神库殿殿宇坐北朝南，殿中坐北朝南摆放着正位的笾豆，坐东向西摆放着配位坛笾豆，坐西向东摆放着从祀四坛笾豆。

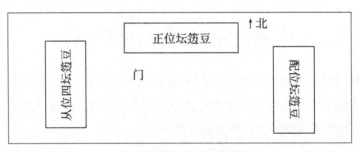

推测神库殿笾豆位置图

神厨殿殿宇坐东向西，香案应在东侧，坐东向西摆放，燔牛、正配位二坛牺牲位于香案东侧，北侧为从祀坛牺牲。

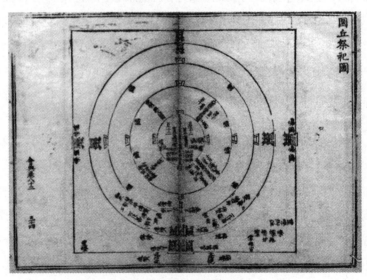

《明会典》圜丘祭祀总图

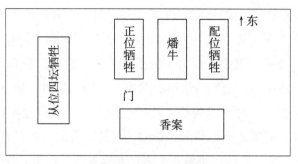

推测神厨殿笾豆位置图

（二）祭品的准备与制作

1. 备料

明代天坛祭祀用的祭品是由太常寺负责准备。由于时代久远，我们已无处考察明代时神厨内部是如何陈设，但是很多史料留下了祭品在准备过程中的各种记录，我们得以窥见当时神厨制作祭品的材料都有哪些：

祭品用料表

主料	肉类	猪、牛、北羊、鹿、兔、鱼	太常寺备
	干果	枣、栗、榛、菱、芡、胡桃、桂圆	太常寺备
	蔬菜	芹菜、韭菜、菁菜、笋	太常寺备
	粮食	粳米、粟米、稷米、黍米、糯米、小麦面、荞麦面	太常寺备
辅料	调味	蜜、砂糖、盐、盐砖、栀子、花椒、茴香、香油、莳萝、葱、酱、酒	太常寺备
	辅助	木炭、燔柴、木柴	太常寺备

据《太常续考》明崇祯八年十一月十四日冬至大典时，共使用："红枣十斤四两栗子十六斤榛仁十斤八两菱米十一斤四两芡实九斤鳊鱼九尾醢鱼九斤蜜三两砂糖一斤八两盐五斤盐砖一斤八两栀子二两花椒茴香各四两大笋七两香油六斤莳萝二两造黑白饼木炭十五斤米六升造粉粢粳米三升造糗饵糯米三升黍稷粱米各六升白面荞麦面各十二斤葱十二两韭菜一斤四两芹菜二斤十两菁菜五斤四两酱六两酒十九瓶……驿犊九只北羊三只猪三口鹿一只兔六只。"（《太常续考》卷一）从祭品使用的食材数量上也可看出祭天大典的规模之庞大。

明朝时期祭品种类丰富多样，并且用于盛放祭品的祭器也有着严格的规定。《明史》记载："凡笾豆之实，用十二者，笾实以铏盐、鱐鱼、枣、栗、榛、菱、芡、鹿脯、白饼、黑饼、糗饵、粉餈。豆实以韭菹、醓醢，菁菹、鹿醢、芹菹、兔醢、笋菹、鱼醢、脾析、豚胉、飶食、糁食。用十者，笾则减糗饵、粉餈，豆则减飶食、糁食。用八者，笾又减白、黑饼，豆又减脾析、豚胉。用四者，笾则止实以形盐、薧鱼、枣、栗，豆则止实以芹菹、兔醢、菁菹、鹿醢。各二者，笾实栗、鹿脯，豆实菁菹、鹿醢。簠簋各二者，实以黍稷、稻粱。各一者，实以稷粱。登实以太羹，铏实以和羹。"（《明史》卷四十七，志二十三）这些祭器也是由太常寺负责保管和使用的。

祭器和祭品盛放分类表

祭器	登	铏	簠	簋	笾	豆
祭品	太羹	和羹	黍、稷	稻、粱	铏盐、鱐鱼、枣、栗、榛、菱、芡、鹿脯、白饼、黑饼、糗饵、粉餈	韭菹、醓醢，菁菹、鹿醢、芹菹、兔醢、笋菹、鱼醢、脾析、豚胉、飶食、糁食

（2）祭品具体制作方法

太羹：用淡牛肉汁制作，不放盐酱。盐酱指的是面粉之类制成的酱。

和羹：用牛肉煮熟，切成块，然后用盐酱、醋拌匀，用猪腰子切成荔枝大小的块状，盖面，临到祭祀时用淡牛肉汁烧。

黍：挑拣干圆洁净的黍米放入滚汤中捞起，如同日常做饭的方法。

稷：用稷米，做法同上。

稻：用稻米，做法同上。

粱：用粟米，做法同上。

铏盐：指的是筛过的洁净的白盐。

鱐（hào）鱼：用十二两到一斤左右的白鱼一尾，用白盐少许，腌过晒干，临用时用温水洗净，用酒浸泡片刻。

枣：用红枣、膠枣（蒸熟的枣）、鲜枣亦可。

栗：用大栗，如果没有可以用胡桃、枝圆（可能是桂圆）代替。

榛仁：用榛子，如果没有可以用胡桃、枝圆代替。

菱：用菱角或鲜菱角。

芡：俗称"鸡头"，如果没有可以用胡桃、枝圆、莲子代替。

鹿脯：用活鹿宰取一斤一块，方切，如果没有用麕麇代替。

白饼：用小麦面制作，内用砂糖为馅，印做饼子。

黑饼：用荞麦面造，内用砂糖为馅，印做饼子。

糗（qiǔ）饵：用粳米制成面粉，用栀子水和面，蒸熟，印做饼子。

粉餈〔cí〕：用糯米制成面粉，蒸熟，杵成大方块的餈糕，等冷却后切成小方块。

韭菹（zū）：用生韭菜切去头尾，取中四寸淡用，如果没有，用韭根亦可。淡用指的是不加盐，味道极淡。

醓（tǎn）醢（hǎi）：用猪脊骨肉细切作小方块，用香油、盐、葱、花椒、莳萝、茴香拌匀作鲊。鲊指的是可长期贮存的菜。

菁菹：用菁菜畧经沸汤切作长条淡用。

鹿醢：用鹿肉细切作小方块，用油、盐、葱、椒、莳萝、茴香拌匀作鲊。

芹菹：用生芹菜切成长段，如果没有，用根亦可。

兔醢：用活兔宰杀后，取肉切作小方块，用油、盐、葱、椒、莳萝、茴香拌匀作鲊。

笋菹：用干笋煮过，以水洗净，切作长段，淡用。

鱼醢：鱼肉用酒洗净，切作小方块，用油、盐、葱、椒、莳萝、茴香拌匀作鲊。

脾析：用牛百叶刷去黑皮，切作细条，滚汤淖过后用盐、酒拌匀。

豚胉（bó）：用猪肩膊上肉一块，如坛数多可用肩膊之次的肉。

饎（yǐ）食：用糯米滚汤捞成饭，用羊膏熬油与蜜饭一同拌匀。

糁（sǎn）食：用白粳米滚汤捞成饭，用羊肉切碎拌匀。

祭品中频繁出现了一个字"醢"，这是用不同的肉类制作而成的，类似我们现在的肉酱。醢具有悠久的历史，在《周礼·天官》中就曾记载："醢人，掌四豆之实"，《说文解字》解释："肉酱也。"明代时醢的制作方法是用净肉一斤，加入盐（春秋天用盐二两五钱，夏天用盐三两，冬天用盐二两）、葱白一两五钱、香油一两五钱、花椒一钱、莳萝一钱、茴香一钱拌匀而成，肉量增加的话其他佐料如数增加。

菹也是一种古老的菜品，《周礼·天官·醢人》："凡祭祀……以五齐七醢七菹三臡实之。"郑玄注："七菹：韭、菁、茆、葵、芹、箈、笋。"菹指的是腌菜，腌菜可以长期保存不腐烂变质，不仅菜可以腌制，一些肉类也能够做成菹，明代祭天时采用了韭菜、菁菜、笋、芹菜来制作。

制作方法中的"淡",指的是不加调味而味道寡淡,《礼记·表记》载:"君子淡以成。"注:"无酸酢少味也。"《说文解字》:"淡,薄味也。"因此明代制作祭品时注明淡用的基本都是不加调味料的原汁原味,可以想见味道不会很好。

从上述的祭品制作法中我们可以发现:

①祭品主要采用腌制、蒸煮方法制作后盛入器皿,制作好的祭品大多可以长时间保存。以现在的眼光看是凉菜、糕点居多,原汁原味居多,这与古人"郊之祭也,大报本反始也。"的意思吻合,基本不使用煎炒烹炸去破坏食物本身的味道,而是多使用蒸煮腌制等做法保留食物本身的味道,用这种质朴、原始的制法将祭品原原本本地去敬献给神,已达到与神交流互通的目的。

②祭品原料种类丰富。中国地大物博,各种物产丰富,祭祀时使用人们生活中不可缺少的蔬菜、粮食、鱼类、牲畜等,尤其是农业生产中不可缺少的劳动力——牛制作祭品,以表达对天神和祖先赐福的感激之情和敬天尊祖、报本反始的虔诚之心。

③祭品根据祭祀活动的季节不同、祭祀对象数量的多少调整食材用量及种类,并不是一成不变的。

结　论

通过上述研究可知:明代时期,天坛中神厨承担着祭祀过程中必不可少的礼仪性作用以及功能性作用,这里并不是简单的做饭场所,其中蕴含了古人对天的理解以及古人是如何通过祭品的选取与制作来体现其敬天之情的。这对于我们深入挖掘古人的敬天文化有着极为重要的意义,但在研究过程中仍存在不少难点:

①关于神厨的史料记载很少,《明史》《明会典》等只有大致方位的记载,会典图中能够看出神厨院落中的主要建筑情况,但也是只能参考。《天坛志》中有:"明初天地坛时仅有东殿,嘉靖朝建大享殿时又增建了西殿。"但在《明会典》大享殿图中却无体现。

②明代天坛祭祀时神厨厨役究竟如何配置没有史料记载,具体人员分配比较模糊。

③神厨、神库中陈设究竟如何没有找到更多确切记载,只能以明代史料中祭祀仪注进行猜测。

综上所述，对于明代神厨的研究仍然需要更多的史料佐证，本文期待各界人士批评指正。

参考文献

［1］（明）李东阳，等奉敕撰．大明会典．

［2］（清）张廷玉，等．明史．上海：中华书局．

［3］四川大学古籍整理研究所．太常续考．

［4］北京市地方志编纂委员会．北京志·世界文化遗产卷·天坛志．北京：北京出版社．

［5］徐正英，常佩雨，译注．周礼．上海：中华书局．

［6］（明）王俊华纂修．洪武京城图志．

［7］单世元．明代建筑大事年表．北京：紫禁城出版社．

刘星（天坛公园馆员）、李高（天坛公园园长、教授级高级工程师）

太庙变迁实录和愿景

◎贾福林

太庙是全国重点文物保护单位，是具有博物馆性质的文化单位。太庙位于天安门东侧，始建于1420年（明永乐十八年），是明清皇帝祭祀祖先的场所，是根据《周礼考工志》"左祖右社"规制所建，是紫禁城的重要组成部分。1911年辛亥革命后清王朝退出历史舞台以后，逊位皇帝溥仪仍在紫禁城内廷暂居，太庙仍由清室管理使用。1924年10月22日，冯玉祥配合孙中山北伐，发动了著名的"北京政变"，驱逐末代皇帝溥仪出宫，太庙初辟为"和平公园"，不久改作故宫博物院分院，太庙配殿改为图书馆，享殿、寝殿和祧庙室内原祭祀场景基本保持原状。

1949年10月1日，毛泽东主席在雄伟的天安门城楼上宣布：中华人民共和国中央人民政府成立了！此时，天安门广场，万众欢腾。与之对比鲜明的是，紧邻天安门东侧的太庙，却一片寂静。时隔半年，这里突然格外喧闹，彩旗飘扬，锣鼓喧天，游人如织，这乾坤反转的大变化，载入了《中华人民共和国大事记》。这是1950年的5月1日，北京市劳动人民文化宫正式对外开放了。

新生的共和国成立，百废俱兴。国家领导人大事所忙，可想而知。但是，有一件事让周恩来总理一直挂在心上。

这一天下午，太庙南门来了一男一女两个人。看门人是个跛足，别看他站不直，可心里正，领导吩咐过，陌生人不许进，他真的坚持原则，不让进。虽然他看来的人是干部打扮，十分和蔼，但干部更得遵守规定，愣是不让进。这时候，后面赶来的工作人员介绍说，这是国家的领导，来这考察，看门人这才放行。后来看门人才知道，他阻拦的竟然是周恩来总理和邓颖超同志。

新中国的总理，日理万机，怎么有空来到这空旷荒凉的太庙来呢？原来，周恩来总理接到了北京市委文委书记李伯钊同志关于建立工人文化活动的阵地的建议，他们今天正是为选址而来。周总理和邓颖超同志观察了太庙的殿堂，观察了古柏林掩映下的古老院落。两位领导觉得，在当时来讲，太庙巨大的室内空间和宽阔的室外空间，古香古色的建筑，树木参天的园林，非常适合工人群众休憩，游览，适合开展文化艺术和教育体育活动。

周总理和邓颖超同志回去以后，全国总工会副主席李立三和北京市总工会副主席肖明向政务院正式提出把太庙辟为工人文化活动场所的申请报告，周总理在政务院第一次会议上提出，得到政务院会议的批准，把太庙拨给北京市政府，拨小米405143斤作为筹备经费。

有了批示，有了经费，接下来是市总工会进入紧张的筹备工作。清运了太庙积存多年的成吨成吨的垃圾，拔除了一人多高的杂草。修理了房屋，铺设了一些道路。布置了殿堂的室内环境，安排了许多文化艺术活动。诸事具备，定于1950年5月1日正式开放，邀请劳动人民来游园。在开放前一天举行揭牌仪式。日子一天天临近，到4月27日，大家匆忙中突然发现这新单位的"大号"还没有，大门上到底挂一块什么牌子呢？于是，4月28日，李立三和肖明急忙到中南海，请毛泽东主席题字。那么到底题什么名称呢？按照苏联老大哥的惯例，大家原来提出叫"工人俱乐部"。毛泽东主席略一思忖，挥笔题写了"北京市劳动人民文化宫"十个大字，是由左向右横向书写的。毛主席的书法很棒，多写苍劲灵动的大草，而这十个字，不是草写，潇洒中显得端正，正好是一块横着的匾额。

得到毛主席的题字，工作人员马上就去制作，他们夜以继日地赶制，根据毛主席题写的字，做成了一块白底红字的横匾。4月29日午夜12点，横匾挂到了太庙南门上方。从此，太庙成了"北京市劳动人民文化宫"。

说起"北京市劳动人民文化宫"这块匾，毛泽东主席的命名和题字，有着深厚的文化内涵。

首先说题字。太庙是古建，横匾挂在面向长安街的南门。太庙原本没有此门。1914年，天安门西侧的社稷坛改为公园，对着长安街西边的金水桥，开辟了园门。考虑到天安门东西整体景观的对称，于是对着长安街东边的金水桥，也开了一个门，当时末代皇帝还拥有太庙，这个门从来不开，因此被叫作"假门"，1924年冯玉祥把溥仪从紫禁城里赶了出来，这个门才打开成为现代太庙的正门。三十多年后改天换地，太庙变为文化宫，这块既适合于古建风格，又代表新时代的匾额悬挂在现在是劳动人民文化宫的正门，毗邻天安门面对长安街，宣布着太庙的新生。毛泽东主席题的这块匾，是一个划时代的创举，堪称现代"天下第一匾"。

其次说改名。这看似细微的改动，其实蕴涵着深刻的意义。首先，将"俱乐部"改为"文化宫"。"文化宫"和"故宫"相协调，体现了其原是帝王宫殿的历史渊源及古建特征。第二，宫的特点是相对前面的"殿"。"殿"是工作区，"宫"是休息区，这和文化宫的文化艺术功能正相吻合。同时，"宫"的级别显然高于俱乐部，体现了人民群众最高的文化艺术殿堂的寓意。

再次说主人。"工人"改为"劳动人民"。将文化宫的参与者扩大，不仅是工人，凡是劳动人民，都是"学校和乐园"的主人。

1950年4月30日，北京市劳动人民文化宫举行了揭幕仪式。党和国家的领导人、著名文化人士朱德、董必武、聂荣臻、黄炎培、郭沫若、吴玉章、李立三、茅盾、周扬、老舍、赵树理、丁玲等数十人出席并题词祝贺。

著名作家赵树理，有感而发，挥毫题写了一首脍炙人口的诗："古来属谁大？皇帝老祖宗。如今属谁大？劳动众弟兄。世道一变化，根本不相同。还是这所庙，换了主人翁。"这首朴实的"大实话"，极为生动地概括了"从庙到宫"的历史变迁，也是对毛泽东主席命名和题字的文化内涵最直白的诠释。

从此，从"庙"到"宫"，太庙的功能进入新的时代。文化宫与共和国同步，在北京中轴线和长安街的中心点，亦即首都古代文化和现代文化的凝聚点，演绎着人民创造历史的时代风云。

太庙虽然是国家级重点文物保护单位，但随着历史的推移，原本的文化内涵被现代文化所完全取代。即使是在古代，太庙的唯一性、崇高性和神秘性，也使它几乎隐没在红墙黄瓦的栉次鳞比的宫殿群中，只有皇帝和少数宗亲、朝廷重臣能够在祭祀时庄严的仪式、典雅的乐舞、缭绕的烟火中领略它的崇高和肃穆。而中国最后一个王朝的末代皇帝逊位以后，太庙几乎是隐没在高大的红墙后寂静的古树和荒草当中。曾经的盛大和庄严如烟云消散。新中国成立后，雄伟的建筑换了主人，祭祖的殿堂变成劳动人民文化活动的场所，新时代的文化让祭祖礼乐的踪影彻底的消失。

随着改革开放的步伐，太庙传统的文化开始回归。1999年完成了太庙文物解说词的撰写，太庙立起了文物说明牌，从此，文化宫所埋藏的太庙文化的内涵才为公众所知。2005 年，文物出版社出版专著《太庙探幽》，这是史上第一本系统研究太庙的学术专著，建立了太庙研究的科学体系。这个研究成果的对于深挖中华文化内涵具有极为重要和特殊的意义。在新时代，太庙的研究继续深入，并且提高到民族文化自信，国家文化战略的新的高度。

2017 年 1 月，中共中央办公厅、国务院办公厅印发《关于实施中华优秀传统文化传承发展工程的意见》，"着力构建中华优秀传统文化传承发展体系"被确立为"建设社会主义文化强国的重大战略任务"复兴传统文化正式升格为执政党和中央政府的整体战略。

习近平强调："我们要坚定中国特色社会主义道路自信、理论自信、制度自信，说到底是要坚持文化自信。"习近平指出，实现"两个一百年"奋斗目标、实现中华民族伟大复兴的中国梦，需要充分运用中华民族数千年来积累下的伟大智慧。"以古人之规矩，开自己之生面"。

当代信仰缺失的严重现象和危险性，从反面证明了礼乐文化传承的重要性和必要性。中国共产党十九大坚持"不忘初心，继续前进"，对太庙的研究、对太庙礼乐文化的重建和传承具有重大的指导意义。

2018 年 7 月 4 日北京确定中轴线申遗 14 处遗产点，其中太庙是最重要的古代建筑之一，同时又是传统核心文化凝聚地之一。太庙：世界最大的祭祖建筑群。中国古代，"国之大事，在祀与戎"（《左传》）。太庙的祖先崇拜和礼乐文化，使之成为"众庙之首"，其礼乐文化在传统文化中的核心地位，已经普遍的共识。

明年，古老的太庙建成 600 年，文化宫也将走进 70 华诞。太庙没有苍老，依旧金碧辉煌，文化宫近七十年保护之功不可没。在世界性传统文化回归，中华民族重新审视悠久的历史，摆脱西方中心论的桎梏，重新评价历史，创建与传统有机融合的新时代文化的历史性时刻，太庙传统礼乐文化的核心功能日益凸显。她将乘着深化改革的东风，迎来从"宫"到"庙"的回归，拥抱中华民族的伟大复兴，古老的生命重新焕发勃勃生机，走向现代文明的新时代。

谨以此文，纪念太庙建成 600 周年，迎接太庙下一个更加辉煌的600 年。

贾福林（北京市劳动人民文化宫副研究馆员）

北京古代建筑博物馆文丛 第六辑 2019年

历史与文化遗产研究

略说工匠始祖鲁班的历史地位

◎丛子钧

　　每当提起鲁班，给我们每一个炎黄子孙的第一印象是一代工匠大师，是我国古建筑行业（包括土木瓦石等与建筑相关行业）共同祭拜的祖师爷。千百年来，中国劳动人民祭奠木工始祖鲁班在全国各地修建了很多祠堂、庙宇和殿堂，在北京东岳庙还保存有两座祭祀鲁班的殿堂——鲁班圣殿和鲁祖之殿。在土木瓦石棚等行业更是被供奉为祖师爷，是很多行业共同的祖师爷，可见鲁班在中华民族劳动人民的心中有着很高的历史地位。但几千年来这么一个被众多劳动人民供奉的祖师爷，同时又是中国古代劳动人民智慧的象征性人物，却被皇家所忽略，只出现在民间或道教的庙宇或殿堂之中。鲁班和孔子同为春秋战国人，一个广传学问，一个钻研技巧，从某种角度来说就是文科和理科的开山鼻祖，但为什么皇家祭祀儒家创始人孔子，而不祭祀木工始祖鲁班，这其中究竟是什么原因？

一、鲁班的生平及活动轨迹

　　鲁班，公输氏，名般。又称公输子、公输盘、班输、鲁般。春秋时期鲁国人。生活在春秋末期到战国初期，出身于世代工匠的家庭，从小就跟随家里人参加过许多土木建筑工程劳动，曲尺（也叫矩或鲁班尺），如墨斗、刨子、钻子、石磨、碾子、锯子、云梯、钩强等工具也都是鲁班发明的。公元前450年鲁班来到楚国制造云梯帮助楚王攻打宋国，后来墨子前来劝说楚王和鲁班停止攻宋，鲁班对墨子非攻和仁爱思想所折服，从此再也不过问世事专心为我国古代劳动人民生产劳动工具，鲁班不止在木工上有所建树，后来的井亭原型、机封、锁钥甚至是雕刻上都有造诣。鲁班的门徒也很多（但由于历史原因，记住名字的人寥寥无几），中国古代（尤其是春秋战国）木工工匠等传授技艺主要是仅仅靠口授相传和钞本，并没有实际相关的书籍流传于后世，所以真正记录鲁班详细生平和主要发明的书籍少之又少，主要还是《鲁班经》收录了大部分鲁班流传下来的木工技术。由于鲁班的生平纪事比较简单，而且鲁班作为木工鼻祖影响力又比较大，所以千百年来鲁班已经被我国劳动人民神话了，以至于后来的土木工匠用来口授相传的技艺有不少都收录在鲁班经里了。

鲁班认可墨子的非攻和仁爱思想，但墨子的思想是封建统治时期统治者无法容忍的思想，墨子代表的是小生产者及广大劳动人民的利益，而鲁班也是为广大劳动人民生产劳动工具，其意在于提高劳动生产力，改善人民的生活质量。所以说当一个人尤其是有影响力的人物所持的思想与统治者的利益不符时，便会被弃用，思想会被统治者抹杀，所以说鲁班的思想及影响力从春秋战国时就一直无法被官家承认，也是这个原因。封建社会不服务于帝王家是无法提升自己的社会地位的。

《墨子·公输》记载子墨子解带为城，以牒为械。公输盘九设攻城之机变，子墨子九距之。公输盘之攻械尽，子墨子之守圉有余"。鲁班在招式被墨子一一破解后起了杀意，未曾想到墨子门徒三百人已持墨子的守城器械在宋国城墙上严阵以待，万般无奈下只能罢兵，"公输子之意，不过欲杀臣。杀臣，宋莫能守，乃可攻也。然臣之弟子禽滑厘等三百人，已持臣守圉之器，在宋城上而待楚寇矣。虽杀臣，不能绝也。楚王曰：善哉。吾请无攻宋矣"。因此鲁班的历史成就止步于"木匠祖师"。

二、中国古代工匠的历史地位

（一）春秋时期"四民分业"定居理论导致木工等工匠的依附性很强

春秋时期，齐国宰相管仲提出了"四民分业"定居理论，他主张将被统治的百姓划分为"士、农、工、商"四个阶层，说白了就是给当时的社会进行了分层，当时社会重视读书人和农业生产，而手工业者和商贩都处于社会末流，并未有很高的社会地位，而且这种次序不能被改变，从而保证统治阶级劳动的再生产。当时的社会非常禁锢，在长期重农抑商的情况下，手工业者的社会地位十分低下。

从春秋时期提出的"四民分业"理论上来看，当时把同一行业的人汇聚在一起确实能够有利于知识、技术、技能的传授，职业分工的世袭化，确实能够促进各行业生产力水平的发展，但是社会关系非常僵化，有利于统治阶级巩固其统治，在科举制度出现前，类似的理论一直被封建社会所沿用，所以木工等工匠的地位在相当长的一段时间内社会地位是十分低下的。

自古有"良禽择木而栖，贤臣择主而侍"的说法，当时封建社会是一个承金字塔型的管理模式，塔顶的人有钱、有权，而作为金字塔底端的诸如木工工匠等社会劳动工作者不能通过科举考试等扬名立万，但迫于生计只能依赖于统治阶级或大户人家，而寻常百姓家是没有多余的财力去请工匠做活的，大部分情况下只能自己自力更生来摸索着干，所以说当时从事木工工匠的人数非常有限，大部分人还是农民，士兵和做小买卖的商人。

《国语·齐语》载：桓公曰："成民之事若何？"管子对曰："四民者，勿使杂处，杂处则其言咙（杂乱），其事易（变）。"公曰："处士、农、工、商何？"管子对曰："昔圣王之处士也，使就闲燕；处工就官府，处商就市井，处农就田野。"以便让其"少而习焉，其心安焉，不见异物而迁焉，是故其父兄之教不肃而成，其子弟之学不劳而能"，如此，则"士之子恒为士"，"农之子恒为农"，"工之子恒为工"，"商之子恒为商"。

（二）"诸子百家，独尊儒术"决定了当时社会工匠地位的低下

儒家思想自春秋时期诞生起到封建王朝结束时被供奉在神坛上有几千年，在这几千年来的封建王朝统治下，儒家思想妨碍了中国科技生产力的发展，使当时的士农工商的排序更加固化，后世有很多批判了儒家思想祸国殃民，其实儒家思想也有好的一面，只不过儒家思想由于继承得比较多而批判得比较少，所以很多封建统治者把儒家思想中有利于维持自己统治的一方面思想给拿了出来，然后拿出了一套行之有效的教育方法来束缚阶级统治下人民的思想，让农民好好种地，商人好好做小买卖等，同时对待"科学家""发明家"等这一类劳动者采取"为之己用，勿施于人"的策略来阻止新思潮的产生。到了汉武帝时废黜百家，独尊儒术的时候已经说明当时汉王朝吸取了秦朝灭亡的教训，认为要无

为而治，用一套思想来束缚百姓，同时在保证人民有饭吃，造成一个笼子里养鸟的一个状态，所谓"喂养制度"，表现好的给你换个大一点的笼子和更好的饲料。而儒家思想正好符合当时汉武帝的施政理念，所以儒家思想一跃成为唯一得到官方许可的思想。其他思想影响力不断下降，甚至得不到官方认可，工匠精神由于不被儒家思想所包含，所以得不到发展壮大，始终属于小众圈子，所以封建统治时期诸如木工等工匠地位始终得不到提升，工匠每天为了自己的温饱，哪还会有工夫搞研究发明。

三、中国行业神崇拜为鲁班蒙上了一层神秘面纱

中国自古就有对行业神的崇拜，从事各行各业的劳动人民为了保佑自己和自己所从事行业的兴旺以此来供奉的神灵，供奉的神灵有的是自然神，而有的就是各行各业的祖师爷。一般来说每个行业都有一个供奉的祖师爷，但也有几个行业供奉同一祖师爷，比如建筑业的祖师爷鲁班，而所供奉人数的多少则取决于所在行业的发展水平，鲁班作为建筑业的祖师爷，供奉的人群则为土、木、工、瓦、棚等行业从业者。工匠作为社会的一个大阶层，有着举足轻重的地位，虽然在封建社会受到了统治阶级极大地限制，但建筑行业还是有所发展，分工越来越细，以至于后来东岳庙东西廊院中出现了鲁班圣殿和鲁祖之殿（这是由于行业内部分裂所导致的）。

后来由于生产力的不断发展，社会分工越来越细，各行各业基于提升自身的社会地位和加强本行业自身的团结，所以继续一个"精神领袖"，就是行业神，所以就出现了行业神祭祀，而鲁班作为一个重要的历史人物，由于他所涉及的行业是土、木、瓦、石、棚等手工业和建筑业的从业者，所以鲁班就被这些行业者立为行业神，鼓励本行业的从业者促进本行业的发展。而土、木、瓦、石、棚等手工业和建筑业的从业者也需要继续提升所处行业的社会地位，所以在全国各地不断集资修建鲁班庙和鲁班祠堂，以此来不断发展壮大工匠这一行业，提高本行业在社会上的知名度。

由于行业神崇拜是中国老百姓的精神寄托，并不受官方支持和重视，甚至尤其是鲁班代表工匠等一批类似于发明家的行业神，其技巧更被视为"奇技淫巧"，《鲁班经》是记录鲁班木匠技艺的主要著作，鲁班

作为中国古代劳动人民的依托，后世将木匠技艺很大一部分归进了《鲁班经》里，当我们翻开《鲁班经》一书会发现，里面的内容有很大一部分都是阴阳风水的学说，结合建筑木料尺寸，但从我们后世来说无法证明春秋时期鲁班学习过阴阳风水学说，鲁班只是一个以木匠起家的发明家，他专攻的是木匠行业，那个时代诸子百家中阴阳家根据道家思想提出过五行和阴阳的相关概念，到明、清时期开始盛行起来，个人推断很多理论都是后世给加进去的，目的就是不断神化木匠鼻祖鲁班的历史地位，来为自己的行当争取更多的利益。但民间的政治眼光和格局毕竟有限，无论怎么神化鲁班都无法跟大多数统治者的利益相吻合，元朝是一个比较开放的王朝，那个时期元大都的建立，数学、天文学、航海学等理科迅速发展，匠人这一行当，被编入"匠籍"，只能为官府服务，到了朱元璋建立明朝后，天地日月坛的重新修建标志着汉家思想（孔子的儒家思想）的不断强化，工匠这个行当再一次沉寂在了封建统治的浪潮之中。到了明、清时期也就只能到行业神祭拜的范畴了。

四、道教世俗化倾向的不断加强
（以北京东岳庙为例）

在中国的封建社会时期，任何教派的存在无外乎有两个基础：一是下层人民的基础，就是所谓"信徒"（支持教派的人），二是与当下封建统治者的关系，教派就是在这两个群体之间做一个调和器，既要讨好统治者以求生存，又要吸纳劳动人民来扩充影响力，在明朝时期道教正一派由于思想更加贴合当朝统治者的意愿，所以得到了朝廷的有意扶持，这就是为什么在元朝时道教正一派修建了北京东岳庙，同是道教门下，正一派顺风顺水而全真教就此衰落，就是这个原因，当道教正一派被朝廷扶持后，正一派当然也就成为道教的最大派别，强者恒强，为了自己教派独树一帜，自然要扩大社会影响力，所以道教正一派修建了中国第二大道观东岳庙。自然要和白云观分庭抗礼。

通过对比白云观和东岳庙我们会发现一个比较有意思的事情，那就是道教全真派所在的白云观里并没有祭奠行业神的殿，比如鲁班等行业神，白云观主要祭祀的还是一些虚无神，就是没有实际的历史人物，而道教正一派所修建的东岳庙里面却供奉了不少民间行业神，而行业神里面也会分化行业，以此类推就不难理解为什么北京有两个道教道观，东岳庙里有两个鲁班殿。都是一些教派斗争，东岳庙在明朝时期开始扩建东西两廊，把民间行业神全部请进东岳庙来就是为了扩大社会影响力，让社会上更多的底层人民来支持道教正一派，再加上道教全真派受当朝统治者的打压，自然而然会衰落，所以东岳庙在明清时期里面建的殿堂越多越好，而且活动也比较频繁，而白云观确十分冷清，延续至今，北京东岳庙的香火及活动都要比白云观更加旺盛频繁。当然鲁班能够在东岳庙里面有两座殿，也确实说明了鲁班作为古代工匠鼻祖的过人之处。否则也不会在东岳庙里作为一个典型行业神的存在。

鲁祖之殿

鲁班圣殿

五、结语

鲁班是中国古代工匠精神的杰出代表，鲁班去世后他的精神被后世工匠广为传颂、继承和发扬，在现代化社会由于机器流水线及人工智能产生，新的建筑材料和技术不断应用与生产中，在经济基础决定上层建筑的思维模式下，传统手工业已经不能适应当今社会，一切向"钱"看的逐利心态也使得鲁班精神已经漫漫被人淡忘，赚快钱与潜心研究本就是一对矛盾体，所以如何继承和发扬这种精神是我们每一个人应该思考的问题，在这方面日本人做的就比较好，日本这种百年传统工业的手工业小企业非常多，只是踏踏实实研究一门手艺，做到精益求精，所以日本的精工在全世界都非常有名，这其实就是鲁班精神。这也是为什么古代工匠祭祀鲁班的一个原因，不光是为了巩固和提高行业地位，更多的是为了让自己的行业能够推动社会的发展，祭祀鲁班不是拜一拜就完事的问题，而是要将鲁班的精神发扬光大才行。从祭祀鲁班中可以看到中国古代工匠的历史地位，再结合先进社会工匠精神的发展状况是值得我们思考的一个问题。

丛子钧（北京古代建筑博物馆文创开发部助理馆员）

北京古代建筑博物馆文丛

第六辑 2019年

100

试析炎帝神农氏的神话形象与中国古代牛的崇拜

◎董绍鹏

作为中国古代受到人们景仰的圣贤之一的先农炎帝神农氏，人们不仅仅将他等同于一个真实的历史人物，将他的神话历史化，更有意思的是，后世亦将炎帝神农氏描绘成牛首人身之神。这种荒诞不经的描述，应该说是初民时代图腾崇拜的思维所致。这对于饱含原始初民时代自然之祀万物有灵崇拜的中华民族来说，并不是令人惊异之处。

一般地，古人习惯于将某个圣人的职能以理想化、形象化、符号化的方式描绘，并把这种符号或形象作为该圣人的固定特征来崇拜。现代研究表明，这是古人将某个氏族或氏族联盟的突出物质贡献或专长图腾化的表现，并把图腾作为这个氏族或氏族联盟的集体描述特征。可以想象，炎帝神农氏以农为之长，同时牛作为人类最重要的助耕工具所发挥的功效比纯粹的人力要强上百倍，所以把"人身牛首"的形象描述附加在炎帝神农氏身上，更加体现出炎帝神农氏的氏族集团农之特性。这样，无论从神话的文学角度、神话学角度还是从人类学角度，这一描述直接把炎帝神农氏装扮成一位为中华民族所永远崇拜的伟大农业之神的高度特性化形象，而其中的农耕农业属性一目了然。

说到神农氏的牛头人身形象，就不能不讨论牛对农耕农业的重要性。

根据古生物研究表明，今天驯养的家牛起源于原牛（Bos primie-nius，即原种野牛），普遍认为原牛在大致距今六七千年前的新石器时代开始驯化（根据最新考古发现，推测这个时间可能要早到距今一万余年）。原牛的遗骸在西亚、北非和欧洲大陆均有发现，多

古书中具有牛首特征的
先农炎帝神农氏形象

数学者认为，普通牛最初驯化地点在中亚，以后扩展到欧洲和亚洲的其余之处。亚洲是原种野牛的栖息地，迄今南亚地区仍有一些牛只生活于野生状态中，而在欧洲和北美洲除动物园和保护区尚存少数外，野牛已绝迹。中国原种野牛的化石材料在南北许多地方均有发现，如大同博物馆陈列的原牛头骨，经鉴定已有七万年；安徽省博物馆保存的长约一米余的原牛化石，发现于淮北地区更新世晚期地层中。此外，在吉林省榆树市也发掘到原牛化石和万年前野生牛的遗骨。

中国古代驯化的耕牛品种一直沿用到今天，也就是我们今天还能见到的耕作于北方旱地的黄牛，以及南方耕作于水田的水牛。

牛的驯化是一个既漫长又结合相当实用目的的过程，驯化的目的，就是作为人类耕作、负重的工具，在以后的历史时期中，又是人类的财富（这是农耕民族经济活动中牛的价值定位，对于游牧民族来说，牛也是食物）。因此在畜力资源并不丰富的古代，虽然驯化后的牛性情发生较大变化，由野蛮变得温驯，牛的生理寿命由于有人类的关照也得以延长，繁衍也得到人类的安全呵护，但这种属于生产资料性质的再生产毕竟需要过程和耐心等待，不是一蹴而就的简单程序。牛的后天属性——对于人类的财富意义得以逐渐凸显，牛的生命就是人们财富的存续阶段，它带给人们生产力的提高，成为牛存在于人类社会的决定性价值。这样做的目的，关键就是保护人们生产资料的财产受益权利，因此古代社会常有以奖励牛来激励农业生产的政治举措。

在中国古代的耕牛应用上，南方稻作地区比北方旱作地区要早。考古发现中，浙江余姚河姆渡、桐乡罗家角二处文化遗址的水牛遗骸，证明约 7000 年前中国东南滨海或沼泽地带，野水牛已开始被驯化为家用耕牛。北方地区在春秋战国时期，已经选育出优质的黄牛品种，用于社会生产。

进入世俗政治主导国家生活的周代以后，牛开始广泛应用于社会生产领域，伴随铁制农具的出现，铁犁与耕牛成为飞升农业生产力的关键因素，因此没有什么人具有随意剥夺牛生命的权力。历代王朝对耕牛都表现出特殊的保护，如唐代，擅杀牛只需服徒刑；宋代，法律更有明文规定，严禁屠宰耕牛，北宋初年《宋刑统》中就规定"诸故杀官私牛者，徒一年半""主自杀牛者，徒一年"，而南宋的刑罚则更重，"诸故杀官私牛，徒三年"；元代时，牛主人擅自杀牛，则要杖责一百。杀自己的牛尚且如此，要是杀了别人家的牛，刑罚当然会更重。不过，即使统治者用严刑峻法来威慑人们保护耕牛，但杀牛的现象不可避免。譬如国家军事层面，牛皮、牛筋、牛角等都是重要的军事材料，可以用来制作盔甲、弓弦等。再者，牛可用来当作食材，其味之美让很多人垂涎，甚至不顾法禁杀牛卖肉，因此杀牛牟利颇丰。牛肉贸易的高额利润，让很多人不顾重刑，冒死屠牛贩肉。比如宋代，一头耕牛的价格约五千到七千钱，而宰杀售卖则可获利两三万钱，由此可见杀牛卖肉的利润之大。虽然历朝历代大多有禁止屠牛的刑法，但执行力度不大，不足以威慑众人。因此在中国历史上保护耕牛和杀牛作牺牲、作肉食之间，一直存在某种紧张不清的关系。虽然如此，但因为牛只的存在对农业社会或者说农耕文明社会特殊的重要的意义，通常只有祭祀神祇的重大祀典活动，牛才可以作为最高等级的牺牲用来奉献神灵，以显极度虔诚之意（祭祀活动中牛被称为太牢，是祭祀用的重要牺牲，在国家级祀典，如圜丘、方泽、太庙、社稷、先农、朝日、夕月、岳镇神祇等祭祀中扮演重要角色），这也是牛对古人利益重要性的一个体现。

鉴于牛对农耕农业的重要意义，以及对国家政治的重要性，人们自然地产生对牛的敬重之心，不仅有怜悯牛的辛劳理念，更逐渐产生出将耕牛神圣化的万物有灵崇拜。因此，除了作为中国古代农业职能主神的先农炎帝神农氏的神话形象附会牛头形象，借以贴切体现他的农耕农业神职能。同时，中国古代还存在特定的牛神崇拜、牛王崇拜，作为农业工具的专有神祇崇拜。这种专业分工式的神祇崇拜不仅体现在农业，也广泛体现在社会生活的方方面面，是多神崇拜的一个重要表现形式。古代有不少地方存在对牛的祭祀行为，如清代河南地方就有广为传布的牛王祭拜行为。

在中国许多地方（如西南、西北地区少数民族）的民间禁忌中，都有不食牛的风俗。对于农耕民族来说，牛只对于拥有严重土地依赖心理的人们有着特别重要的意义，它是犁地的工具，更是人们重要的私有财产，甚至在潜意识中演变为具有人格属性的角色，某种程度上说人们已经把它看作自己的一分子，是生活中不可分割的一部分。不妨说，牛是农耕农业的徽标。

我国的西南地区少数民族中，有的在过年时要单独饲喂耕牛，以示慰劳。很多民族甚至还要另过一个崇祀耕牛的节日，称为牛王节、牛魂节、牛生日、洗牛节。这些节日，有的与中国民间的另一个重要民俗迎春礼、鞭春牛相结合，成为古代农业或传统农业生产中的重要文化活动。

广西龙胜就有立春前修牛栏等筹备鞭春牛的活动，立春的当晚，两个青年领队，后有唱歌能手和农田能手扮演夫妻跟随，每到一户，大家都要赠送红糖和糯米糍粑。农历六月六，贵州榕江、车江等地要举办洗牛节，家家都要牵牛下河，为牛洗身，杀鸡宰鸭为牛祝福。云南纳西族每年农历六月十日至三十日、九月十日至三十日，都要举办两次洗牛脚会，此时正值春秋农忙间歇，于是人们在上述时间内任选一天，村民举行聚餐、洗刷耕牛，每头牛都要饲喂 12 个麦饼和一捆青草，同时在牛栏上挂一串麦饼表示慰劳。每年农历四月初八，壮族、布依族、侗族、土家族等，都要在这一天过牛王节（也有的地区壮族在农历五月初七、六月初六、七月初七过）。他们认为，耕牛春耕时受人鞭笞，精神失魂，需要慰问，因此要在牛王生日让耕牛歇息。这一天，每家的家长要牵牛围绕饭桌一周，用竹筒装上米饭、甜酒、鸡蛋汤、绿豆汤等喂牛，然后喂糍粑。广西三江的侗族，则采摘一种树叶，用炮制的汁液沤制大米、蒸成黑米饭喂牛，以增强耕牛体质。

贵州东南的苗族，则在农历十月初一过祭牛节，这一天让牛歇息，喂牛糍粑，还要牵牛到水塘边观看倒影，让牛高兴。海南岛的黎族地区也要在农历七月或十月过节，过节当天要给牛敲锣打鼓，为牛招魂。同时每家都要在家里用盆洗涤各色宝石，认为宝石是耕牛的灵魂象征、牛群繁殖的福气，祈求牛群兴旺；跳总兵舞，祈祷作为财产的耕牛平安。云南的哈尼族，要在农历五月初五过"牛纳纳"（哈尼语），让耕牛在这天歇息，人们用一种草煮出紫色的水浸染糯米饭，杀一只公鸡祭祖，然后用鸡肉和肉汤拌糯米饭喂食耕牛，再后给牛松牵绳，让它自由上山吃草。

以上文化人类学资料表明，牛只在传统农业生产中对人们的重要性，在朴素的民间文化里早已经与人们对牛只的感情水乳交融，某种程度上讲耕牛俨然已是农耕农业人们的家庭一员。

人们对牛只特别情感的建立、"悯牛"情结的出现和确立，一定程度上也是深受佛教的影响。

中华大地随着佛教的传入，佛教不杀生的教义直接影响着古代中国国家保护耕牛的国策，对中国禁止杀牛的传统起到进一步促进的作用。历史上，诸多封建帝王或者深愍物命、哀牛多劳，或者重牛耕作，都不同程度地减少国家祭祀用牛的数量。如南朝梁武帝用面牲蔬供祭祀天地宗庙的举动，可谓空前绝后。文献记载，梁武帝笃信佛教，舍身3次入同泰寺，颁布《断杀绝宗庙牺牲诏》《断酒肉文》，其中《断杀绝宗庙牺牲诏》中说"梁高祖武皇帝临天下十二年，下诏去宗庙牺牲，修行佛戒蔬食断欲……至遂祈告天地宗庙，以去杀之理被之含识郊庙皆以面为牲牷，其飨万国用菜蔬生类，其山川诸祀则。"佛教信仰使得梁武帝对牲牢等产生了好生之德，进而颁布诏令，严禁祭祀屠杀牲畜。北魏献文帝虔诚信佛，佛教不杀生的诫命对他产生过深远影响。史料上说献文帝提出每年用于祭祀的牲畜数量过大，认为被祭祀的神明以人们的品德、诚信作为自己的祭祀供享，并不在乎牺牲祭品的厚薄，因此要求减少祭祀牲畜的数量，规定除了天地、宗庙、社稷祭祀外，其余的祭祀都不用牲畜。

佛教以不杀生为五戒之首，认为众生平等皆有佛性，对待众生灵应该一视同仁。佛教教化民众杀生不仁，用血食祭祀不义，杀生之后"死入地狱，巨亿万岁。罪竟乃出，常当短命"，劝诫民众如果德薄祭厚，最终也不会得到神的庇佑。同时佛教还塑造了不喜杀生、不血食的神祇，劝诫信众不要杀生祭祀。伴随着佛教在中国的广为传播，不杀生祭祀对民间淫祀牲祭也有一定的影响。同时，也影响到中国人的饮食习惯，引导人们多食素少食荤。如唐玄宗时期颁布《禁屠杀马牛履诏》，其中说"自今以后，非祠祭所须，更不得进献牛马驴肉"，还说"其王公以下，及天下诸州诸军，宴设及监牧，皆不得辄有杀害"，严格控制人们因设宴食牛，以管控人们的口腹之欲来保护耕牛。

佛教戒杀生的思想与中国原有的禁止杀牛传统相结合，适应了农耕社会以牛的畜力促进发展农业经济的目的。同时，佛教"六道轮回六亲或在其中"的思想，给人们营造了一种无形的强大威慑力，爱惜包括牛只在内的一切生灵，进一步完善了中国古代不食牛的文化传统。

董绍鹏（北京古代建筑博物馆陈列保管部副研究馆员）

古建与文物研究

北京古代建筑博物馆文丛　第六辑　2019年

元、明、清北京官仓概说

◎刘文丰

古语云："民以食为天，食以粮为源。"粮食问题是古往今来历朝历代的统治者所关注的首要问题，关乎着社会稳定和国泰民安。因此，春秋时期的政治家、思想家管仲为我们留下了千古名言："仓廪实而知礼节，衣食足而知荣辱"，"积于不涸之仓者，务五谷也；藏于不竭之府者，养桑麻育六畜也"。管子精辟地阐明了粮食生产、消费与积累，与文明礼仪等重要问题的辩证关系，强调了建立国家粮食仓储制度的重要性、必要性。

我国现存最早的官方史料集《尚书·禹贡》认为，治国理政要做到"六府孔修"，即"金、木、水、火、土、谷"六类物资储备（谓之六府）的仓储设施已经得到整治，并且管理得很好。北宋史学家王禹偁在《拟封田千秋为富民侯制》中说，"故朝有八政，食货为先；世修六府，土谷在列"（八政，即指粮食、布帛与货币、祭祀、工程与土地管理、赋役征敛、刑狱、礼仪、士子教育诸事），都是强调粮食储备关系国计民生，历朝历代无不把它摆在治国安邦的首要地位。

一、元代北京的粮仓

（一）忽必烈以前的粮仓设置

元代粮仓的最早设置，据《元史·太宗纪》记载：元年己丑（1229年）夏"始置仓廪"。当蒙古民族初兴于漠北时，该地区主要是游牧经济，居民"只饮马乳或宰羊为粮"（《蒙鞑备录》）。米、麦等谷物，只有通过同商人交换才能得到。成吉思汗统一诸部后，开始了一系列征战，从中原、西域掳掠了大批工匠、农户到漠北。在《长春真人西游记》中，就有镇海城附近屯田的描述。但是，当时粮食的生产规模很小，蒙古军队的供应主要靠行猎、放牧和抢掠。蒙古贵族入据中原后，在耶律楚材、史天泽等人的建议下，放弃了"悉空其地为牧地"的计划，保留了原来以农业为主的经营方式。截至窝阔台继任大汗后。设置了燕京等十路课税使，以征收赋税代替竭泽而渔的抢掠政策。"太宗初，每户科粟二石，后又以兵食不足，增为四石。至丙申年，乃定科税之法。"（《元史·食货志》）征收的税粮，无疑要有仓廪贮存。因此粮仓也就在十路课税使设置的同一年里应运而生。

但是，这一次粮仓的设置并没有维持多久。五年后的甲午年，"译史安天合者，诌事镇海，首引奥都剌合蛮扑买课税"（《元史·耶律楚材传》）。税粮改以折价的银子和丝帛交纳，"惟计直取银帛，军行则以资之"（《元史·世祖纪》）。粮仓因此而废。

到蒙哥时期，中原久经战乱，生产尚未完全恢复，蒙古皇帝又连年兴兵南侵，军食的供给，灾民的赈恤，使统治者感到有必要立即恢复粮仓。刘秉忠向忽必烈建议："有国家者，设仓廪，亦为助民，民有身者，营产业，辟田野，亦为资国用也。"（《元史·刘秉忠传》）于是，忽必烈在蒙哥任汗的第二年，即"请于宪宗，设官筑五仓于河上，始令民入粟。"（《元史·世祖纪》）元代的粮仓从此确立。

（二）元代北京地区官仓的设置和分布

忽必烈夺得汗位后，在刘秉忠，姚枢等人的筹划下，开始创立元朝制度。粮仓的建制也因此有了重要的变化。中统元年十月，"葫芦套省仓落成，号曰千斯。时大都漕司、劝农等仓，岁供营账、工匠月支口粮。此则专用收贮随路僭漕粮斛，只备应办用度。及勘会亡金通州河仓规制，自是船漕入都。常平救荒之法，以次有议焉。"（《秋涧集》卷八十《中堂纪事》）

元代粮仓，按其所在地区及用途，一般可分为在京诸仓、通州河西务和沿河诸仓、迤北诸仓、腹里诸仓、江南诸仓、义仓以及各院、司、府直属的内府供亿仓等七个部分。下面仅就大都及通州粮仓的设置及分布情况做一介绍。

1.在京（大都）诸仓，包括大都城内外千斯，相应等二十二仓。其建仓年月分别在中统、至元、皇庆年间。共有仓房一千二百九十五间，可储粮三百二十八万二千五百石。见表1。

表 1　在京诸仓

	仓名	间数	储粮数（万石）	建仓年份
1	千斯	82	20.50	中统二年
2	相应	50	14.50	中统二年
3	通济	17	4.25	中统二年
4	万斯北	73	18.25	中统二年
5	永济	73	20.75	至元四年
6	丰实	20	5.00	至元四年
7	广贮	10	2.50	至元四年
8	永平	80	20.00	至元十六年
9	丰润	10	2.5	至元十六年
10	万斯南	83	20.75	至元二十四年
11	既盈	82	20.50	至元二十六年
12	惟亿	73	18.25	至元二十六年
13	既积	58	14.50	至元二十六年
14	盈衍	56	14.00	至元二十六年
15	大积	58	14.50	至元二十八年
16	广衍	85	16.25	至元二十九年
17	顺济	65	16.25	至元二十九年
18	屡丰	80	20.00	皇庆二年
19	大有	80	20.00	皇庆二年
20	积贮	60	15.00	皇庆二年
21	广济	60	15.00	皇庆二年
22	丰穰	60	15.00	皇庆二年
总计			仓房 1295 间，可贮存粮食 328.25 万石。	

　　资料来源：据《永乐大典》卷 7511 引《经世大典》。

　　2. 通州河西务和沿河诸仓。此部分仓又分为三组，即通州诸仓、河西务诸仓和沿河诸仓。共四十九仓，大约可储粮四百六十万石。通州各仓情况见表二。这些仓的建置年月，已无明确记载，在《元史》中仅见以下几条：宪宗壬子年（1252 年）："设官筑五仓于河上。"（《宪宗纪》）至元五年（1268 年）："敕京师濒河立十仓。"（《世祖纪》）延祐六年（1319 年）："通州、潞州增置三仓。"（《仁宗纪》）

表2　通州诸仓

	仓名	间数	储粮数（万石）
1	乃积	70	17.25
2	及秭	70	17.50
3	富衍	60	15.00
4	庆丰	70	17.50
5	延丰	60	15.00
6	足食	70	17.50
7	广储	80	20.00
8	乐岁	70	17.50
9	盈止	80	20.00
10	富有	100	25.00
11	南狄	3	缺
12	德仁府	20	缺
13	杜舍	3	缺
14	有年	缺	缺
15	富储	缺	缺
16	及衍	缺	缺
总计	756间，可贮粮182.25万石		

资料来源：据《永乐大典》卷7511引《经世大典》及《元史·百官志》。

3.供亿仓，即属于中央各院、司、府的仓房。它们主要用以收贮供应宫廷、内府及各部官吏的食粮。这部分情况见表三。

表3　各院、司、府属诸仓

	院、司、府名	所属仓名
1	宣徽院	大都醴源、大都太仓、永备、丰储、满浦
2	宣政院	大济
3	太禧宗院	盈益、普瞻、永积
4	左都武卫使司	资食
5	右都武卫使司	广贮
6	内宰司	丰裕
7	尚供总管府	景运

资料来源：据《元史·百官志》。

元代对于粮仓的建造和维修是相当重视的。《元史·世祖纪》载：至元三十年十月"以段贞峯修仓之役，加平章政事。"修建仓廪的主管部门，在大都则由工部专设"提举都城所，秩从五品。""掌修缮都城内外仓库等事。"（《元史 百官志》）地方则由"各路总管府摘差正官"（《永永大典》引《经世大典》）主持。供役人员有三种，（一）军人，如至元二十二年正月"徙屯卫辉新附军六千家，廪之京师，以完仓廪。"（《元史 世祖纪》）（二）工匠，如至元九年正月"仰各路发附近炉冶关造工匠"以修粮仓。（《永乐大典》引《经世大典》）（三）民户，如上条以下不足，"于军民站赤诸色户内补差。"建仓费用由省部或兴造单位统一"报工部破除。"为保证仓房质量，有明文规定："二年之内损坏者，厘勒监造宫以己资修补，如迁移事故，本处官司年销钱内随即修完。将用过工物，同它监造官职名申部根勾追还。若二年之外损坏者，官为修理。"（《永乐大典》引《经世大典》）此外还规定"诸官局造作典守，辄觊除材者，计赃以扫枉法论，除名不叙。"（《元史·刑法志》）

元代的粮食转运多由南往北，大都附近是集中点，因而也是粮仓分布最多的地方。元代粮仓，按其经营特点可分成六种类型。（一）储备仓，包括国家和地方两部分，主要贮存全国的税粮。在京、通州、河西务诸仓就是这类粮仓的典型代表。（二）军储仓。多设置在边疆地区，专用以贮存供应驻军和边民的食粮。其主要代表有和林、甘州、懿州等仓。（三）转般仓，用于粮食转运的短期储存。这类仓或建于海、河漕运的港口码头，或设于驿路站道的中枢部位。后者的代表宥新城、上都、沙井等仓；前者中最值得注意的直沽、太仓二仓。《读史方舆纪要》引《太仓州志》卷二十四："至元十七年，宣慰朱瑄等议海漕置仓于此。谓之太仓，因徙居之，是时海外储番，亦俱集此贸易，谓之六国码头。寻为昆山州治。"而直沽为海漕终点，自直沽到通州，河道狭窄，海运大船不易进入，故"海粮到来稍水，与都漕运司等处，对船交装，直沽仓止是尽会作教而已。不出月余，交卸既毕，在仓无粮可守。"（《永乐大典》卷七千五百十七引《经世大典》）（四）供亿仓，存贮供应宫廷或各院、司府吏员的用粮。（五）常平仓和（六）义仓，前者："其法丰年米贱，官为增价籴之。欠年米贵，官为减价粜之。"（《元史·食货志》）后者："社置一仓。丰年每亲丁纳粟五斗，驱丁二斗，无粟听纳杂色，欠年就给饥民。"（《元史·食货志》）

大都是元朝的统治中心，这里居住着几十万贵族、官吏和包括皇室宿卫、扈从等戍卫京师的部队。大都附近不是主要的产粮区，所耗费的粮食大都需从江南运来。粮仓在粮食的储存和周转方面起着显著的作

古建与文物研究

111

用。可以说，没有粮仓，没有漕粮运输，大都就无法保持其作为整个中国的政治核心地位。

元代发展了北京附近的水运，就是为了取得南方的粮食供应，还修通了纵贯南北的大运河，其中一部分是利用隋代所开的旧有航道，即今天江苏淮阴以南和山东临清到河北和天津市的一段。隋时运河南北段的交汇点在洛阳以东的板渚，元代则在今临清与淮阴间取南北直线联系，开凿了惠通河与济州河，将黄河、泗水与大清河联系起来，再修会通河，将济州河与御河相连。元大都城与江南地区漕运连通，保证了粮食的供应。为了储存、转运漕运的粮食，元朝统治者在大都城渡口也大量设置粮仓，便于管理漕运。

二、明代北京的官仓

（一）明初建仓

粮食储备事关国家安危。明太祖朱元璋同样如此。他曾对户部说："经国之要，兵食为先，国家粮储，不可无备。"因此，明朝建立伊始，他就下诏建仓储粮。

明朝粮储实行分级储粮的多仓制。分中央政府控制的国家粮仓和地方粮仓，还有藩王的王府粮仓。京、通二仓是用作军队饷粮、官僚禄米、王室用粮的储备仓。明初定都南京。洪武年间南京是明国家粮仓所在地。

明初，军储仓每年收纳的粮米约127万石，麦4.6万石。洪武年间，南京粮仓规模不大。宣德时才扩大规模，增加储粮量。因此，嘉靖时，督饷南瓷副都御史万士和说："查得南京户部志内开载，国初南京仓庾不过数处，宣德以后增置渐多，见有55处……看得仓米，不过130余万石，每年入约与出等，无甚赢余，大概所贮，常不能过二三百万石，总计35仓，共590余座，约容米578万石。"（《皇明经世文编》）

（二）明成祖北京建粮仓

永乐迁都北京，北京成为明朝政治中心。这里有庞大的官僚机构，更驻有重兵。明人王廷相说：太宗文皇帝迁都之后，京师置72卫所，官军不下30余万，畿内置50余卫所，官军不下30余万。以外计之，括诸边之兵不能过此数，以腹里言之，括诸省之兵不能过此数。（《名臣

经济录》)

为了供给近百万军政人员的粮食，明朝必须在新都北京建置足够的新粮仓。永乐七年（1409 年），明成祖下令建北京金吾左右、羽林前、常山左右中、燕山左右前、济阳、济川、大兴左、武成中左右前后、义勇中左右前后、神武左右前后、武功中、宽河、会州、大宁前中、富峪、蔚州共 37 卫仓。永乐十三年（1415 年），又令在运河北端通州张家湾起盖仓廒 70 间，名通济仓。宣德六年（1432 年），令添置北京及通州仓。正统元年（1436 年），定通州仓名，新城内为大运中仓、大运东仓。大运东仓仅有神武中卫一个仓，其后大运东仓取消，神武中卫东仓并入大运中仓。旧城内为大运南仓、西仓。从而，中央粮仓形成京仓和通仓两个系统。据万历版《明会典》卷 21 "户部" 记载，降至万历时，京、通二系统粮仓共计 68 个，其中京仓 52 个，通仓 16 个。

每一粮仓又分为若干廒。每廒有屋 3 间，作为储存粮食之处。嘉靖时阮鹗说：通州 "且新旧二城，周围不下十数余里、中设大运，仓廒不下 700 百余座，内储军粮不下数百万石。" 从表四可知，不论是京仓或通仓，都是设在卫所的驻地。这是因为，中央粮储主要是供给军饷，在军队驻地建仓，既方便军粮支应又便于防范。阮鹗曾指出，通州驻兵有护仓之任，不可调动。他说："臣惟通州一城，实漕运襟喉之地。南控江淮，西望关塞，东邻海寇，北迩边夷。昔于其地多建仓庾，以丰储积，而复屯兵 2500 以守之者。" 由于中央粮仓设在军卫所在地，因此中央直属的国家粮仓和军卫仓是一致的。还应当指出，军卫仓不仅储存军粮，也包括皇宫用粮和官吏俸粮。如：彭城卫南新仓。正统八年四月，户部报告："彭城卫等卫仓收贮白粳糯米 52047 石有奇，年深陈腐，不堪光禄寺支用，请作在京文武官吏今年五月俸粮，每一石不折与八斗，粳糯中半兼支。从之。"

表4　北京京仓、通州仓一览表

共 68 仓	旧太仓 11 卫	献陵卫仓、景陵卫仓、昭陵卫仓、羽林前卫仓、忠义前卫仓、忠义后卫仓、义勇前卫仓、义勇后卫仓、蔚州左卫仓、大宁中卫仓、锦衣卫仓
	新太仓 11 卫	裕陵卫仓、茂陵卫仓、康陵卫仓、义勇前卫仓、大宁前卫仓、富峪卫仓、会州卫仓
	海运仓 6 卫	泰陵卫仓、永陵卫仓、忠义右卫仓、宽河卫仓、燕山左卫仓、义勇后卫仓

共 68 仓	南新仓 8 卫	府军卫仓、燕山右卫仓、彭城卫仓、龙骧卫仓、龙虎卫仓、水清右卫仓、金吾左卫仓、济州卫仓
	北新仓 5 卫	府军左卫仓、府军右卫仓、府军前卫仓、燕山右卫仓、金吾前卫仓
	火军仓 4 卫	永清左卫仓、旗手卫仓、火军仓、武成中卫仓
	济阳仓 2 卫	金吾右卫仓、济阳卫仓
	禄米仓 2 卫	彭城卫南新仓、府军前卫南新仓
	西新仓 4 卫	虎贲左卫仓、金吾后卫仓、府军后卫仓、羽林左卫仓
	太平仓 2 卫	留守前卫仓、留守后卫仓
	大兴左卫仓 1 卫	大兴左卫仓
	大运西仓 6 卫	通州卫西仓、通州左卫西仓、通州右卫西仓、定边卫西仓、神武中卫西仓、武清卫西仓
	大运南仓 4 卫	通州卫南仓、通州左卫南仓、通州右卫南仓、定边卫南仓
	大运中仓 6 卫	通州卫中仓、通州左卫中仓、通州右卫中仓、定边卫中仓、神武中卫中仓、神武中卫仓

所谓白粳糯米，又称白粮，是从江南苏州、常州、松江和浙江嘉兴、湖州各府输送入京，专供皇宫消费的上好稻米。光禄寺所属大官需用白熟粳米用作祭祀宴饮，良醋署则用白粳米酿酒。它也储藏于军卫所。

京、通中央粮仓收纳全国各省和南北两直隶起运京师的税粮。据《明实录》记载，永乐八年，运达北京的税粮为 201 万石。此后，永乐一朝基本维持在 200 万至 257 万石。而十三年高达 642 万石，十六年 464 万石，十八年却突降至 47 万石。宣德年间，输北京税粮数额波动较大。最低的是宣德元年 239 万石，最高是宣德七年的 674 万石，其他年份是在 338 万石至 553 万石之间波动。正统、景泰年间，每年输京粮都在 420 万石至 450 万石之间。成化时，多数年份是 370 万石。从成化二十三年始至嘉靖年间，每年输京粮固定在 400 万石。而嘉靖以后，因灾减免，以及本色米改征折色银等因素，输京粮食常不能保留 400 万石的常数。如嘉靖二年只有 271 万石，泰昌元年仅 263 万石，天启元年是 247 万石、三年是 268 万石、五年是 299 万石、六年是 295 万石。明制，各地输京税粮，其中四成入京仓，六成入通仓。以成化时为例"兑运，成化三年秋粮 326 万石。淮安、徐州、临清、德州仓支粮 74 万石……兑正米以十分为率，京仓收六分，通州仓收四分。支运俱通州仓收。"嘉靖时，据报告，"至京、通二仓者，大约每年不过 400 万石，内核正兑正米 230 万，京仓七分，通仓三分。改兑米 70 万石，京仓七分，通仓三分。二项兑计，每年京仓 259 万石，通仓 141 万石。明制，在通常的情况下，仓粮的支出，约是收入的三分之一。"每岁通计所出，恒余所入三分之一。"（《东洲初稿》）

三、清代北京的粮仓

在清代，京师及各直省皆有仓库。《清史稿·食货二》记载：仓，京师十有五。在户部及内务府者，曰内仓，曰恩丰；此外曰禄米，曰南新……在通州者，曰西仓，曰中仓。各省漕运分贮于此。直省则有水次仓七：曰德州，曰临清，曰淮安，曰徐州，曰江宁，各一；唯凤阳设二，为给发运军月粮并驻防过往官兵粮饷之需。其由省会至府、州、县，俱建常平仓，或兼设裕备仓。乡村设社仓，市镇设义仓，东三省设旗仓，近边设营仓，濒海设盐义仓，或以便民，或以给军。

（一）京仓的设置

清初，计有 8 京仓，分别是：禄米仓、南新仓、旧太仓、富新仓、海运仓、北新仓、兴平仓、太平仓。这些京仓大多分布在北京城东部接近通惠河西端码头的城边附近，而且大多是沿用明代旧京仓。今北京城区东部至今仍有海运仓、禄米仓、北新仓、北新桥等地名，就是清京仓遗址。今北京东四十条的北京百货公司仓库至今犹有清朝南新仓的仓廒数座。以后经过康熙、雍正、乾隆历朝增修，京仓共增至 13 处。其中，禄米仓、南新仓、兴平仓、旧太仓、海运仓、北新仓、富新仓等 7 仓都是沿用明代旧仓，且名称未改。明代太平仓原在北京城西城的太平仓胡同，清初改设太平仓于城东朝阳门内，与禄米仓同在一处，康熙四十四年（1705 年），又迁于朝阳门外南城墙下、护城河西侧，原旧仓廒并入禄米仓。除以上 8 仓外，清朝新建诸仓有：裕丰仓，雍正六年（1728年）建。储济仓，雍正六年（1728 年）建。万安仓，雍正元年（1723年）建，乾隆四年（1739 年）应仓场侍郎塞尔赫之请，将储济仓乾隆元年（1736 年）新建仓廒 48 座归万安仓管理。因两处仓群分别在护城河东、西岸，故原万安仓称万安西仓，新归并仓称万安东仓。本裕仓，康熙四十五年（1706 年）建。丰益仓，雍正七年（1729 年）建。以上5 仓与明代沿袭下来的 8 仓，合称京师 13 仓。13 仓的官粮主要用来供给贵族、百官和八旗官兵，青黄不接时也少量用于京师的赈济平粜。皇帝和太监专有内仓，一名恩丰仓，一名内仓，由内务府和户部分管，皆沿用明朝内仓旧物。因此，有时又统称京师15仓。兹据清《钦定户部漕运全书》（光绪本）所载，将各京仓的方位、规模（截止到光绪朝以前）分述如下。

（1）禄米仓，在朝阳门，旧与太平仓共建一处。原建仓廒23座。康熙四十二年（1703年）添建5座。四十四年（1705年）太平仓迁出后，旧有仓廒21座，尽归禄米仓。五十八年（1719年）添建4座。雍正元年（1723年）添建4座。共计57座。

（2）南新仓，在朝阳门内。原建仓廒46座。康熙三十三年（1694年）添建5座，四十二年（1703年）添建10座，五十五年（1716年）添建5座。雍正元年（1723年）添建9座。乾隆元年（1736年）添建1座。共计76座。

（3）旧太仓，在朝阳门内。原建仓廒68座。康熙五十年（1711年）仓监督宁古礼捐建1座，五十六年（1717年）添建8座。雍正元年（1723年）添建3座。乾隆元年（1736年）添建9座，计89座。乾隆五十年（1785年）被焚6座，至光绪朝以前共有83座。

（4）海运仓，在东直门内。原建仓廒40座。康熙二十二年（1683年）添建14座，三十二年（1693年）添建6座，五十五年（1716年）添建15座。雍正元年（1723年）添建5座。乾隆元年（1736年）添建20座。共计100座。

（5）北新仓，在东直门内。原建仓廒60座。康熙三十二年（1693年）添建2座，五十六年（1717年）添建12座。雍正元年（1723年）添建6座，乾隆元年（1736年）添建5座。共计85座。

（6）富新仓，在朝阳门内北侧。原建仓廒21座。康熙四十四年（1705年）添建13座，四十六年（1707年）添建13座，四十七年（1708年）添建5座，五十六年（1717年）添建8座，六十一年（1722年）添建4座。共计64座。

（7）兴平仓，在朝阳门内北侧。原建仓廒59座，康熙五十六年（1717年）添建9座。雍正元年（1723年）添建12座。乾隆元年（1736年）添建1座。共计81座。

（8）太平仓，在朝阳门外。原建仓廒30座。康熙四十九年（1710年）归并大通桥号房，将号房改为仓廒10座，五十六年（1717年）添置 15 座，六十一年（1722 年）添建 25 座。乾隆元年（1736 年）添建 6 座。共计 86 座。

（9）万安仓，在朝阳门外。原建仓廒 42 座，乾隆元年（1736 年）添建 3 座，计 45 座。乾隆四年（1739 年）将储济仓乾隆元年（1736 年）新建仓廒 48 座归并管理，名曰万安东仓。其旧仓廒名曰万安西仓。万安东、西仓共计 93 座。

（10）裕丰仓，在东便门外，护城河北岸。共计仓廒 63 座。

（11）储济仓，在东便门外，裕丰仓北侧。原建仓廒 108 座。乾隆元年（1736 年）添建 48 座，四年（1739 年）拨归万安仓管理，至光绪朝以前共有 108 座。

（12）本裕仓，在德胜门外清河。共计仓廒 30 座。

依清制：每座仓廒为 5 间，但个别有 4 间或 6 间。每间面阔 1 丈 4 尺，进深 5 丈 3 尺，顶有气楼，仓底用砖砌墁，上铺木板。廒门、廒墙俱留下孔，以泄地气。乾隆朝以前旧例，京、通仓廒均每廒贮粮以 16000 石为定额，平均每间贮粮 3200 石左右，比元代京、通仓廒的容粮量 2500 石多出近 700 石左右。乾隆三年（1738 年），清朝政府鉴于仓额 16000 石难以统计各仓实际存粮数量，于是改为每廒以 10000 石为定额，平均每间贮粮 2000 石。但是实际入仓漕粮仍多于这个数字。如乾隆四年（1739 年）和亲王奉旨视察京、通各仓后疏奏：仓中贮米太多，往往于抽放之后，中空旁重，鼓动四周墙壁，并且难查渗漏，"应定以大廒（即每廒六间的仓房）贮米一万三四千石，小廒（即每廒五间、四间的仓房）一万石"。因此，乾隆十七年（1752 年）又重申：京、通仓廒贮粮以 10000 石为定额，新粮不得掺入旧米廒中。南新、旧太、富新、兴平 4 仓俱在一处，彼此相邻，只用土墙相隔。为防止放粮时"一仓开放，四仓尽通"，奸猾之徒从中盗窃。乾隆四年（1739 年）改砌砖墙。

（二）通仓建设

通仓在明代原有大运东、西、南、中四仓，后归并为大运西仓和大运中南仓两处。清朝初年，又恢复通州大运南仓，设大运西、中、南三仓。乾隆十八年（1753 年）裁撤南仓。有清一代，通仓仍只有西仓、中仓两处。

西仓，在通州新城内。原建仓廒 109 座。康熙三十二年（1693 年）

添建 5 座，四十二年（1703 年）添建 12 座，五十二年（1713 年）添建 50 座，五十六年（1717 年）添建 12 座。雍正元年（1723 年）添建 12 座。共计 200 座。乾隆二十九年（1764 年）因该仓空廒过多，裁撤残破仓廒 49 座，三十九年（1774 年）又裁去了 9 座。至光绪朝以前共有 142 座。

中仓，在通州旧城南门内。原建仓廒 64 座。康熙三十二年（1693 年）添建 3 座，四十一年（1702 年）添建 4 座，五十三年（1714 年）添建 30 座，五十六年（1717 年）添建 12 座。雍正元年（1723 年）添建 6 座，共有仓廒 119 座。乾隆三十六年（1771 年）裁撤 11 座。至光绪朝以前共有 108 座。

综上所述，可以看到通仓规模比一般京仓的规模要大，这是和通州作为漕粮入京转运枢纽的地位分不开的。清朝末年，南北大运河失修，转运困难。道光六年（1826 年）开始试行海运，漕粮由海船运到天津卸岸，然后自天津用小船沿北运河运至通州，再经通惠河入京，光绪二十二年（1896 年）京津铁路竣工，二十六年（1900 年）以后漕粮改用火车运入北京，不再转道通州。自此以后，通州西、中两仓废弃不用。光绪三十四年（1908 年）驻防黑龙江 10 营清军奉旨调防近畿时，有司"查勘通州城内中、西两仓遗址，搭盖营房十座"（《清德宗实录》）。可知这时通仓早已荒废。清朝京、通二仓的修建、完备主要是在康熙、雍正二朝，乾隆及其以后只是略有改动。

四、北京现存粮仓遗存遗迹

（一）先农坛神仓

先农坛是北京著名的五坛之一，也是全国唯一祭祀农神的专用建筑群体，在中国封建社会中占有相当重要的地位，而神仓又是先农坛的重要组成部分。神仓是北京先农坛重要的建筑群组之一，始建于明嘉靖十年（1531 年）。神仓包括山门、仓房、碾房、圆廪、收谷亭、祭器库等附属建筑。

历史文献显示，自汉代开始，以藉田享先农的形式祭祀炎帝神农氏的活动，在先农坛中建造神仓便开始出现。所谓神仓是指"专用于贮存祭祀用谷物之仓廪。《周礼·地官·廪人》：大祭祀则供其接盛。（汉）郑玄注：大祭祀之穀，藉田之收，藏于神仓者也。"

神仓是先农坛中重要的建筑群体之一，"每年仲春吉亥日，皇帝亲到帝耤耕地……及至秋，奏闻结实，就择吉日，贮之神仓。祭祀天地宗庙社稷时，供此粢盛。"（《唐土名胜图会》）由此可见，它在祭祀中起着不可替代的作用。现存神仓院占地面积约 3435.9 平方米，坐北向南。中轴线从南向北为山门、收谷亭、圆廪神仓、祭器库，左右分列碾房、仓房、值房各两座。全院被圆廪之后设的卡墙分成前后两进，中辟圆门连通。神仓院规格较高，四周绕以绿瓦红墙。南山门为砖砌无梁殿形式，面阔三间 13.48 米，进深 5.34 米。屋顶为单檐歇山式，琉璃砖枭混及椽飞出檐，瓦面为黑琉璃瓦绿剪边。建筑开三间拱券门，板门装最高等级的九路门钉。山门的建筑尺度很大，从整体看占据南围墙的三分之一还多，而且比较院内建筑尺度毫不逊色，充分显示出皇家建筑的宏大气魄。

前院内正中有方亭一座，建筑面积 46.9 平方米，南北各设三级台阶，四角攒尖顶，黑琉璃瓦绿剪边。建筑四面开敞，便于晾晒谷物。紧邻收谷亭后，即为圆廪（即神仓），是院中的主体建筑。

神仓正南设五级台阶，屋面为单檐圆攒尖顶，黑琉璃瓦绿剪边。圆形平面上置檐柱 8 根，柱间以弧形木板墙遮挡。室内方砖地上架设厚 16 厘米，宽 13 厘米的木龙骨，其上加铺木地板，避免潮湿。

收谷亭与圆廪东西两侧，共有面阔三间的配殿四座。北部两配殿为仓房，建筑面积 96.5 平方米。黑琉璃瓦绿剪边悬山顶，雄黄玉旋子彩画。面阔三间 12.44 米，进深五檩 7.76 米。顶部正中设有悬山式气窗通风换气，防止谷物发霉。天窗高 2.6 米，长 1.76 米，宽 0.78 米。南部的两配殿为碾磨房，建筑面积为 76.9 平方米。筒瓦硬山顶，雄黄玉旋子彩画。面阔三间 10.48 米，进深五檩 7.34 米，前檐明间置三级台阶。

过月亮门洞，后院正中为祭器库，建筑面积 245 平方米。悬山顶削割瓦。面阔五间 26.17 米，进深五檩 9.36 米，明间有礓磋踏步。祭器库前两侧院墙上各辟一角门，角门南侧各有一东西向值房，建筑面积 119.8 平方米。悬山顶削割瓦。面阔三间 14.36 米，进深五檩 8.34 米，前檐明间设一级如意踏步。近年来，从对后院建筑的初步调研可以看出，祭器库建筑无论从形制、结构都保存了较为明显的明式做法。

（二）南新仓

位于东城区东四十条 22 号。为明、清两代贮粮仓库之一。

明永乐时，北京已发展成极为繁华的城市，为了满足京城日益增长的需要，将南方粮食调运北京，已成为迫在眉睫的任务，永乐五年（1407年）户部官员提出疏通元代河道，开展漕运。永乐皇帝对此事很重视，于永乐九年（1411年）调发山东、徐州、应天、镇江等处30万民工，历经4年，疏浚这条南起杭州、北抵通州长达3000多里的运河航道，使江南粮食源源不断运到北方，因此，这时通州及北京修了不少粮仓，由户部侍郎或尚书总负责，并于明正统三年（1438年）在东城裱褙胡同设立总督仓场公署，南新仓即此时修建的。

清代仍实行南粮北运，清统治者对贮粮与人民生活关系的重要性认识很清楚。清初不仅在思想上重视贮粮，而且在保存粮食的技术上也较明代有所发展。

清官仓的廒座，均以单字命名，有用干支的如"甲、乙、丙、丁……""子、丑、寅、卯……"，有用字文的如"天、地、元、黄……""宇、宙、洪、荒"等等。仓内主要建筑有：廒座、龙门、官厅、监督值班所、官役值班所、科房、大堂、更房、警钟楼、激桶库、太仓殿、水井、辕门、仓神庙和土地祠，后期还有巡警驻扎所。

廒座：清沿明制，仓以廒为贮藏单位，每五间为一廒，每廒面阔约23.3米，进深为17.6米，高约7.5米，前后出檐。廒顶开气楼（天窗）一座，后来每廒开气楼三座，可使粮仓水汽从此蒸发，又为防止鸟雀出入，伤耗粮食，均用竹篾编成隔孔，钉于气窗之上。廒底砌砖，上铺木板，板下留一尺左右空隙，作为出气孔，以避免潮湿，使粮食保持干燥。廒的墙体很厚，由大城砖砌成，底部约厚1.5米，顶部约1米，收分很大，这样能使仓内保持恒温，使粮食不易霉烂。

大门：每仓三间，两旁有八字影壁墙，仓门内有影壁，还有龙门，每仓三间。

南新仓，俗称东门仓，在元代北太仓旧基上于明永乐七年（1409年）建起来的。清代仍名南新仓，仅有30廒，后屡有增建，到乾隆时，已增至76廒。该仓周用大城砖砌成瓦顶围墙，仓房亦为砖砌，五花山墙，悬山合瓦清水脊顶，前有罩门。清乾隆中期以后，穷兵黩武，致使国库入不敷出，财政陷入极度困难，晚期贪污之风盛行，贮粮日益减少，到道光年间，该仓实贮粮比清初少了许多。民国时，该仓改为贮藏军火。现仓只余10廒，为北京市百货公司仓库。1984年公布为北京市文物保护单位。

2005 年至 2007 年，管理使用单位北京市百货公司对仓廒和仓墙进行了修缮。但在修缮和后期装修中，管理使用单位破坏了部分古建筑基础及仓墙，执法检查部门已经进行了查处。

（三）北新仓

位于东城区北新仓胡同甲 16 号。为明、清两代储存漕运粮食官仓。

元代时，东直门一带曾为河道，明万历年间，在此先后设立海运仓、北新仓等以储存漕粮。清初时北新仓有仓廒 49 座，清康熙三十二年（1693 年）增至 85 廒。八国联军进入北京后，强占粮仓，北新仓作为明、清官仓储粮的历史就此结束。民国时期，北新仓改为陆军被服厂（仓库）。

现北新仓仅存仓廒 6 座，为单位使用。北新仓现有北向仓门三间，面阔 11.7 米，进深五檩 6 米，灰筒瓦悬山调大脊。周有围墙，内为仓廒，围墙及仓廒均为城砖筑。廒是贮粮房间，一廒五间，廒门挂匾额，标明某卫某字号廒。现存仓房 6 座 9 廒，东廒座为三廒联排式，是现存廒房中联排最长者，南廒座为二廒联排式，其余均一座一廒。仓廒建筑为悬山合瓦顶，五花山墙，每廒五间，前出轩，仓廒面阔 23.6 米，进深 17 米；前轩面阔 4.2 米，进深 2.6 米。各仓通风设施基本完整。1984 年公布为北京市文物保护单位。

（四）禄米仓

位于东城区禄米仓胡同 71、73 号。为明、清储存京官俸米的粮仓。

禄米仓建于明嘉靖四十年（1562 年），至清初有 30 廒，康熙二十二年（1683 年）增至 57 廒，光绪末年减为 43 廒。1900 年八国联军进京后，将城内所有粮仓存粮拍卖，粮仓均改作他用。1911 年禄米仓改为陆军被服厂，现作为单位使用。

禄米仓内原有明代历任仓场监督题名碑，从其上所刻内容可知，明代名臣海瑞曾为仓场监督。该仓院内尚存四座仓廒。东侧仓廒为二廒联排式一座。西侧保存仓廒三座，均为一座一廒式。每廒面阔五间约 23 米，进深约 17 米，高约 7 米，仓廒现屋顶采用合瓦鞍子脊。由于历次的改建和修缮，已经无法判断此做法是否为原状处理。屋顶并无气窗，屋顶椽子不出檐，为封护檐做法，屋檐下施菱角檐。仓廒与围墙均用城砖砌成，墙面历经修缮，排砖顺丁方式比较混乱，仅可以判断墙身系用糙淌白砌法建筑而成。现建筑并未于中间开门，但从残留痕迹可以辨认出每座建筑原于明间开门，次间和稍间开小方窗。建筑内部构架为七架椽屋，采用前后二架梁，中间三架梁的做法，建筑内部用八根金柱。除梁架做法以外，其他工程与明何士晋撰《工部厂库须知》中的记载差别较大。1984年公布为北京市文物保护单位。

（五）通州粮仓遗址

大运西仓仓墙遗址，建于明永乐七年（1409年）位于通州区北苑街道佟麟阁街9号，南临民居，余为北京市北方红旗机电有限公司院。

明永乐七年建囯仓于通州旧城西门外迤南，为漕运终储仓，守卫北边和保卫北平将士于此处支取粮饷。以居通州仓群西部而名西仓，正统元年（1436年）定名为大运西仓。内曾建有都储官厅、监督厅、擎斛厅及各卫小官厅9座，消防水井12眼，仓廒栉比，露囤棋布，为京、通仓群中第一大仓。清代王公贵族和八旗官兵亦于此支取俸粮。并于乾隆十八年（1753年），大运南仓中部分仓廒、粮囤迁建于此。清光绪二十七年（1900年），北运河停漕，此仓废止，为清军占用。清朝灭亡后，又有数派反动军阀部队先后驻此。1931年"九一八事变"后，张学良率东北军驻此，且建有阅兵台，1935年12月，日寇驻通守卫队侵驻此。1937年7月29日凌晨，伪冀东政府保安队在通州举行抗日武装起义，全歼侵此之日寇。次日，日寇于此残杀通州百姓700余人。1945年抗日战争胜利后，国民党正规军某部驻此。1952年，解放军第一炮兵技术学校设此，原国防部副部长曹刚川即毕业于此校。1977年后改为工厂使用，现仅存残基。

中仓仓墙遗址位于通州区中仓街道中仓路街10号解放军某部营区。东临南大街西侧居民区，西临中仓路，南临悟仙观胡同北侧居民区，北临西大街。

明永乐间为储放军用粮饷，朝廷于通州创建三座大型漕仓，总称"通仓"。因此仓居中，故称"中仓"。正统元年（1436年）定名为"大运中仓"，供应守卫北京与长城部队之粮饷。隆庆三年（1569年），大运东仓并入此仓，清乾隆十八年（1753年）大运南仓部分仓廒亦并入此仓，使此仓之大居京、通11仓群之二（首位是通州西仓）。在清代，通仓又为北京八旗官兵及王府贵族领取俸粮之所。此仓围砌城砖砖墙，周长1237米。设收纳水上转运漕粮之南门、陆上转运漕粮之东门与支放漕粮之北门。光绪二十六年（1900年），八国联军入侵通州时驻此。次年，北运河停漕，仓废，后为军阀部队占用。1935年12月，日寇驻通特务机关设此。新中国成立后，为解放军某部所占用，拆改已尽，仅余仓墙残段计约150米；仓场遗址内散存一些巨大古镜式柱础、石碾、台基条石等仓廒厅舍建筑构件，北墙外保存古槐一株、仓神庙碑身一块。2001年公布为通州区文物保护单位。2014年大运河申报世界文化遗产，此处成为遗产点之一，并升级为全国重点文物保护单位。

这段古老而残缺不全的中仓仓墙，是京杭大运河北端皇朝设置军仓的重要遗迹，表明通州在明清时期军事上、政治上极具战略地位，通仓在国防建设和黎民百姓生活方面发挥了至关重要的作用，其仓墙遗址是通州漕运仓储文化的宝贵载体，具有很高的历史价值。

（六）居庸关军仓

明洪武元年（1368年），大将军徐达、副将军常遇春规划创建居庸关。景泰元年至六年（1450年—1544年）再度重修。城周约4公里，建有城楼、水门、敌楼、烽燧、护城墩、校场、儒学、文社、武社、衙署、营房、仓场、寺庙等各类建筑。

居庸关复建仓房共5座，即永丰仓、丰裕仓、圆仓（3座），位于居庸关城关西山坡。始建于明永乐元年（1403年），是当时居庸关守军隆庆左卫的粮仓。永丰仓，位于城隍庙西侧，建筑面积789平方米。屋面为清水脊形式，挂布瓦。丰裕仓位于圆仓南侧，建筑面积141.7平方米。圆仓3座，位于叠翠书院西侧，圆形攒尖顶，雅伍墨彩画。为1995—1996年复建而成。

（七）丰益仓遗迹

丰益仓为清代十余处官仓之一。据《日下旧闻考》记载"安河桥南有丰益仓"。丰益仓又名安河仓，原址在中央党校北院西部。现中央党校15、17号楼东侧的两棵古槐，就是当年丰益仓的见证。

丰益仓建于雍正七年（1729年），有仓门三楹，大门向东，进门有高大影壁一座。影壁后是三合土铺成的仓路，仓路两旁各建有仓廒十五座。仓北建有大式歇山顶官厅五楹，前出抱厦三间，为仓营总管、会计办公之处。清末，随着漕粮改折银两，北京官仓也逐渐丧失其作用，只有丰益仓还在使用。据说此处丰益仓繁体之"豐"字，上半部两"丰"

间的一竖故意不写，以示丰益仓的米粮多不胜数。

　　1956年中央党校进行校园建设时，在丰益仓原址上建起了四栋学员楼，并建起一段较长的什锦花围墙、垂花门和方亭等建筑小品。20世纪八十年代施工当中，还曾于此挖出过汉白玉坐虎等石件文物。

　　　　　　　　　　　　刘文丰（北京市古代建筑研究所副研究馆员）

北长街静默寺历史沿革考

◎张云燕

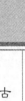

　　静默寺在北京皇城之内，西上北门西北，门牌为北长街81号。明时为内官修建的关帝庙，清康熙时改为佛寺，敕赐今名，为故宫外八庙之一，在京城颇有影响。今虽已改为民居，但基本保持着原有的建筑格局。寺内保存的石刻石料较为丰富，计有石碑两通，横石五方，记述了本寺明清两代道佛更替的历史变迁。

一、明代关帝庙

　　内廷是明代国家权力机关的重要组成部分，内官权力极大。明代皇城之内分布着大量的内府衙署和宦官的宅邸、寺观，皇城西侧乾明门内，自北迤南即分布着兵仗局、西直房（尚衣监之袍房）、旧监库（属内官监）、尚膳外监、憩食房、尚宝监、御用监等内官衙署和仓库等建筑。①

　　旧监库之南、尚膳外监以北，旧有关帝庙一区，不知创自何时，从地理位置来看，很可能为明代内宦所建，作为奉祀关帝之所。今尚存崇祯元年（1628年）《重修关帝庙碑》一通，碑阳刊刻重修工程始末，碑阴为捐资题名，可据此对庙宇在明末的状况略加钩稽。现录文如下②：（碑中分行用"｜"表示，"□"表示字迹缺失。）

　　碑阳：篆额二行，行三字：重修关｜帝庙碑

　　重修关帝庙碑记｜

　　钦差总督东厂官旗办事绶督礼仪房宝和等店兼掌内官监供用库巾帽局印务｜司礼监秉笔太监王□□撰文｜

　　① （明）刘若愚.酌中志·大内规制纪略.北京：北京古籍出版社，1994：139.
　　② 拓片见：北京图书馆金石组.北京图书馆藏中国历代石刻拓本汇编.郑州：中州古籍出版社，1989：5、6.

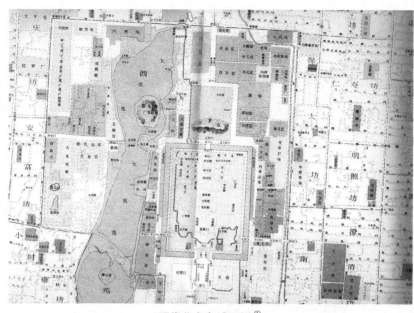

明代北京皇城西侧 [①]

今考祀典，允神有大功德及于民，则为尸祝而祼献之，礼也。汉前将军壮缪侯，」 明 封三界伏魔大帝者，繇侯而王， 以 王而帝，祠宇遍天下。盖其正气炯炯，昭揭两曜，」而震慴（同慑）万灵，显护我」国家，阴庥众黎庶，使华夷之人，凡有血气者莫不皈依瞻仰，若子之于父母，呼吸」无不响应，若人之于天地，怙冒无不覆帱。迄今薄海内外，浃髓洽心，釐祝唯恐」弗虔，洵有自来矣。西华门内北上门旧监北隅原有」帝君祠宇，年久剥落，庙貌非故。乾清宫暖殿太监李良辅僦其傍，日奉香火，不忍见其陵夷也。捐赀首倡，一时众」善乐输，整饰丹垩，虽仍旧而非创作，轮奂则□然改观矣。要亦」帝君之精灵所以深孚众心耳。余新承」宠命，夙藉」帝庥，睹兹盛举，特赘数语，以为将来者劝，并纪岁月云。」

崇祯元年岁次戊辰端月吉旦立」

武英殿中书房办事儒士钱唐陈周侯书丹并篆额

碑阴：额二行，行二字：碑阴」题名

捐赀姓氏」

第一排：

乾清宫近侍御马监太监李良辅

乾清宫尚衣牌子李朋

---

① 节自《明北京复原图》，徐苹芳．明清北京城图．上海：上海古籍出版社，2012.

乾清宫牌子御马监太监何致靖

司礼监秉笔兼掌酒醋局印务太监郝隐儒

钦差南京守备内官监太监李秀方

御药房圣济殿提督尚膳监太监王守安

乾清宫尚冠牌子金进忠

丁字库管事内官监太监李荣桂

巾帽局管理内官监太监张辅政

锦衣卫信官王永福、王永寿、王永光

第二排：

御用监等衙门太监等官」

段进忠 左玉 孟忠 赵荣 许天福 李钦 李广 李朝政 任升 高清 张
文□ 刘彪

第三排：

张元让 贺守礼 薄进 郭天寿 马朝用 王秉忠 □绥 陈乐 杨国栋
车进用 王升 邵玉 係进 李贵 孟进忠 赵良用 栗国用 郭应祥

第四排：

杨微旭 田邦奇 窦贵 张从忠 李万邦 李启先 孙国安 王用 谷进朝
周福禄 陈拱极 李国用 祁孔教 金万喜 刘应德 王吉祥 张国相

第五排：

杨用 李惟纪 吴秉真 张吉祥 徐进朝 张文举 高云鹏 李本贵 石玉
王允中 赵应魁 卢成顺 孙椿 赵应举

左侧中下部一行：工部文思院副使孟九仁

据碑文记载，乾清宫暖殿太监李良辅原本在庙旁置有宅邸，每日奉祀香火。不忍见殿宇破败失修，遂捐资首倡，一众内官群起响应。虽未改动原有建筑格局，但将祠宇重新粉饰，使庙貌焕然一新。

关羽祭祀自洪武年间被列入国家祀典，此后历代帝王皆崇奉有加。特别是明神宗，为之加封"三界伏魔大帝神威远镇天尊关圣帝君"，尊崇之隆前所未有。内官群体与帝王关系至为密切，其信仰受到君主好尚的直接影响。在这样的背景下，明代宦官参与营建、修缮关庙，奉祀关公的史事屡屡见诸史籍碑版。在留存至今的北京38通明代关庙碑刻中，与宦官有关的竟有20通，涉及关庙13座。从崇祯元年的重修碑来看，此次工程全由内官一手主导，捐资者包含了多位帝王近侍，撰文人更位至东厂提督、司礼监秉笔，正是明代宦官参与关庙创修和祭祀的重要实证。

关帝庙重修碑碑阳

关帝庙重修碑碑阴①

　　碑文撰写者官衔开列十分详尽，为"钦差总督东厂官旗办事，绥督礼仪房、宝和等店，兼掌内官监供用库巾帽局印务，司礼监秉笔太监"，却仅列姓氏，未镌名字。这一现象十分罕见，也颇为耐人寻味。笔者推测，这应与崇祯元年复杂的政治形势有关。

　　明熹宗年间，奸宦魏忠贤专权乱政，党羽遍布朝野。崇祯元年时，清算魏忠贤前朝党羽的"逆案"尚未发起，内廷中却已然暗潮汹涌。天启七年八月十一日甲辰（1627年9月19日），明熹宗驾崩，因没有子嗣，信王朱由检于同月廿四日丁巳（1627年10月2日）奉遗

---

① 北京图书馆金石组. 北京图书馆藏中国历代石刻拓本汇编. 第60册. 郑州：中州古籍出版社，1989：5-6.

古建与文物研究

129

命继承皇位，是为明思宗。内廷最是一朝天子一朝臣，新帝登基后，二十四衙门的要害官职大多会替换成潜邸旧人，况且思宗对魏忠贤及其党羽早有惩处之心。天启七年十一月初一（1627年12月18日），贬魏忠贤凤阳守陵，旋下令逮治，初五日，魏忠贤自缢而死①。碑文记于崇祯元年（1628年）正月，正是内官新旧交替，魏党人人自危的敏感时期。

自天启三年（1623年）冬月到天启七年（1627年），东厂提督的位置一直由魏忠贤把持。魏忠贤倒台后，相继执掌东厂的太监有王体乾、王永祚、郑之惠、李承芳、曹化淳、王德化、王之心、王化民、齐本正等人。据历史记载，崇祯元年（1628年）正月前后出任厂督的应当是王体乾。王体乾于万历六年（1578年）选入内廷，泰昌元年（1620年）八月光宗御极，体乾以贿赂求得东宫典玺局掌印身份，九月出任司礼监秉笔兼掌御马监印。天启元年（1621年），伙同客魏谋害王安至死，自天启元年（1621年）五月至崇祯元年（1628年）四月，掌司礼监印兼掌御用监印、尚膳监印，一直是魏忠贤党羽中的中坚人物②。思宗登基后，他在新朝继续担任要职，并接管了原在魏忠贤手中的东厂。礼仪房掌管一应选婚吉礼，提督太监向来由司礼监掌印、秉笔兼摄，王体乾亦曾出任此职。碑文撰写者王太监应为王体乾无误。

天启七年（1627年）十一月，魏忠贤被逮治后，王体乾惶惶不安，曾请辞东厂提督一职，未获允准。崇祯元年（1628年）五月，王体乾下所司看议，却靠贿赂逃脱了对魏党的清洗，并未名列"逆案"之中，"既胁肩谄笑，固位八年，又黄白买命，苟存牖下"。然而天网恢恢，疏而不漏，崇祯十二年（1639年）夏，王体乾籍没，逮刑部狱拟斩，第二年冬死于狱中。③崇祯元年（1628年）正月前后，正值内廷动荡不安之时。我们不妨猜测，启动寺院重修工程时，尚在天启年间，其时王体乾依附魏珰总率内廷，权倾朝野。然而工程未竣，风云突变，王体乾作为四朝耆旧，三代司礼，"新承宠命，宿藉帝庥"，看似最为德高望重，实则身份敏感，前途难料。立碑人出于顾忌，就没有在碑上刻下撰文者的姓名。

① 崇祯长编（卷三）.天启七年十一月甲子朔.北京：中央研究院历史语言研究所，1962：93、96.

② 《酌中志·逆贤羽翼纪略》，85–87页。

③ 《酌中志·逆贤羽翼纪略》，87–88页。

有意思的是，碑阴题名中包含了多位近侍牌子，以及御药房圣济殿提督等，无疑都是帝王心腹，为崇祯朝内廷新贵。《酌中志》中描述"近侍"这一宦官的特殊阶层时写道："圣驾御前，凡每日亲近内臣，自司礼监掌印、秉笔、随堂之次，两名位尊显者，曰乾清宫管事，其第一员或第二员，则提督两司房者也。曰打卯牌子，则随朝捧剑者也。其次曰御前牌子，曰暖殿，则朝夕在侧者也。次曰管柜子，曰人数司房、管掌司房，曰御药房、御茶房，曰管库。又次曰管弓箭，曰弩马，曰尚冠等四执事，则并尚衣、尚履、管净者也。曰带刀，曰报时刻，并大庖厨、宫后苑、班上、吹响器，及钦安殿、隆德殿、英华殿之陈设。以上皆穿红，近侍也。"[1] 近侍往往可以得到破格提拔，获得一步登天的殊荣。"凡御前亲近大臣，乾清宫管事、打卯牌子，其秩亦荣显，犹外廷之勋爵戚臣。然皆得掌各衙门之印，视其宠眷厚薄而钦传异之，不拘资次。"[2] 在一通关帝庙碑上可以看到思宗即位之初，内廷势力新旧交替，此消彼长，亦是别有一番趣味。

二、清代静默寺

清朝建立后，吸取明代宦官专权乱政的历史教训，设立内务府从事内廷服务工作，对内宦严加约束。顺治十年（1653 年）到十八年（1661 年），曾短暂地仿明制设十三衙门，与原有的包衣组织平行发展。清圣祖玄烨即位后，裁撤十三衙门，明代的内廷官制被摒弃。原本在皇城内占据大量面积的内府衙署逐渐废弃，许多被改为寺观或民居。此前为内官信仰服务、享受内官香火供奉的关帝庙也进入了另一个全新的发展阶段，成为清代宝通贤首宗在京的一处重要道场。

宝通贤首宗是清代四大系华严学中最为兴盛持久的一系，以贤首法藏法师为第一世，并以其字号作为宗名。明末清初，贤首第二十七世不夜照灯法师（1604 年—1682 年）北游，开法潞河宝通寺，自此法系以宝通寺冠名。不夜照灯传玉符印颗（1633 年—1726 年），康熙十三年（1674 年）接掌宝通寺，三十余年间于帝京各处弘法不辍。印颗门下耀宗圆亮、滨如性洪、波然海旺、有章元焕四人成就最高，

---

① 《酌中志·内府衙门职掌》，127 页。
② 《酌中志·内府衙门职掌》，94 页。

发展为北京华严学宝通系的四支法系，有清一代传衍繁盛，共 14 位法师被授职僧录司，成为京城佛教中的翘楚，直至民国，传灯不绝如缕。

静默寺是宝通贤首宗的一处重要道场，传承滨如性洪一派法脉，初代住持是宝通贤首宗第三十世沛天海宽法师。

滨如性洪法师（1674 年—1733 年），别号寄幻，山东青州府诸城县（今山东诸城市）人，父刘姓。康熙三十九年（1700 年），投入玉符印颗法师门下，四十二年（1703 年），主柏林寺法席。世宗潜邸时即邀法师入府讲经，十数年间，恩顾深重。雍正元年（1723 年），敕命掌僧录司印务事，是雍正朝佛教界的重要人物。门下弟子沛天海宽开法静默寺，宁止通振开法宝寿寺。

沛天海宽法师（1680 年—1754 年），为静默寺开山第一代住持，直隶易州（今河北省保定市易县）人，俗姓崔。幼投净业寺为僧，康熙三十八年（1699 年），受戒于京都广济律堂，四十三年（1704 年）投入性洪门下，四十八年（1709 年）秋，蒙付贤首宗旨。四十九年（1710年），得奉恩旨，于栖身之皇城西旧关帝庙基础上，构图修治，加以拓展，使"殿宇讲堂飞檐耸翠，金辉碧耀"。新寺蒙圣祖赐名"静默"，并御书"敕建静默寺""静默寺""璿枢转福"匾额三面赐下，还特命皇十五子、皇十六子亲至寺中，高悬钦赐《龙藏》法宝，缁素瞻仰，叹为稀有。康熙五十二年（1713 年）万寿吉日，赐御书《金刚经》宝塔一轴、宝幡六枚、宫花二瓶。明年春，皇十五子、十六子为祝皇上万寿，在此命讲《楞严》尊经道场。"所谓一音初唱，六辩呈祥。四辩风生，显妙心于七处；十方云集，领真见于八还。莫不恭敬围绕，悉使身心踊跃。猗欤盛哉！"①

海宽和尚与方苞、王澍、张照等名士交往密切。寺内有题为《敕建静默寺碑记》横石三方，记述了建寺经过与康熙年间佛事之盛。刻石由文渊阁大学士兼礼部尚书王掞撰文，康乾时期著名书法家王澍书丹。王澍与清前期大多数书家不同，非董其昌一脉，而是以篆书闻名当时，楷法致力欧褚，刻石中书法笔力内凝，端庄匀称，法度严整，颇得唐楷真味。

---

① 《宝通贤首传灯录》卷下，357 页。

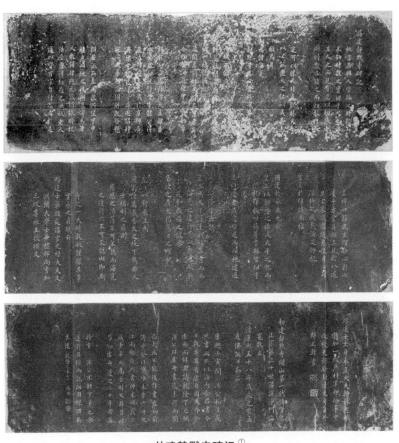

敕建静默寺碑记 ①

　　文后又有张照题记一则，记载了海宽、王澍、张照三人的交往因缘。原来康熙五十八年（1719 年）王掞成文之后，海宽和尚原本属意的书丹人是张照，并在六十一年（1722 年）发出了邀请。张照却对王澍钦佩有加，以"海内金石书，今日执牛耳者虚舟"为由推辞。或许因王澍很快休致，直至乾隆二年（1737 年），上人仍未收到王澍书写的碑文，遂再次委托张照。在张照的牵线之下，王澍将书写的碑文自江南邮至京师，"神采焕发，不减少年，而高古则又非昔比。"见此佳作，张照遂欣然作书，记此笔墨因缘于石后，为我们留下了一段金石佳话。张照与康、雍、乾三朝帝王书法互动频繁，并奉敕主持编纂《秘殿珠林》《石渠宝笈》等官方书画著录文献。高宗对他的书法极尽喜爱推重，曾作诗赞扬道："书有米之雄，而无米之略。复有董之整，而无董之弱。羲之后一人，舍照谁能若。即今观其迹，宛似成于作。精神贯注深，非

---

　　① 北京图书馆金石组 . 北京图书馆藏中国历代石刻拓本汇编 . 第 67 册 . 郑州：中州古籍出版社，1989：96–98.

人所可学。"① 这样的盛誉虽然有帝王的主观因素在内，但可以推知张照在乾隆朝书坛的影响。从题记中可以看到，张照书风平正圆润，秀美婉丽，与劲健的王书相映生辉。

寺内还有海宽好友、清代著名散文家、桐城派创始人之一方苞所作的《沛天上人传》刻石二方，记述海宽和尚点拨官员、揭发恶吏等二三轶事，皆是佛学之外的"儒行"，赞扬了上人"性质刚明"的品格，可补史籍记载之阙。书丹人湛富亦作湛福，也是一名僧人，字介庵，云南昆明人。雍正初侍其师至京，与方苞、戴亨等交游。工于书法，楷隶俱佳。

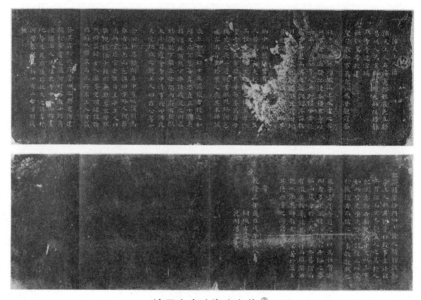

沛天上人（海宽）传②

清高宗御极，命海宽管理僧录司印务，一时海内钦慕，"十方学者负笈往参，至室无所容"。海宽还曾参与编订《大藏经》和《钦定同文韵统》（满、汉、蒙文转写梵、藏文字母的多语言对照辞书）。付法弟子无量慧海、量周海观、洞元寂观、乾月明旺等人，后分主拈花寺、弥勒院、广通寺、万寿寺、寿因寺、静默寺、慧福寺诸刹弘化，有清诸代传灯不绝。

---

① 《故刑部尚书张照》，《清代诗文集汇编》326 册，弘历《御制诗四集·五词臣五首》，上海：上海古籍出版社，2010：48.

② 北京图书馆金石组. 北京图书馆藏中国历代石刻拓本汇编. 第 69 册. 郑州：中州古籍出版社，1989：36–37.

根据《宝通贤首传灯录》《宝通贤首传灯续录》的记载，沛天海宽而下至民国年间，有姓名记载的静默寺住持有贤首宗三十一世洞元寄观、三十二世鉴初照广和景初照瑞（？—1784年）、三十四世妙慧通象、三十五世续如心诚、三十八世浩然续祥和乐然续旺 [①]（1874年—？）几位法师，法脉传承不绝。

乾隆以后，内城管理渐趋松弛，旗民内外分治的局面被进一步打破，皇城也更加开放。静默寺地理位置优越，环境清幽雅致，成为不少重臣停宿或僦居的理想选择。祁寯藻在同治二年（1863年）二月移居静默寺，并取堂号"静默斋"，有《静默斋日记》传世。继祁寯藻之后成为穆宗老师的翁同龢，同治七年（1868年）五月诣静默寺，因父亲翁心存也曾寓居于此，翁同龢再见先人旧居，"俯仰洋痍，悲不能止"。次日，翁同龢移居静默寺后厢，作诗一首记曰："何处卜吾宅，西华旧僧庐。僧庐夙所爱，况是先人居。入门见松柏，再拜肃以趋。先人旧游处，草木皆怡愉。"随后，这位三十八岁的年轻帝师表达了对时局的忧虑，对自身前途的迷惘，"吾皇方向学，中原多艰虞。未忍便决去，抚衷两踌躇。踌躇勿复道，努力还丘墟。惨惨古佛颜，助我长悲吁。"[②]冀求在清静的古寺之中寻求心灵的安宁。

三、民国以来的静默寺

目前所知的最后一位静默寺住持是贤首宗第三十八世乐然续旺法师，俗姓康，河北河间府人（今河北省沧州市）。因体弱多病，父母许以为僧，四岁即投良乡寿因寺出家。曾游学云居寺、海光寺、法源寺、拈花寺、广化寺等名刹，光绪三十一年（1905年），受静月广法和尚之召返回寿因寺，得付信衣、法卷，为贤首宗三十八世。民国十五年（1926年）冬，静月和尚圆寂，续旺继席寿因寺住持，兼任静默寺住持。

根据1928年北平特别市政府和1936年北平市政府进行的寺庙登记，静默寺面积约四亩，共有房屋78间，由寺僧管理使用。庙内有佛像9尊、站童8尊，以及宗教仪式需要的钟、磬、鼓等乐器、礼器。此外，

---

① 1931年民国政府的庙产登记表上，住持僧人仍为乐然。见《内六区静默寺僧人乐德登记庙产的呈文及社会局的批示（附寺庙登记表）》，北京市档案馆档号：J002-008-00461。

② 谢俊美.翁同龢集（下册）.上海：中华书局，2005：671.

寺内还藏有藏经残部 725 套^①，庞大的经典数量或许与沛天上人曾参与藏经修纂有关。

今天的静默寺基本保持了清代以来的建筑格局。20 世纪 80 年代时，除山门改为北长街居民委员会外，其余建筑均已改作民居。调查记载，寺院坐西朝东，共有三进院落。山门三间，面向北长街，硬山灰筒瓦顶，石门额书"敕建静默禅林"，今已不见。门前原有石狮一对，据说已掩埋地下。前殿三间，硬山顶，南北有配房。中殿三间，南北配殿各三间，南北寮房各五间。后殿三间，南北各有二间配庑，另有南北配殿各三间。^②与乾隆十五年京城全图中的静默寺相对照，院落布局基本无差。据记载，寺院大殿内使用了规格最高的金龙和玺彩画，这在寺院中并不多见。

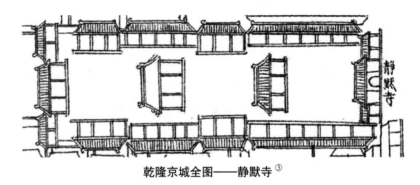

乾隆京城全图——静默寺^③

2005 年，启动寺院修缮工程，居民全部腾退。山门以及山门后院落租给公司作为办公地点，山门后院落及主殿建筑即用铁护栏加绿化植物隔断，不对外开放。

结　语

静默寺虽然规模不大，但经历了明代关帝庙、清代贤首宗道场、新中国成立后改为民居到今日修缮后尝试出租作为公司办公场所的复杂演变历史。

明代的关帝庙为内廷宦官出资兴建并供奉香火的殿宇，寺内原本

① 北京市档案馆藏，档号 J181-15-15、J2-8-461。
② 北京市文物局.北京文物地图集（下册）.北京：科学出版社，2009：87.
③ 中国第一历史档案馆，故宫博物院.清乾隆内府绘制京城全图.北京：紫禁城出版社，2009：第八排中第七叶.

保存的崇祯元年《重修关帝庙碑》不仅留存了明代内官信仰活动的珍贵史料，还从侧面勾勒出思宗即位之初，内廷新旧势力此消彼长、暗潮汹涌的复杂形势。清代庙宇改为宝通贤首宗道场，开山第一代住持沛天海宽于康熙四十九年受命建寺，圣祖亲赐寺名为"静默"。有清一代直至民国，静默寺始终由海宽法嗣住持，传灯不绝如缕。

今天的静默寺作为西城区普查登记文物建筑，腾退修缮后再次交由社会单位管理使用，成为新时代摸索文物建筑开放利用方式的试点和模型。随着时代的发展，静默寺也不断调整自身定位和功能，成为北京城内寺观变迁的一个缩影。

张云燕（北京石刻艺术博物馆副研究馆员）

醇亲王府南府的历史沿革 与保护对策

北京清朝时期的王府建筑见证了清王朝由兴转衰的历史发展进程，也是清代时期王工贵族们生活的直接见证，富有非常浓厚的历史文化氛围，也让人们可以通过这些王府直观地了解北京城市的特色风貌与历史发展变迁。北京作为历史名城，拥有着各类府邸不计其数，但是其中潜龙邸王府却仅有3座，分别是当今的雍和宫也就是当年的雍亲王府，中央音乐学院也就是当年的醇亲王府南府，还有现在的国家宗教事务局与宋庆龄故居的所在地也便是当年的醇亲王府北府。这三座府邸能够称之为潜龙邸，那是因为当年有3位皇帝是由此诞生的，他们分别是雍正帝、光绪帝以及宣统皇帝。因此，潜龙邸被认为是皇帝即位之前住过的宅邸。根据清朝的制度，潜龙邸是皇帝上基后不得用作他人的宅邸，潜龙馆有着极高的地位和历史研究价值。

一、历史沿革

（一）喀尔楚浑宅时期

醇亲王府南府的前身最广为流传的为荣亲王府，其府邸的主人为荣亲王永琪，但经过查找《京师坊巷志稿》和《明善堂文集》节录的《荣府史》卷十二《邸宅志》，这里最早可考的府邸并非为荣亲王府，而是贝勒喀尔楚浑宅。这件事情最早记载于清末朱一新所写的《京师坊巷志稿》上的《太平湖》条上。其文云："城隅积潦潴为湖，由角楼北水关入护城河。桥二，一在湖北，一在西南隅。迤北为龙王堂。"《啸亭续录》：“贝勒喀尔楚浑宅在太平湖，今为荣亲王府。谨案：喀尔楚浑，一作哈尔出洪，太祖曾孙克勤郡王岳讬三子，以功封，谥显荣。”根据《清史稿》之《岳讬传》《喀尔楚浑传》中可知，克勤郡王岳讬，是清太祖努尔哈赤第二个儿子礼亲王代善的长子。贝勒喀尔楚浑是克勤郡王岳讬的第三个儿子。顺治元年的时候，他跟随多尔衮在山海关击败李自成义军，在第二年的时候被封为了镇国公。顺治三年正月，跟随豪格讨灭张献忠，因有功，所以在顺治五年八月的时候，被授予了镶红旗满洲都统的职位。顺治六年正月，跟随尼堪讨伐叛将姜瓖，围攻宁武，击破敌军，被进爵为贝勒。顺治六年正月，摄理藩院事，在八月的时候去世，被追谥为显荣。喀尔楚浑的儿子克齐，在他年满一岁的时候，世袭了他父亲喀尔楚浑贝勒的爵位。过了七十一年，克齐死后。克齐的儿子鲁宾，世袭了贝子的爵位，侍奉清圣祖康熙帝，授予左宗正的职位。雍正元年，被授予了贝勒的爵位。雍正四年的时候因为狂悖的原因被削去了爵位，降为了辅国公。去世于乾隆八年，追谥为恪思。他的后世子孙世袭镇国将军品级，但是逐代削减爵位。因此乾隆时期下旨，将他的府邸转赐给了荣亲王，并扩建为亲王府。喀尔楚浑宅之前的状况笔者认为应是寺庙和普通民宅。但是由于相关史料记载很少，所以暂时无法提供考证。

（二）荣亲王府时期

乾隆三十年的时候，乾隆帝的第五个儿子永琪被晋封为荣亲王，因此也获得了此府，此府赐名为荣亲王府。旧传永琪为荣亲王府邸宅最早的主人。但是通过查找《明善堂文集》节录《荣府史》卷十二《邸宅志》，《志》文称“余宅自乾隆四十九年，荣恪郡王分府，始赐第太平湖。”这里成为荣王府，最早是在乾隆四十九年。但是在乾隆三十一年的时候，永琪就去世了，可见这里实际上最早的主人并不是永琪，而是他的儿子容恪郡王绵亿。但是荣王的称号，最开始并不是加封给绵亿的，而是继承了他父亲永琪的称号。

永琪为清高宗乾隆皇帝的第五个儿子，出生于乾隆六年，也就是1741年，二月初七。他的母亲为愉贵妃珂里叶特氏。他的字为筠亭，号位滕琴居士，它不仅能文能武，而且还多才多艺。既擅长骑马射箭，又精通蒙、满、汉三种语言文字，还擅长弹古琴，著有《焦桐剩稿》。他还致力于书画，他的书法曾经和成亲王永煜齐名。因为他文武双全、德才兼备。所以很受乾隆皇帝的钟爱。乾隆二十八年的时候，圆明园九州清宴遭受火灾，永琪奋勇保护乾隆皇帝冲出火场。乾隆三十年十一月时，晋封为荣亲王。但是三个月后永琪不幸在紫禁城的兆祥所病逝，追封他的谥号为"纯"，为了表彰他的质朴纯真，所以后人都称他为荣纯亲王。按照清代定制，亲王晋封后，需要由内务府物色选址，兴工修建。因为选址修建需要些时间，所以在永琪被晋封后，没有赶上荣亲王府的建成就去世了。原本为永琪修建的王府在乾隆四十九年时赐给了永琪的儿子绵亿。因此永琪为这座府邸名义上最初的主人，而实际上最初的主人却是绵亿。

据《清史稿·高宗十七子传》的记载，在乾隆四十九年，也就是在1784年，永琪的儿子绵亿被册封为贝勒，这座府邸则被乾隆皇帝当做贺礼送给了这个爱孙。到了嘉庆四年（1799年），绵亿由贝勒被袭封为了荣郡王，在他任命为荣郡王的期间，府邸进行了扩建。在嘉庆二十年（1815年）的时候，绵亿去世了，被追谥为"恪"，后来他的长子奕绘世袭了他贝勒的爵位。在道光十八年（1838年）的时候奕绘去世了，他的长子载钧世袭了贝子的爵位。在咸丰七年（1857年）的时候载钧贝子也去世了，荣王府长达90年的历史也就随之结束了。

（三）醇亲王府时期

在道光三十年（1850年）的时候，道光帝的第七个儿子奕譞被晋封为了醇郡王，并在咸丰九年（1859年）的时候有了自己的府邸，朝廷将以前的荣亲王府征用赐予了奕譞，并将荣亲王府改名为醇郡王府。但是在咸丰年间奕譞并没有受到重视，是在慈禧太后掌权后，才渐渐开始被重用的。在同治三年（1864年）的时候奕譞被加封了亲王的衔位，并享受亲王的待遇。在同治十一年（1872年）的时候奕譞晋升为了醇亲王，他的府邸也被升级为了醇亲王府。在光绪元年（1875年）的时候醇亲王的次子载湉奉慈禧太后的旨意继承了大统，成了皇帝，称为光绪帝，醇亲王府也就升格成了"潜龙邸"，这也是继雍和宫之后的第二座"潜龙邸"。同时，奕譞被加封为亲王世袭罔替。从而也便成了清代后世四大铁帽子王的其中一员。在光绪十四年（1888年）的时候醇亲王府搬到了后海北岸，新的醇亲王府被称为北府，老的醇亲王府被称为南府。在光绪十六年（1890年）的时候奕譞去世了，并被追谥为"贤"，后被尊称为"皇帝本生考"，也就是皇帝的亲生父亲的意思，另外，又被特定称为"皇帝本生考醇贤亲王"，相当于皇帝的称号。之后奕譞的第五个儿子载沣继承了他父亲醇亲王的爵位。与此同时，醇亲王府南府的前半部被改建成了醇亲王祠，而后半部仍作"潜龙邸"。在宣统元年（1909年）的时候，醇亲王载沣的长子溥仪继位，年号宣统，载沣也就因此成了监国摄政王，醇亲王府北府也便被称为了摄政王府。

（四）近现代教育用地时期

在民国之后，曾有许多院校在醇亲王府南府办学。在1912年的时候，著名政客北洋上将王揖唐将醇亲王府南府改建成了法政大学，第二年将它更名为中华大学，后来中华大学被并入了中国大学。在1916年，北平民国大学由同盟会成员蔡公时等人创建，因为校舍不足等原因，在1923年，迁入了醇亲王府南府进行办学。北平民国大学在1920年时改选蔡元培为校长，在1927年推选张学良任校长，并在1930年改名为民国学院。抗战时期，民国学院先后迁往河南开封、湖南长沙等地办学，之后再没有迁回。1948年民国学院附属中学复校，改名为北平市私立民国中学。1950年改为北京市私立新中学，之后改名为北京市第三十四中学。1952年北京俄语专修学校迁往鲍家街21号（后来改为鲍家街43号），毛泽东主席亲题校名。1955年改名为北京俄语学院，1958年移出醇亲王府南府。同年，现在的中央音乐学院从天津迁往北京，又把醇亲王府南府作为校舍使用，现在中央音乐学院占据了醇亲王府南府的前半部分，在音乐学院建校时，为了建音乐厅而拆除了当时南府的银安殿。东路的后半部分和中路的后罩楼成为西城区金融街少年宫和金融界社区教育学校。

二、醇亲王府南府的修缮工程与保护建议

（一）醇亲王府南府的修缮工程

醇亲王府南府在1976年的唐山大地震中受到了严重的损坏，在2005年社区学校进驻之后，用时一年半时间进行了一次大修，才使得我们可以见到现存面貌的醇亲王南府。

在2005年，对醇亲王府南府修缮方案范围涵盖府中、东、西三路，

现 34 中范围内的古建筑。包括醇亲王府东路三组院落；中路后罩楼及转角房；西路两组院落共计 24 座单体建筑总建筑面 2642 平方米，总占地面积约 4668 平方米。

主要修缮项目

1. 挑顶修项目包括：1 号、4 号、5 号、10 号、11、14 号、17 号、20 号、23 号房。

2. 落架修缮项目：2 号、3 号、6 号、7 号、8 号、9 号、12 号、16 号、21 号、22 号房

3. 拟按原制修复项目：4 号、10 号房的东两耳房：13 号、15 号，18 号、19 号、24 号房：20 号房的东西耳房。

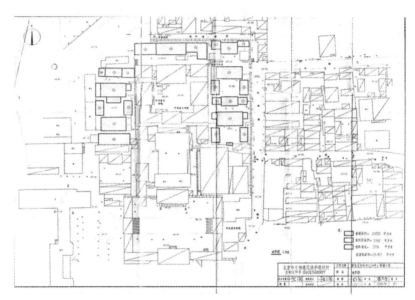

北京市文物保护设计图纸醇亲王府南府

（北京古建所提供）

南府具体修缮情况内容如下：

屋顶修缮状况：对 1、2、3、4、5、10、11、14、17、20 号房进行挑顶修缮，补配缺失瓦面在六成至十成不等，恢复建筑原有筒瓦结构，补配博风板，更换 3、17、20、23 号房糟朽变形的椽口、椽檐、瓦口等。对 1、2、3、4、5、9、10、14、16、17、20、22 号房的脊兽进行修缮，共恢复脊兽、小跑、吻兽、正脊、垂脊 31 处。

墙体及门窗修缮状况：重新拆砌 1、2、3、4、5、6、7、8、9、10、17、20、24 号房台明及以上墙体，对房屋内墙抹灰刷白。对 11、23、13、15、16、21、22 号房墙体进行重新拆砌。补配 1 号房缺失木

门，恢复 2、3、5、6、7、8、9、10、12、13、18、19、20、21、22、23、24 号房前后檐原有支摘窗装修，拆除 4 号房前后檐并恢复其金部装修。拆除 14 号房隔扇装修，拆除前檐后制玻璃门窗（并由檐部移回至金部）恢复 15、16 号房金部隔扇装修。

踏跺及散水：恢复 1、2、3、5、6、7、8、9、10、11、12、13、15、16、17、29、21、22、23 号房如意踏跺、垂带及散水。对 2、3、4、5、6、8、9、10、11、12、13、15、18、19、20 号房进行防水地砖墁地，轻钢龙骨吊顶。

彩绘修缮：2、3 号房重做油饰彩画。外檐彩画为墨线小点金龙、黑叶子花卉方心，异兽、西番莲盒子小金璇子彩绘。檐椽金虎眼，黑椽金万字。4 号房正方墨线大点金龙锦枋心璇子彩画。耳房线点小金龙，檐喙金虎眼。5、6、7、8、9、10 号房重做彩绘，做法与 4 号房相同。11 号房彩绘外檐绘金线单连珠带万字头掐箍头苏画。柁头绘博古，飞头绘片金万字，椽头绘金虎眼。12、13 号房彩绘做法同 11 号房。14 号房彩绘重画，金线大点金龙凤枋心璇子彩画。15 号房外檐绘单线金莲珠带（万字纹）片金卡子箍头苏画。柁头绘博古，飞头片金万字，椽头绘金虎眼。17 号房柁头绘博古，飞头片金万字，椽头绘金边红色长寿字。18、19、20、21、22、23、24 号房彩绘修复形式同 17 号房。

地仗、油饰修缮：2、3 号房露明上果大木构件，下架柱、装修槛均做一麻五灰地仗，上架连檐、瓦口、椽飞四道灰，传统扇活边单皮灰，椾心走细灰。房屋上架大木饰红土子色，连檐瓦口银朱红，椽飞绿肚红身，室内饰乳白色。4、5、6、7、8、9、10、11、12、13、15、16、17、18、19、20、21、22、23、24 室内地仗及油漆做法与 2、3 号房相同。

（二）使用状况和保护建议

1. 使用状况

现今的醇亲王府南府由中央音乐学院及社区学校共同使用，南府三路建筑，寝门及以前的建筑为中央音乐学院及部分居民所用，殿及后罩楼为社区学校所用。出于使用需要及规划的考量，中央音乐学院在获得醇亲王府南府原有建筑使用权的时候根据使用需要对整个南府建筑进行了较大规模的拆除、改建。此外，北京市文物局于 2006 年对醇亲王府南府进行了修复与维护，复建部分原有建筑如：4 号、10 号房的东两耳房、13号、15号，18号、19号、24号房：20号房的东西耳房。（具体修复状况见上文所述）原有建筑与新盖建筑整体比例约为3：1。此次修缮在大体上保留了醇亲王府南府建筑原有建筑格局、基本风貌、形态特征和装饰细节的基础上，对王府建筑进行了加固与修缮，通过替换糟朽木料、重做台基等方法加强了古建筑的结构强度，通过重新刷漆、修补彩绘地仗等方法使原有彩绘得到修整，整体感觉焕然一新。历次改建后基本上满足了社区学校及音乐学院的日常使用需求，卓有成效地完成了修缮工作，大体上做到了保存风貌与现代办公的兼容。但与此同时，南府在改建与修缮过程中受制于所处时代修缮理念及修缮技艺的局限，以今日的眼光来看难以避免地存在着一些问题。具体情况如下：

（1）建筑规制错误，新旧建筑混淆不清。

醇亲王府南府作为典型的皇家形制建筑，其规模、形制、细节需要严格按照《大清会典》中的礼制要求进行修建，在等级森严的古代封建社会，建筑形制上的僭越是大忌。醇亲王府南府在这一点上自然是不敢有些许的懈怠，其原有建筑形制严格按照礼制进行修建，即使在升格为潜龙邸之后也不敢在建筑规模上有不符合礼制的情况。建国之后的历次修建和翻新过程中，醇亲王府南府现今的建筑格局已经同建成时期有了很大的不同，其中以中路建筑和西路建筑变化最大。不但中路和西路的厢房、配殿被大量拆除，中路最为重要的银安殿亦遭到拆除，改建为中央音乐厅的礼堂，并且为了复合实际使用需要增加了现代建造的仿古建筑。这种改动破坏了醇亲王府南府原有的建筑形制与格局，降低了文物的历史文化价值，对文物本身造成了不可逆的损害。

此外，古代建筑在修缮的过程中讲究"修旧如旧"，即保留原先古建筑在岁月冲刷当中的磨损和风化等历史痕迹，不去刻意追求其最初的历史风貌，如有新修建筑和细节也要做到同原有建筑进行区分、识别。在现存醇亲王府建筑当中，为满足当下使用需要而修建了相当数量的新式房屋，如中央音乐学院的办公处、保卫处，社区少年宫学校的学生活动中心等。这些建筑完全按照周边王府中原有古建筑形制建造，其外形、台基、梁架、彩绘完全按照王府建筑进行修建，新的建筑坐落于古建筑群中，完全无法区分。这样的新盖建筑并不在少数，在缺乏古建筑知识的旁人看来与其他王府原有建筑并无差异，违背了古建筑保护的可识别原则。

新老建筑混淆不清

（2）建筑修缮手法不精，未按照传统工艺进行修缮。

中国古代建筑的营造细节，诸如彩绘、地仗油饰、梁柱的架构等，大多是工匠间口口相传，师徒相授，其工艺技法、营造细节十分复杂且有自身的合理性，不可盲目地用现代工艺替代传统工艺以期短时间内的修缮效果，这样做往往会在经年累月的时间中暴露出各种的问题。醇亲王府南府在修缮的过程中，其彩绘、地仗油饰、台基等细节做法与原先工艺区别较大。其典型问题为院墙粉刷材料为现代化工原料而非传统的朱漆，这导致墙面的开裂、干皲情况较为突出。以及彩绘油彩地仗，修复之后的玺子彩画和苏式彩画和原有的比形态有些许呆板，可以看出与原有技法相比的不足之处。一些新修建筑拆除了原先的台基，进而导致台明以上古建筑全部拆除重新翻建，其翻新建筑的工艺技法也无法做到同原有建筑一致，违背了古建筑的可识别原则和最少干预原则。

漆面脱落

（3）使用状况不合理，私搭乱建情况较为突出

在城镇现代化进程的加快过程中，一些古代建筑改变原有风貌，挪作他用，以期更好地为现代社会建设出力，这本身并无可厚非。但实现这一结果不应当以破坏古建筑原有结构为前提，对其造成一些不可逆的影响。在醇亲王府东路前半部分，为满足现代化使用的需要，在古墙的基础上凿洞加装了监控探头、空调室外机等设备，在一定程度上破坏了墙体结构之外还对古建造成了其他的隐患，比如空调室外机的排水管线构造不合理，冷凝水沿墙体流出对墙壁及油漆造成了损害。以及东路寝殿部分改为音乐学院宿舍，居民出于生活需要在古建上架设衣架、遮阳棚等部件，将古建筑原有隔窗拆除并替换为钢化窗，甚至开凿寝门作为起居房间使用，一定程度上改变了古建原有的风貌，对古建筑本身造成了不可逆的损坏。与此同时，私搭乱建及居民的不合理使用也留下了诸多安全隐患，如火灾隐患、塌陷隐患等。

古建筑的不合理利用

2. 对策及保护建议

对于大型文化遗产的保护，应当做到坚持全面保护性、可读性、

最低干预性、可逆性、可识别和缜密性等原则，其达到对古建筑进行相对完善的保护。下面将根据醇亲王府南府的现状对其提出一些针对性的保护建议。

（1）明确建筑规制，按照古代形制制定修缮方案

对于王府建筑群的修缮与保护，"修旧如旧"既是指导目标，也应当是修缮的准绳。因此在古建筑修缮的前期规划中应当明确拆除和新盖建筑不可违背原本建筑的形制格局和建造标准，应当参照《大清会典》和《样式雷》等古代建筑标准进行规划，以期修缮后的建筑与原有古代建筑形制差异较小，确保其原真性。此外，新盖建筑应当与原有古建筑进行区分，通过改变建筑风格或竖立标识牌等形式将其同古建筑区分开来，实现可识别的原则。万不可将其混入原有建筑中混淆概念，加大区分难度。

（2）完善修缮细节，减少对原有建筑细节的更改。

古建筑细节的施工，都具备着较为独特的技法和理论，其中相当数量的工艺手法属于非物质文化遗产的范畴，并非现代工艺可以完全替代。如果没有古建修缮专业人员的指导，为追求快速、高效地修缮过程而采用现代工艺手段进行修缮，那结果常常会事与愿违。同时对原有建筑大范围且非必要的修缮也会破坏古建筑的原真性，违背最低干预原则。因此，在古建筑的修缮过程中，应当查阅历史典籍，力求按照原有技法修缮。如有条件的可以尽量聘请古建修缮的专业人士或相关非物质文化遗产传承人进行修缮或指导修缮。同时尽量避免将古建筑的落架、台基拆除重修，在修缮两架等承重结构的时候应尽量采用加固的方法而非一刀切地替换原有承重结构。对于彩绘、地仗油饰等建筑细节，如留存状况尚可的话可不必进行修缮，保留其原有风貌，从而保障文化遗产的原真性及缜密性。

（3）规范使用方法，建立健全安全责任机制。

将古代建筑投入现代使用的时候，应当尽量减小因日常生活中的不合理使用而对古建筑造成的不良影响。如果条件允许的话，尽量不要将古建文物用作居民的居住环境。缺乏古建筑保护知识的居民除了会因日常生活对文物造成损害外，中国古建筑木质结构的易燃特性、年久失修容易造成塌陷等问题也造成了一定的安全隐患。如需要使用的话，应当尽量避免对古建筑本体造成不可逆的损坏，如开墙打洞、私自架设简易脚手架等。应规划好空调的水排位置，用电器的线路规划，避免不合

理使用造成的古建损害及安全隐患。建立健全安全责任问责机制，在使用单位或街道中成立安全负责委员会，对人员定期进行安全培训，落实人员问责机制，对安全隐患做到零容忍。

结　论

　　历史上历经风雨的醇亲王府南府是一座富含文化底蕴的府邸，历经时代的变迁，它承载着的不仅是历史、文化与艺术价值。更是一种文化的传承。它在历史上受到了不同程度的破坏，导致周边传统风貌已经大部分缺失，包括引水自太平湖湖水的王府花园以及东西路的狮子院。但王府的本体建筑得到了较为完整的保存，经过修缮，如今的醇亲王府南府已焕然一新并投入了现代使用。但受到所处年代的修缮工艺水平、修缮理念先进性以及历史上不合理的规划使用等因素的制约，其修缮与保护工作存在着一些问题。本文对其历史沿革、修缮情况进行了梳理，对其现存状况和存在的问题笔者通过现在的修缮理念和文物保护理念提出了针对性的保护建议，以及对醇亲王府南府日后保护规划工作起到帮助性作用，避免不合理的修缮规划对其造成的不良影响，同时对于其他古建文保单位的相关工作提供参考性意见。也希望可以通过本文让更多的人了解到当下文物保护理念与之前的区别，更新从业者的知识结构与知识理念。须知文物本身重在文而非物，要将文化遗产自身的文化内涵进行传承与发扬。

李佳姗（北京古代建筑博物馆社教与信息部）

大历寺、万佛堂创建及相关问题考

◎王晓静

大历寺今已不存,寺址所在地即今房山区河北镇万佛堂村的万佛堂及孔水洞。万佛堂孔水洞自古以来就是北京西南地区的风景名胜,并见载于多种诗文及历史文献,2001 年被公布为全国重点文物保护单位。

孔水洞为天然溶洞,东北洞开,洞口建有石券门。洞内有泉,丰水期时水势汹涌,不能入内。孔水洞入口不远处岩壁上,雕有两龛佛像,其一雕一佛二菩萨,似为隋代作品,另一龛内雕菩萨一尊,面部丰满,应为晚唐作品。龛下为隋代刻经、偈语以及摩崖题刻(隋大业十年(614 年)摩崖题记二则、金大定廿年(1180 年)摩崖题刻一则等)。

孔水洞上方平台上、山崖前建有一座砖石结构歇山顶无梁殿,大殿面向东北,面阔三间,约 13.7 米,进深约 8.25 米。中间石券门上方石额题"大历古迹万佛龙泉宝殿",落款镌"大明万历己丑(1589 年)春吉日重建",俗名万佛堂。殿内南、西、北三面墙壁上嵌唐代镌刻的精美石刻浮雕,南墙第三块石刻边缘有唐大历五年(770 年)发愿文一则。殿内放置一石,镌李廷幹七言诗一首,年代不详。殿内存放残石造像 7 尊(两尊护法站像,三尊带莲座坐姿无首残造像(似为佛像),一尊残菩萨头,一件护法神像胸部带铠甲残件)。殿外北侧立有明万历十六年(1588 年)《重修云蒙山大历古迹万佛龙泉宝殿碑铭》一通。殿后即西面南侧山崖上有明万历年间《"念佛"摩崖》和清顺治十六年(1659 年)《重修万佛堂记碑》嵌墙碑。

殿北侧的高岗上建有花塔一座。塔位于孔水洞碑侧山岗上,塔高约 28 米,坐北朝南,偏东 25°。塔平面八角形,仿木结构,塔下部由无纹饰台基和须弥式基座构成,须弥座雕饰精美。塔身两层,第一层塔身较高，四正面辟方形门，南面正门可出入，余三面假门，其余四面辟方形假窗（直棂窗）。八面塔身均浮雕佛、菩萨、力士像包括文殊、普贤像等。第二层塔身较短，二层檐以上不再设檐，而由圆形平座分成七层。除最下一层为两层的天宫楼阁外，其上六层均辟方形佛龛，龛内有一坐佛，龛与龛之间浮雕狮头、象头。塔刹年久失修，残破较甚，原貌已不可知。在第一层塔身的券门和基座等处发现有辽金元三代墨书和划刻的纪年。据吴梦麟《北京万佛堂孔水洞调查》，塔身第一面券门洞内右侧灰皮上墨书"咸雍六年""大定□年"；第三面券门左侧划刻"寿昌七年（1101年）五月廿九日在此"；第四面基座处划刻"从随姨姨到此。皇统元年（1141年）"；第五面券门划刻"乾统六年（1106年）"；第八面转角普柏枋上划刻"至元十四年（1277年）五人出十四王□到此"[①]。据此推断这座花塔的建筑年代应在辽道宗咸雍六年（1070年）前。

孔水洞东南侧、溪水南岸的平地上有龄公和尚塔，塔嵌石额"龄公和尚舍利"。龄公塔平面呈八角形，为七层密檐式砖结构塔。吴梦麟认为，"其年代从基座细部花纹、阑额、普柏枋出头采用垂直截齐的古朴手法，阑额下装饰云形垂帐，斗拱用45°斜拱等方面来看，都与北京昌平银山塔林金代塔相同。但从用素面长砖等情况来看，又有元代风格，故我们初步认定此塔的年代为金、元之际。"[②]

洞及石殿北侧，也即辽塔所在高岗北侧东部下方的平地上，现存关帝殿三间，坐西朝东，殿前石碑两座：一为蒙古国时期（丁酉年（1237年）《重建龙泉大历禅寺之碑》（以下简称《大历寺碑》），坐西朝东，碑文记载了蒙古国时期重修大历寺事，并述及唐、金时期大历寺沿革情况，是关于大历寺沿革中最为重要的一通石刻；一为清嘉庆九年（1804年）《重修孔水洞关帝庙碑记》，坐北朝南。

万佛堂孔水洞已佚石刻三：1.《唐投龙璧记》[③]，唐开元二十七年

---

① 北京市文物管理处吴梦麟执笔.北京万佛堂孔水洞调查.文物，1977（11）：21.

② 北京市文物管理处吴梦麟执笔.北京万佛堂孔水洞调查.文物，1977（11）：21–22.

③ 北京图书馆金石组.北京图书馆藏中国历代石刻拓本汇编.第24册.郑州：中州古籍出版社，1989：82.

（739 年）三月，张湛撰，正书。[①] 2. 明《卢襄诗碣》，卢襄，嘉靖进士，累官兵部郎中，后升陕西右参议。3. 明正德十一年（1516 年）《重修大历万佛龙泉禅寺碑记》，该碑已佚，1928 年《房山县志》载有录文，录文间有脱字讹误，个别字句不通。

万佛堂孔水洞一带史迹众多，对研究北京史尤其是佛教史有重要参考价值。今重新钩沉史料，拟对此地佛寺兴废沿革、寺院布局及相关佛教史迹等作新的考证和研究。因篇幅所限，故此文仅探讨隋、唐、辽时期大历寺的相关问题。

一、隋代史迹及仙人玉堂考

孔水洞最早见载于北魏郦道元的《水经注》，据 卷十二"圣水出上谷"载："水出郡之西南圣水谷，东南流迳大防岭之东首。山下，有石穴，东北洞开，高广四五丈，入穴转更崇深，穴中有水。耆旧传言：昔有沙门释慧弥者，好精物隐，尝篝火寻之，傍水入穴三里有余，穴分为二……其水夏冷冬温，春秋有白鱼出穴，数日而返，人有采捕食者，美珍常味，盖亦丙穴嘉鱼之类也"。[②] 从《水经注》记载可知，北魏时期此处即为人们所知，并成为寻险探幽之胜地，也有僧人活动，但此处有无寺院建筑不得而知。

隋代遗迹均在孔水洞内，即摩崖造像一龛，龛内雕一佛二菩萨；及隋大业十年（614 年）二月、四月摩崖刻经和题记。

据颐和吴老 2016 年 06 月 24 日新浪博客《房山孔水洞隋代和金代刻石初探》所载的探洞记录和照片，孔水洞内隋代摩崖石刻情况如下：

1. 隋代经文和偈语内容，主要分为四部分，第一部分是《大般涅槃经》偈语；第二部分是《佛性海藏智慧解脱破心相经》偈语；第三部分是《胜鬘经》偈语；最后是《妙法莲华经观世音普门品第廿四》。

---

① 笔者按：《唐投龙璧记》及明卢襄诗碣，二石 1836 年被奕绘用 10 两银子买走，可能在房山大南峪奕绘别墅及陵园，今下落不明。清奕绘《明善堂文集校笺》（天津古籍出版社 1995 年 8 月第 1 版）第 407、408 页道光十六年二月二十四日诗序载："廿四，同太清联骑游石堂，观孔水，得开元残碣一，吴郡卢襄诗碣一，载归，而大历碑已不复睹矣。赋诗二首"。诗后注中载"太清《天游阁集》称此二石刻乃以十金易于山僧"。

② （北魏）郦道元著，陈桥驿校证. 水经注校证. 上海：中华书局，2007：299.

2. 隋代摩崖题记两则，其一："诸行无常，是生灭法，生灭灭已，寂灭为乐（语出自《大般涅槃经》第十四卷）。十方诸佛，皆因此偈，得灭重生，若能诵持，至□□养，最为第一，□□三课，□难生死，永无业□。大隋大业十年二月二十三日（二十三日是佛教十斋日之一）。"其二"大业十年四月八日慧日道场，僧道法□，□敕在此，□永行道，□……观世音经一部及余经偈上为皇图…诸王…. 师父母□世光灵犹出西方六趣……张供养……"。

由此可知隋代时孔水洞即为僧人活动场所，但有无兴建寺庙，因史料阙如，无法得知。

隋郎蔚之《隋州郡图经》载："防水在良乡县界有石穴，东北洞开。"[①]《北京万佛堂孔水洞调查》和杨亦武《孔水洞万佛堂考》，均提及《隋州郡图经》有"防山上有仙人玉堂"的记载，杨亦武指出："大防岭下的石穴在隋代已有了'仙人玉堂'的名字"，认为仙人玉堂是指孔水洞及洞内佛造像。

隋图经有仙人玉堂记载的说法出自朱彝尊的《日下旧闻》、于敏中《日下旧闻考》，朱氏原文曰"防山上有仙人玉堂（后有小字"隋图经"）"[②]，之后于敏中按语"臣等谨按：隋图经云，防山上有仙人玉堂，或即水经注所称石穴也"[③]

民国十七年《房山县志》，该志卷三古迹"大房山"条下载："唐书地理志良乡西有大防山。太平寰宇记大房山在良乡西北三十五里，山下有石穴（孔水洞），又有小防山至大防山相近。隋图经注防山上有仙人玉堂。水经注大房岭山下有石空，东北洞开"[④]。"孔水洞"条下亦载："县北二十里在磁家务南，又名万佛堂，亦邑人祈雨处。隋图经云防山上有仙人玉堂。……余按仙人玉堂石穴即今孔水洞"[⑤]。该志两处关于"仙人玉堂"说法稍异，一说是隋图经注云，一说是隋图经云。

查王谟所辑的《郎蔚之隋州郡图经》中，未见"仙人玉堂"的记

① （清）王谟.汉唐地理书钞·郎蔚之隋州郡图经.上海：中华书局，1961：219.

② （清）于敏中，等.日下旧闻考·卷一百三十·京畿·房山县一.北京：北京古籍出版社，1983：2090.

③ 同上书，第2091页。

④ 冯庆澜等修，高书官等纂.房山县志.据民国十七年铅印本影印.台北：成文出版社，1968：215.

⑤ 同上书，第225–227页。

载。《隋州郡图经》又名《隋诸州图经集》，早已散佚，现在所见为清王谟（约1731年—1817年）所辑，收录于《汉唐地理书钞》。据王氏在该书《叙录》言，"今并钞出《御览》一百二十条，《寰宇记》一百二十六条，《广记》九条，《事文类聚》一条"[①]。《太平寰宇记》载："防水，隋图经云防水在良乡县界有石穴东北洞开春秋有白鱼珍美非常味。东经羊头阜，俗谓羊头阜是也"[②]。该条关于防水的记载与王谟辑《郎蔚之隋州郡图经》相同，当是王氏辑本之来源，未提及"仙人玉堂"，《日下旧闻》《日下旧闻考》、民国《房山县志》关于"仙人玉堂"的记载应是隋图经注中所记，那么关于"仙人玉堂"的记载就要晚于隋代了。惜民国《房山县志》所引"隋图经注"不知著者何人。

事实上，仙人玉堂当指唐大历五年营建的万佛堂，而非孔水洞。1237年《大历寺碑》中也有"万佛洞前"语，可见万佛堂为石窟，也可称洞。万佛堂满壁皆为白色石材浮雕的佛、菩萨形象，所以称"仙人玉堂"。仙人玉堂当指万佛堂，《隋州郡图经》没有也不会有"仙人玉堂"，《日下旧闻考》、民国《房山县志》等将该书的注误作《隋图经》，从而将仙人玉堂误做孔水洞，并影响了后来的一些论者。

二、唐、辽史迹

目前所见唐、辽史迹及材料如下：

唐开元二十七年（739年）三月《唐投龙璧记》，记载了开元二十三年、开元二十四年及开元二十七年吕慎盈等人三次奉敕投龙壁的情况。[③]1982年孔水洞一度干涸，洞内出土了玄宗时吕慎盈投下的金龙7条，现为房山区文管所收藏。[④]唐开元年间年曾三次在此举行道教的

---

① （清）王谟.汉唐地理书钞·郎蔚之隋州郡图经.上海：中华书局，1961：208.

② 景印文渊阁四库全书（第469册·史部地理类·太平寰宇记）.台北：台湾商务印书馆，2008：2090.

③ 按：道教的投龙仪式，又称为投龙简、投龙璧。投龙仪式是将写有祈福消罪愿望的文简，和玉璧、金龙、金纽用青丝捆扎，在举行斋醮科仪之后，投入名山大川、岳渎水府。见张洪泽.唐代道教的投龙仪式.陕西师范大学学报（哲学社会科学版），2007：27.

④ 杨亦武.孔水洞万佛堂考.房山历史文物研究.北京：奥林匹克出版社，1999：195.

投龙仪式，与大历碑"唐玄宗时，天雨不节，民祷于是，莫不征应耳"可相对照。

孔水洞内唐摩崖菩萨造像一尊，面部丰满，比例匀称，可能为晚唐作品。

万佛堂内南、西、北三壁镶嵌唐代浮雕及南墙的第三块石刻上的唐大历五年发愿文一则。

《大历寺碑》中有两段关于唐代的记载："唐玄宗时，天雨不节，民祷于是，莫不征应耳。其间潜蛟宿蜃，控鲤蟠□□□（泐22字）」风，湛湛秋波，沉半江之桂月。清泠滑甘可引为曲折之渠，次供饮食、浣濯、灌畦之□□□（泐22字）。」诸佛胜集之乡也。由是唐幽州卢龙节度使颍国公朱公，家邻胜所，里接仙乡，势□□□□（泐22字）」水之前创建伽蓝一所。廊庑雄壮，殿宇峥嵘。复诣洞之上造玉石文殊、普贤、万□□□□（泐22字）」含生于沙界，奏赐大历之名"。"节度朱公，家世近此，巅峰竟秀，洞乳争蓝，乃作是愿，增益佛龛，择布金地，（创成绀宇，奏名大历，厥名钟古，）」道宣四德，元亨利贞，有唐至宋，益毁益成"。

《大历寺碑》关于辽代寺庙情况仅寥寥数语："厥后年代浸远，成毁多端。及至辽末烽火，宋朝兵革，皆为煨烬之余"；塔上有还三条辽代题刻，塔身第一面券门洞内右侧灰皮上墨书"咸雍六年"、第三面券门左侧划刻"寿昌七年（1101年）五月廿九日在此"，第五面券门划刻"乾统六年（1106年）"，除外别无其他辽代的材料。

三、大历寺的创建及寺庙布局

从《大历寺碑》碑文中"唐幽州卢龙节度使颍国公朱公""创建伽蓝一所"，"奏赐大历之名"，可知此地的寺庙由当时的幽州卢龙节度朱希彩创建于大历年间，寺名以年号命名为"大历寺"，并奏请皇帝赐名，可见该寺是当时幽州地区一座重要寺庙，规模宏大，碑文也记述"廊庑雄壮，殿宇峥嵘"。"复诣洞之上造玉石文殊、普贤、万□□□□"，当是指建万佛堂内浮雕事。

至蒙古国时期1237年大历寺重修时，此寺仍因唐时寺名称大历寺。大历寺改称大历龙泉禅寺，从目前所见到的材料来看，始自明正德十一年（1516年）《重修大历万佛龙泉禅寺碑记》，自此该寺被称作龙泉禅寺，此后的明清碑刻、石额均称此寺为大历龙泉禅寺。

正如汤用彤《隋唐佛教史稿》所言"唐制，大伽蓝须赐额始名寺"[①]，大历寺为节度使朱希彩所建，得到皇帝赐名，并以当时的皇帝年号名寺，与及碑文所载的寺庙规模相印证，凡此种种，均说明大历寺寺院规模宏大，地位重要，为幽州地区一大伽蓝。

据《唐方镇年表》，朱希彩"（大历三年，768）闰六月丁卯，以幽州节度副使、试太常卿朱希彩知幽州留后。十一月丁亥，希彩为幽州长史，充幽州卢龙节度使。"[②]朱希彩任期至大历七年，该年冬十月辛未，朱泚继任。那么朱希彩创建大历寺并奏赐寺名事当在大历三年闰六月至大历七年十月之间，从万佛堂内大历五年发愿文题刻可知，该寺当建成于大历五年前后。

考察现在的万佛堂孔水洞一带的地形和建筑情况，孔水洞面向东北，其上方有一处平地，上建有万佛堂三间，堂面向东北，其南面、西面和北面为山崖，花塔即建在北面的山崖上方高岗上。洞前有一道溪水向东流去，溪水南和南面的山之间有平地，现坐落着龄公和尚塔，溪水北面是一片较为宽阔的平地，盖有一座楼房，楼房西侧为清代关帝殿旧址，现存房间坐西朝东，关帝庙碑坐北朝南，《大历寺碑》坐西朝东，殿后为山坡，山坡上现辟一条南北山路通向孔水洞，路西有路可上山，沿山路向南为花塔，向西再上行可通往万佛堂村。

唐代的大历寺坐落于何处，布局如何呢？由于寺址未经科学的考古勘探和发掘，只能根据现在地形和建筑情况，推测寺院当建于溪水北面开阔的平地上或山坡上，其建筑格局有两种情况，一是坐北朝南，一是坐西朝东。清嘉庆九年（1804年）《重修孔水洞关帝庙碑记》坐北朝南，可以推知清代的建筑格局或者说明代重修后龙泉寺的格局当为坐北朝南，从清代画家唐岱绘画《大房孔水洞》，亦可知清代的建筑格局当为坐北朝南，坐落于溪水北面的平地上。

明正德十一年《重修大历万佛龙泉禅寺碑记》有"万佛上殿"的提法，可知明成化年间寺庙在万佛堂下方，也即其东北方向的平地上即现关帝殿的位置，明成化正德年间，寺庙已是坐北朝南的格局。

蒙古国时期的《大历寺碑》坐西朝东，虽然断后重立，但龟趺深

---

① 汤用彤. 隋唐佛教史稿. 北京：北京大学出版社，2010：48.

② 吴廷燮. 唐方镇年表. 上海：中华书局，1980：553、554.

陷地内，看来元明清时期可能未移动过该龟趺，那么蒙古国时期修缮该寺时，寺庙的格局是坐西朝东，依山势构筑。《大历寺碑》中有"唯存正殿一所"语，若该正殿即在丁酉碑后，进而可推知金时寺庙正殿即寺庙格局亦是坐西朝东。

大历寺唐辽时期的格局又如何呢？

笔者认为蒙古国时期的《大历寺碑》系利用唐朱希彩的大历寺碑改刻而成，理由有三：其一，该碑碑首、龟趺与传世唐碑的雕刻风格相近。其二，唐代在兴建这样一座重要寺庙时，当有碑刻留存，疑关于大历建寺的记载来自唐碑，1237年重修时，将唐碑磨去，刻上新碑文。其三，通读碑文可知该寺始建于唐代，辽代及金初情况语焉不详，金代是其辉煌兴盛时期，前有云门宗高僧海慧修复该寺，后有曹洞宗僧人玄觉及其徒龙溪在此住持，蒙古国时期龙溪又加以修缮。从碑文内容来看，该碑关于唐代创寺的记述较为翔实，当是有所本，这就解释了为什么唐代的建寺情况虽年代久远，仍记载翔实，当是有唐碑或其拓本作参考，而有关辽代沿革阙如，金代初年海慧的记载用"或闻"，看来是没有碑刻做参考的缘故。

如果《大历寺碑》是利用唐碑改刻，如果金代和蒙古国时期未改寺院布局，那么唐辽时期寺院当是坐西朝东，依山势而建。这样的布局，花塔、孔水洞、万佛堂、龄公塔均在寺院的右侧也即南路。可能是在明成化、正德年间重修时，该寺改为坐北朝南的布局。

四、万佛堂的创建和修缮

孔水洞上方平台上、山崖前建有一座砖石结构歇山顶无梁殿即万佛堂。

万佛堂，现为一座明代修建的石砌无梁殿，歇山顶。大殿面向东北，面阔三间，约13.7米，进深约8.25米。殿正面辟汉白玉券门，两侧为石棂窗。中间石券门上方嵌石额，阳刻正书"大历古迹万佛龙泉宝殿"，落款镌"大明万历己丑春吉日重建"。殿内有唐代镌刻的精美石刻浮雕，嵌于无梁殿内的南、西、北三面墙壁上，由31块长方形汉白玉石质浮雕组成，三壁展开通长23.8米，高2.47米。南墙第三块石刻边缘有唐大历五年发愿文一则。

万佛堂内镶嵌的唐大历五年浮雕，《北京万佛堂孔水洞调查》称作

"文殊普贤万菩萨法会图"。

浮雕中心位置有浮雕华严三圣：主尊为毗卢遮那佛在讲经说法，两旁胁侍菩萨为文殊和普贤。《大历寺碑》也提及"复诣洞之上造玉石文殊、普贤、万□□□□"。唐代广为流行的八十华严，表现了佛成道后在菩提场等七处九次胜会，藉普贤、文殊诸大菩萨显示佛陀的因行果德广大圆满、妙旨无尽无碍。《大历寺碑》有"海会临溪"的记载，海会当是指这些浮雕。因此这组唐代浮雕应称作华严海会图，表现的是华严经中的场景。

经笔者实地调查，万佛堂无梁殿后面的山崖面朝东北，略向内凹，为一长方形的龛窟，龛窟后壁（即西壁）及左右（南北崖壁）和下面岩壁均打磨平整，龛窟上方和部分崖壁坍塌。龛窟后壁与大殿后墙平行，二者相距约240厘米；龛窟地面距地约65厘米，距大殿后墙约80厘米。龛窟后壁长13.5米，高3.5米，北崖壁最宽处约154厘米，南崖壁最宽处111厘米，石室地面最宽处约160厘米。石室后壁北面上方残存一段约270厘米的上壁，宽处外展约70厘米；南面上方残存一段270厘米的外展上壁，宽处约40厘米，其余的上壁已塌毁。

推测唐代浮雕即嵌于大殿后面开凿的龛窟内。

这些浮雕原有的排列方式是什么样呢？

北京文物管理处调查时发现了万佛堂内石雕上残存的墨书石雕方位标记，三壁石雕上共残存墨书标记十九处。[①] "石雕上的墨书方位应是明万历重修时为了防止将石雕弄乱而标记的"。[②] "从上列现存三壁的墨书标记来看，明以前，万佛堂内的浮雕，可能是采取三壁排列的形式。但这些浮雕重修之后，刻石排列的次序已非原状。因此有的刻石内容不相衔接，可见在万历重修时原石已残缺不全。"[③]

据墨书题记，南山墙上的浮雕自西向东至少有九列，西面自北向南至少有十七列，北山自东向西至少有三列。若在唐代初建时即利用自然山崖镶嵌这些浮雕，那么唐代的龛窟进深至少能安放九列浮雕。现在的龛窟进深残存最多不过160厘米，是无法安放南山墙和北山墙的所有浮雕。因此可知万佛堂初建时依山崖构筑建筑来安放这些石雕，为半洞窟式的结构，所以《大历寺碑》又称之为"万佛洞"。

---

① 吴梦麟.北京万佛堂孔水洞调查.文物，1977（11）：18–19.

② 同上书，第19页。

③ 同上书，第19页。

何时改成现在布局？

《大历寺碑》提及"海会临溪"，说明直至 1237 年的蒙古国时期，万佛堂仍然保持洞窟式结构。

明正德十一年《重修大历万佛龙泉禅寺碑记》[①]载"都城西百里许有山名水帘洞，有水曰龙泉，大历比丘尼号溪老人创建也，唐玄宗时卢龙节度使颖国公捐地倾资，而此尼构殿宇廊庑，□石为佛像而饰以黄金……"[②]。号溪当为"龙溪"之误，二字繁体接近，比丘尼之说不知何据？龙溪老人亦非唐大历时人。

据正德碑，元末大历寺再度毁于战火。"我朝分封功臣，遂以此山赐英国公张公辅，其弟文安伯遂以孙女悟兴舍为开山住持"，于是该寺始由比丘尼住持。悟兴修复了被战争毁掉的寺院，大历寺至此改称"大历万佛龙泉禅寺"。"成化改元之明年，房山太平里谢氏女甫七岁乃割爱出为尼，投此寺悟兴徒本才者为徒，名真□□宝峰"。真□"遂于伽蓝殿禁足不出端坐诵经昼夜焚修十有二年，其弟通、徒喜不避寒暑奔走都城大家乞化"，募资重修该寺，包括"万佛上殿"。由于碑文不详，现存的万佛堂无梁殿的建造年代和浮雕从山崖取下并镶嵌于殿内的时间是否为成化年间，不得而知。

据明万历十六年（1588 年）《重修云蒙山大历古迹万佛龙泉宝殿碑铭》载，万历丁亥（1587 年）冬时，该寺荒废，"睹一废寺于岩之畔"，"旁索断碣，志大历岁月"，石星和内官监太监张帧及司礼监太监张诚等捐资重修。

从万历碑"兴所已颓，树所未立，越岁工讫，竟成精蓝"以及"大历古迹万佛龙泉宝殿"石额落款"大明万历十七年己丑春吉日重建"，看来万佛殿修建以及浮雕从山崖取下的时间当为万历年间，万佛堂之得名或缘于来自正德碑所载之"万佛上殿"。

五、花塔的始建年代

花塔塔身现存最早的题记为"咸雍六年"（1070 年），那么其始建

---

① 明正德十一年华英撰《重修大历万佛龙泉禅寺碑记》，奉仪（或为议之误）大夫光禄寺少□直文华殿秀水华英撰文，征仕郎中书舍人直文华殿□章王杲篆。该碑已佚，1928 年《房山县志》卷八艺文载有录文。

② 冯庆澜等修，高书官等纂：《房山县志》，第 702 页。

年代应早于 1070 年。现一般认为该塔为辽塔。

如前所述，大历寺规模宏大，地位重要，那么朱希彩为何要在此地建寺呢？除了此地山水形胜、林泉优美，临近朱氏的家乡，是否也可能朱希彩有因缘得到佛舍利才有佛塔庙宇的兴建呢？早期的佛寺中，佛塔居于重要地位，万佛堂花塔是否是唐大历年间朱希彩创寺时所建呢？

花塔本身所表现的莲花藏世界也即华藏世界，与华严经的传播影响密不可分。华严经在唐辽时期的北京广为流行，如潭柘寺开山祖师是唐代华严和尚；云居寺石经山雷音洞因藏有唐代镌刻的华严经，亦名华严洞；附近谷积山院辽碑《大辽析津府良乡县张君于谷积山院读藏经之记》碑阴额题"华严七处九会千人邑会"；花塔上题刻最早为辽道宗时期，据史料记载，道宗皇帝曾亲撰《华严经随品赞》十卷，并书写华严经。

花塔上面浮雕释迦牟尼像以及象征着文殊、普贤的狮、象图案，和唐代浮雕华严海会图一样表现的是华藏世界，可见花塔的建造深受华严经影响，那么花塔会不会是唐朱希彩所建并在辽代时有所修葺？或者根本就是唐代遗存？今碑文阙载，也未见该塔塔铭，我们也只能存疑了。

附记：

金元时期大历寺沿革及佛教宗派传承情况，笔者在《房山大历寺重建中的金代皇族与曹洞宗》一文中已述；明清时期寺庙沿革，可参见明《重修大历万佛龙泉禅寺碑记》《重修云蒙山大历古迹万佛龙泉宝殿碑铭》及清《重修万佛堂记碑》《重修孔水洞关帝庙碑记》等碑刻。清嘉庆九年《重修孔水洞关帝庙碑记》，碑阳首题如碑名，碑阴题"重修古迹万佛龙泉禅寺关圣大殿东西堂各村布施开列于后"，可见嘉庆九年所修为寺内供奉关帝的护法神殿即伽蓝殿，而非关帝庙，碑阳记载有误。

王晓静（北京石刻艺术博物馆副研究馆员）

简述北京先农坛清代耤田文物保护展示工程

◎孟 楠

先农坛位于中轴线南端西侧，是明、清两代皇帝祭祀先农、太岁、天神地祇诸神及举行亲耕耤田典礼的场所，先农坛内的耤田是明、清两代皇帝扶犁亲耕表率臣民之地，是祭祀先农耕耤典礼仪式的核心，是北京先农坛农耕文化的核心体现区。恰逢中轴线申遗工作大力推进的今天，北京先农坛清代耤田文物保护展示工程已完成，本文拟就此工程的工作思路做简要梳理。

本工程通过对学术研究成果、考古发掘、历史文献等的梳理和分析，衔接相关规划文件，结合先农坛整体保护展示利用目标，明确本次保护展示内容、方式，制定本次工程方案：在深入挖掘传统文化内涵的基础上，展示观耕台前"一亩三分地"的历史景观，提取文化精髓，并开发与之相关的社会文化教育活动，从真正意义上让文物活起来。

一、清代耤田礼探究

（一）耤田享先农礼流程

上溯至周代，天子扶犁亲耕的礼仪即被确定下来，以耤田之日祀先农之礼始自汉代，及至明清时期而至臻完善。天子扶犁亲耕的田地称为"耤田"，在耤田中举行的以天子亲耕为核心内容的仪式称为"耤田礼"。《清会典》卷三五中载：

"耕耤于每岁春三月吉亥先农坛之日举行。皇帝或亲耕或遣官恭代，于前一月具题请旨。其耕耤礼节，于前三日具奏。躬耕丝鞭，末耜饰以黄，服耟黄犊，道中青箱，从耕三王麦、谷种，九卿菽、黍种，箱及鞭、耒耜均饰以朱，服耕黝牛。耆老三十四人，上农夫、中农夫、下农夫各十人，从耕农官四人，哥禾词十四人，司锣、司鼓、司笛、司笙、司箫各六人。衣蓑戴笠执叉、扒、掀、帚二十人。观耕台设幄次，亲耕之田，长十一丈，宽四丈。

雍正二年，世宗宪皇帝亲耕，四推四返。嗣后，高宗纯皇帝、仁宗睿皇帝、宣宗成皇帝、文宗显皇帝每届亲耕，亦皆四推四返。

凡亲耕，礼部于奏进礼节时夹片声明，皇帝祭先农坛毕，诣具服殿更龙袍衮服。其从耕及陪祀执事各官，俱易蟒袍补服祇候。皇帝诣耕耤位，南向立。户部堂官跪进犁，顺天府尹跪进鞭，皆北向。皇帝右手受犁，左手取鞭。耆老二人牵牛，上农夫二人扶犁，顺天府官执青箱，户部堂官随后播种。礼成，户部堂官跪接犁，顺天府尹跪接鞭，礼部堂官奏请观耕，皇帝御观耕台，由中阶升。三王五推，九卿九推，遂终亩。从耕三王各五推五返，九卿于三王一推一返后，即行从耕，俱九推九返，皆以耆老一人牵牛，农夫二人扶犁，顺天府官随后播种。毕，鸿胪寺引顺天府尹率阖属官并耆老、农夫至观耕台前北向立，赞行三跪九叩礼毕，顺天府两县官率耆老、农夫至耕耤所终亩。礼成，皇帝还宫，耆老、农夫题请给领布四疋，正副牛交内务府畜养，如遇时巡省方，遣官祭先农坛，礼毕，顺天府尹率属至帝耤所九推九返，农夫终亩毕，望阙行三跪九叩礼。"

由清代耤田礼结合研究成果，可大致梳理出耤田享先农礼流程。

（二）耤田享先农礼祭祀路线

通过对清代耤田礼的探究并结合文献资料，大致可推测出耤田享先农礼祭祀路线：皇帝及官员由外坛先农门进入，向西通过内坛东门，再向西至观耕台，继续向西然后北折至先农坛，祭祀完毕，至具服殿更换龙袍以进行耕耤礼，皇帝于耤田亲耕，进行三推三返的耕种（加一推），亲耕完毕，于观耕台观看三公九卿从耕。（如皇帝首次亲耕，耤田礼成后由内坛东坛门达庆成宫行庆贺礼。）

"……宫墙后为祠祭署，其甬路由先农坛门入者，北达庆成宫，直西达先农坛东门，达观耕台……观耕台东折而北，西达具服殿，又北，东达神仓，直北达坛北门，观耕台西南达太岁殿神路，直西达坛西门，观耕台西北亦达神路，少南，折而西而北，达先农坛……"

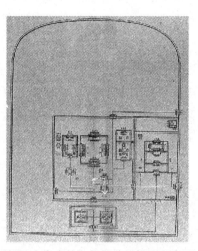

"耤田享先农礼"祭祀路线推测示意图

（三）清代皇帝躬耕位次图

结合文献及"皇帝躬耕位次图"，可以看出：观耕台以南耤田以北，为王公大学士及三品以上官员站立的礼仪区，亦会陈放农耕器。皇帝亲耕的区域在耤田正中。

"……顺天府官陈御鞭、种箱龙亭二，于耤田之西，陈耒耜龙亭一，于耤田之东，陈耕器农器于观耕台下东西，耤田之北正中为皇帝躬耕位，户部尚书一人在右，顺天府尹在左，礼部官一人……"

"……记住官四人，立观耕台南阶下之西，东面，不从耕王公大学士及三品以上官，夹台东西隅翼立，礼部麾旗官，立台下东南隅，西面。"

亲耕区域东西两侧各有一处礼仪仪仗区，分别是耤田礼流程所需的人员和礼仪用品，分别有后扈、前引、署正、御史、鸿胪寺官员等。

"工歌禾词者十人，司金司鼓司板司笛司笙司箫各四人，麾五色采旗者二十人，俱于耕所排立，顺天府耆老十有九人，上农夫中农夫下农夫披蓑带笠执钱鎛者六十人，东西序立，署正一人立于北，东面，鸿胪寺鸣赞二人，分东西面立，立侍御史二人，分立鸣赞官之北，亦东西面。"

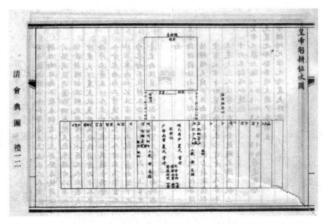

皇帝躬耕位次图（《清会典》卷一二）

　　礼仪仪仗区的东西两侧为三王九卿从耕的区域。东面由西向东依次站立王二人，户部、兵部、工部、通政司官员各一人。西面由东向西依次站立王一人，吏部、礼部、刑部、都察院、大理寺官员各一人。每位官员都由顺天府官署丞倅两人，进献鞭耒之后，一人手捧种箱，一人播种，另有耆老一人负责牵牛，农夫二人扶犁，直至从耕结束。

二、从《雍正帝先农坛亲耕图》中梳理清代先农坛内耤田规制及其周边环境变迁

雍正帝先农坛亲耕图（现藏于法国吉美博物馆）

（一）耤田

　　耤田的面积并非是常数。清代，《光绪朝会典图》中载："观耕台方

五丈，高五尺……台前为耤田一亩三分。"此时的耤田已明确指为观耕台前的一亩三分地。这一亩三分是否全部由皇帝耕种呢?《清会典》卷三五载:"亲耕之田，长十一丈，宽四丈。"

《光绪朝会典图》中载:

"观耕台方五丈，高五尺……台前为耤田一亩三分。"

《清会典》卷三五载:

"亲耕之田，长十一丈，宽四丈。"

根据《光绪朝会典图》及《清会典》所载，可以推算出耤田（以下皆指清代耤田）及天子亲耕的区域。按照清制折算，"耤田"面积近799平方米。

（二）耤田上的彩棚

彩棚起源不详，在"雍正帝先农坛亲耕图"中可以看到，唯有在帝耤田亩中设立彩棚，以供天子躬耕时遮蔽阳光和风雨。但由于彩棚的搭设耗费甚多，又因农民种地本没有设立彩棚的习惯，乾隆二十年颁旨撤除耤田所设彩棚。

"吉亥耤亩所重劭农黛耜青箱畚镈蓑笠咸寓知民疾苦之意，而设棚悬采以芘风雨义无取焉，吾民凉雨犁而赤日耘，虽袯襫之尚艰岂炎湿之能避? 且片时用而过期彻所费不舍数百金，是中人数十家之产也，其饬除之，钦此"

（三）耤田中的谷种

清代，天子与三王九卿播种的谷种各不相同:在耕耤礼中，天子播稻种，三公播麦种、谷种，九卿播豆种、黍种。其所获粮食储于神仓，以备祭祀。

《清会典》卷三五中载:"从耕三王麦、谷种，九卿菽、黍种"

《清会典》卷七四载："既获，则告成，乃纳帝耤之实于神仓，供粢盛焉。玉粒告成，由顺天府以稻、黍、谷、麦、豆之数具题，交钦天监择吉藏于神仓。"

（四）耤田周边建筑变迁

雍正帝珍重农功，通过"雍正帝先农坛亲耕图"可以清晰地重现当时的场面。图中建筑物从右至左依次为：具服殿、仪门及观耕台，观耕台左侧即为"耤田"。然而图中有几处建筑与现状建筑不太一致，一是具服殿与观耕台之间有一仪门，现已无存。二是观耕台为木质而并非现状的砖石制。

先农坛建坛伊始，于具服殿南侧即建仪门，仪门是天子观看王公大臣从耕的场所。嘉靖十年，有大臣上奏"其御门观耕，地位卑下，议建观耕台一"，于是，嘉靖帝下令建造木质观耕台。天子观耕移至木质观耕台，仪门闲置。

乾隆十九年，观耕台著改用砖石制造，以为永久用之。清乾隆帝下令将仪门拆除。自乾隆以来，石质观耕台保存至今。

《清会典图》卷一二载："……东南为观耕台，方五丈，高五尺，台座用黄绿琉璃仰覆莲式成造，东南西三出陛，各八级绕以白石阑柱……"

而后，乾隆帝下令将旗纛庙前院拆除，将东面神仓院落移建于此。乾隆二十年改斋宫之名为庆成宫，作为天子耤田礼成后的庆贺之所。至此，先农坛格局正式形成，并延续至今。

（五）耤田周边道路与环境

1.耤田周边道路。结合文献资料及"先农坛、天神坛、地祇坛、太岁殿总图"，大致可以推测出耤田及观耕台周边的道路走向。

《清会典图》卷一二中载："先农坛门入者北达庆成宫，直西达先农坛东门，达观耕台……观耕台西北亦达神路，少南，折而西而北达先农坛。"

　　从《光绪钦定大清会典图》中"先农坛、天神坛、地祇坛、太岁殿总图"可以看出，观耕台与耤田中间有一条道路，由观耕台向东再折向北直达内坛北坛门，由观耕台向西则直达内坛西坛门。自具服殿南至耤田北，地面应有铺装，但铺装方式不详。观耕台西北侧有一路直通神路。观耕台东侧路则直达内坛东坛门。

　　2. 耤田周边环境。依"雍正帝先农坛亲耕图"所示，太岁殿以北、耤田南侧为仪海式布置的松柏，然而在乾隆帝以前坛内并非此景。自永乐建立先农坛之后，坛内留有大面积空地雇佣农民耕作。

　　　"嘉靖九年，令以耤田旧地六顷三十五亩九分六厘五毫拨
　　　与坛丁耕种，岁出黍、稷、稻、粱、芹、韭等项。余地四顷
　　　八十七亩六分二厘九毫，除建神祇坛外，其余九十四亩二分
　　　五厘六丝四忽亦拨与坛丁耕种……"[1]

　　十九年，乾隆帝下令取消护坛地的耕种。据《清朝文献通考》卷一一〇载：

　　　"（乾隆）十九年三月，重修先农坛。十八年冬奉谕旨：
　　　朕每岁亲耕耤田，而先农坛年久未加崇饰，不足称朕祇肃明
　　　禋之意。今两郊大工告竣，应将先农坛修缮鼎新。其外墙隙
　　　地，老圃于彼灌园，殊为亵渎，应多植松、柏、榆、槐，俾
　　　成阴郁翠，庶足以昭虔妥灵……墙外隙地一千七百亩，乘时
　　　种树，交太常寺饬坛户敬谨守护。疏上，从之。"[2]

　　《工部则例》载：

　　　"（乾隆）十八年谕：先农坛外墙隙地，老圃于彼灌园，
　　　殊为亵渎，应多植松、柏、榆、槐，俾成阴郁翠，以昭虔妥
　　　灵，著该部会同该衙门绘图，具奏，钦此。"

---

① 《北京先农坛清代耤田遗址考古工作报告》北京市文物研究所。
② 《北京先农坛清代耤田遗址考古工作报告》北京市文物研究所。

至此，先农坛内的面貌发生了改变，坛内松柏成荫，遂有红墙琉璃瓦、绿树葱茏之貌。

三、考古发掘

（一）亟待考古解决的问题

1. 礼仪区范围（王公大学士及三品以上官员站立的礼仪区），地面及垫层材料、做法。

2. 耤田范围的确定，是否与文献记载一致？

3. 浇灌水源从何而来？是否有水利设施存在？

4. 播种谷种是否为文献中所记载的五谷？能否通过谷种种类确定帝耤、从耕区域范围。

（二）考古发掘结果

本次考古发掘共布 5 米 × 5 米探方 40 个，实际发掘面积 800 平方米，清理出礼仪活动区、耤田遗迹及八角形建筑基址。

1. 礼仪活动区范围的确定是此次考古发掘的重要发现。从发掘的情况看，礼仪活动区的南边界已清楚。从观耕台南台阶下计算宽 6.5 米。东、西两侧延伸至本次工程范围以外。

礼仪活动被破坏较严重，仅存底部三合土垫层和部分砖垫层。垫层夯制而成，分为两层，下层为素土夯实，厚 12—15 厘米。上层为三合土，厚 15 厘米。其含灰量较高，质地坚硬，与周边其他三合土有较大差异。观耕台南西侧三合土上残存少许青砖垫层，砖规格为 480 毫米 × 240 毫米 × 120 毫米（其尺寸与清代官窑墁地尺寸接近）、420 毫米 × 220 毫米 × 120 毫米两种。

"从发掘情况看，其南北边界可以确定，东西边界已出发掘区，其下为垫层，垫层上铺砌青砖，从标高上看，并不是最上一层墁地。从迹象上看，似应为砖墁地。"[①] 礼仪活动区所用青砖、三合土目前仍在科技考古测试中。

---

① 《北京先农坛清代耤田遗址考古工作报告》北京市文物研究所。

礼仪活动场所砖墁地

礼仪活动场所砖墁地（照片取自考古报告）

2. 耤田遗迹。耤田遗迹位于礼仪区南侧，南至育才学校现状北围墙，东、西至现状围墙。耤田遗迹距地表深 0.55 米～0.6 米，上部已被破坏，仅剩 0.18 米～0.2 米厚，黄褐色，较纯净，内含极少量砖屑、炭粒。从整个平面上看，有多处现代坑、沟破坏了遗迹。从剖面看，耤田遗迹底部不平，疑似经过换土，再作为耤田来使用。

据《大清五朝会典·光绪会典图一》之所示：躬耕位左右分别有后扈、前引、……下农夫十人站立于歌禾辞者之外。因此，可以说，在躬耕位两侧亦有礼仪活动空间，因位于耤田之中，加之破坏严重，已不见踩踏面等遗迹……

从考古发掘情况来看，观耕台正对的帝耤田与臣耕田之间也未发现隔离设施遗存，或者是立表（标识）的相关遗存。

耤田遗迹（照片取自考古报告）

耕土层虽已遭到破坏，但我们对后续的科技考古仍抱有期望。耕种过程中的施肥、浇水，对土壤的化学结构会产生变化，有可能会渗透到较深的土壤层中。通过检测土壤结构，判断土壤原有的功能，找出耕土与非耕土不同，确定不同功能分区的证据就有了。

3. 八角形建筑遗址。残存基础系残砖砌成，平面呈八角形，径约11.8 米，周边带廊，外边长约 5 米，内边长约 4.2 米，廊宽 1.1 米，净宽约 50 厘米～60 厘米。中部被现代沟打破。台基内部发现两段弧形砖砌基础，用残砖竖砌而成，东侧残长约 2.5 米，西侧残存长约 2.4 米，砖下为素土垫层。

"八角形建筑遗址打破了耤田遗迹，且所用青砖一部分是清代之开条砖，据此推测其所建年代当在先农坛不再作为耤田之后。另外，如是清代之遗迹，当不会在帝耤田之正中。"

八角形建筑遗址

通过专家的现场论证认为：八角形建筑遗址部分青砖下为黄土，没有三合土垫层；青砖大小不一、不规整，外廊净宽约50厘米～60厘米不等，不是清官式建筑基础特征做法，疑为不再作为耤田之后添建，年代较晚。其历史文化价值远远低于"耤田"的历史文化价值。那么八角形遗址是做什么用的呢？通过查阅20世纪20年代平面图，发现图中观耕台南有一似八角形荷池，此时正值先农坛开辟为"城南公园"的时期。但图中有两点存疑，一是荷池位置距南坛墙较近，与八角形遗址位置不符。二是观耕台与天神地祇坛的相对位置与现状不一致。八角形遗址是何物，还待后续研究考证。

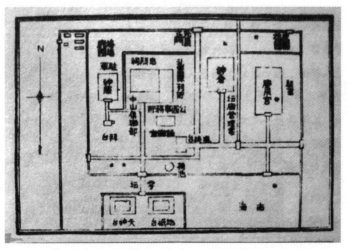

20世纪20年代的先农坛平面图（摘自《先农神坛》）

四、相关规划指导意见

《北京中轴线申遗综合整治规划实施计划》（送审稿）中，有如下几条与本工程相关：

1. 核心建筑群保护：近期对"一亩三分地"区域进行考古调查，探明用地范围，恢复观耕台前"一亩三分地"的历史景观。

2. 核心建筑环境整治：对先农坛内坛区域进行考察调查，重点研究历史坛路位置、走向和铺装材料与形式，基于考古结果，研究论证内坛历史道路格局的保护和展示方式。

3. 内部历史道路系统保护和环境整治：形成完整的参观线路，恢复原有祭祀线路。

五、方案做法

根据考古工作报告、历史研究结果及相关规划等制定清代耤田景观展示方案。由于现状场地条件有限，清代耤田周边环境无法做到全面恢复，本次方案只在用地范围内进行恢复与展示，待条件成熟时进行全面恢复。

（一）礼仪区（王公大学士及三品以上官员站立的礼仪区）

根据考古发掘报告结合上文对祭祀路线、耤田周边道路及躬耕位次图的分析，确定清代耤田遗址北边界至观耕台南台阶宽 6.5 米。东、西两侧延伸至发掘区外（超出本次工程范围）。恢复礼仪区地面为停泥城砖墁地，下做垫层。现存礼仪区砖墁地垫层进行现场遗址保护展示，顶部做安全玻璃罩防止雨水侵蚀遗存地面。

（二）耤田历史景观展示用地。

根据考古发掘报告结合上文对耤田及帝耤的分析及《光绪朝会典图》中所载："观耕台方五丈，高五尺……台前为耤田一亩三分。"展示观耕台前耤田历史景观用地，面积近 799 平方米。通过"亲耕之田"进深，推导出耤田面阔。

（三）耤田景观展示用地四周铺地

为配合工程后期进行展示展览等社教活动，选择可逆性保护措施，耤田景观展示区四周采用透水砖铺地、级配砂石垫层。（现状观耕台四周均为透水砖铺地）。

（四）围墙做法

结合上文中对耤田周边环境的分析（自乾隆十九年三月乾隆帝下令取消护坛地的耕种，先农坛内的面貌发生了改变，坛内广植松、柏、榆、槐，松柏成荫）并结合"雍正帝先农坛亲耕图"确定耤田南侧为仪海式布置的松柏。考虑到耤田遗迹周边现状条件，为确保博物馆内文物本体安全和景观环境的协调，本方案确定耤田围墙做法为柏树绿篱围墙（与古建馆现状围墙相连接）。

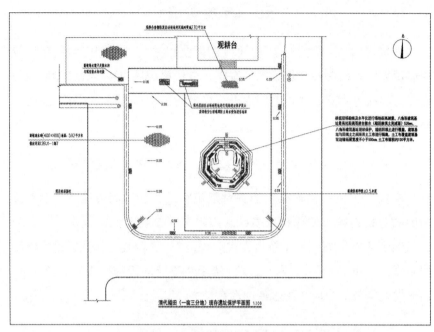

方案图纸（一）

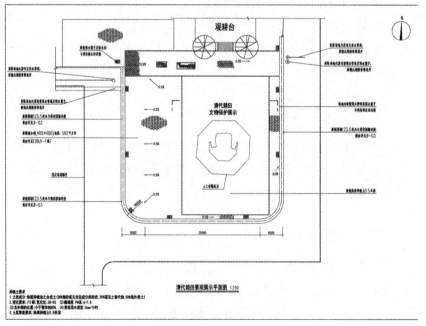

方案图纸（二）

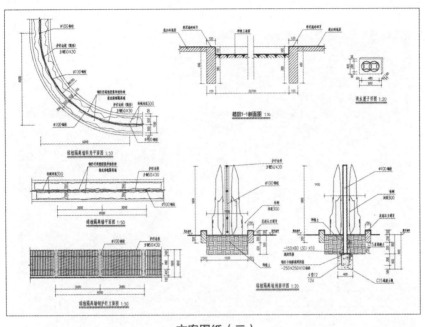

方案图纸（三）

六、竣工后效果与展示利用

"一亩三分地"腾退前鸟瞰

恢复后（闫涛拍摄）

春耕（闫涛拍摄）

秋收后（闫涛拍摄）

最后，需待继续考证的问题：

（1）遗憾的是，通过考古发掘，我们可以看到耤田遗迹被破坏严重，现无法确定其面积是否与文献记载一致，只能期待科技考古的后续结果了。

（2）清代耤田浇灌水源从何而来，是否有水利设施存在。考古发掘未见水利设施，或已被破坏，或还在发掘区外围，只能待后续考古工作中再行寻找了。

（3）播种谷种是否与文献记载一致。本次考古发掘工作全程有科技考古工作者参与，以期能够与文献相印证。一是提取土样进行浮选，二是对每个探方进行了全面取样以进行植硅石测试。目前，科技考古还在进行之中。

除上述内容外，清代耤田享先农礼祭祀路线的恢复对于形成完整历史道路格局的展示具有重要的意义和价值。其祭祀路线包括先农坛、具服殿、观耕台、耤田及其周边道路与环境，已远远超出了本次工程范围，唯期待后续的考古工作中继续研究、验证了。

北京先农坛经过明清两代建设，从明代始建到清乾隆时期的修缮，历经近 600 年，形成了别具特色的格局，它一反中国传统建筑中轴对称的平面布局形式，使整个建筑群蕴含着自然的灵动与亲切。

我们应该通过不懈努力，恢复先农坛的规模建制，使先农坛独具特色的建筑较好的保存下来，将耤田享先农礼等礼仪作为文化遗产保护下来，同时也通过北京先农坛的保护工作，让源远流长的中华民族传统农耕文化继续发扬光大。

孟楠（北京古代建筑博物馆文创开发部工程师）

博物馆学研究

浅议《博物馆藏品保护与展览——包装、运输、存储及环境考量》

——博物馆藏品保护及运输措施借鉴

◎李　廙

博物馆作为藏品的主要收藏机构，保护和利用好藏品是博物馆的重要工作之一。藏品管理水平是衡量博物馆发展水平的重要因素，博物馆藏品如何采用一种全新的管理保护及运输模式，这是摆在博物馆外出巡展工作中的一个重要课题。本人以在博物馆工作多年累积的经验，结合对《博物馆藏品保护与展览：包装、运输、存储及环境考量》一书的理解，在对博物馆藏品的保护和运输措施方面，浅谈一些自己的认识。

一、正确对待博物馆藏品传统与包装技术及保护对策

当今博物馆和类似文化收藏机构面临的最大问题，是如何平衡藏品保护与为公共教育服务和提供娱乐以进行藏品展览之间的矛盾。一是物质实物保存，要保持藏品实物的本身良好状态，二是包括博物馆内部和外出巡展展览中展品的搬运、处理和运输等一系列影响因素。

目前，我国常见的博物馆逐渐由静态展出的永久陈列的收藏机构转变为动态教育和文化普及中心，随着接站与巡展的次数增加表明博物馆展览活动依据公众的需求有了更大活力，目前这个趋势并没有减弱的迹象，反而随着次数的增加会导致展品迅速劣化及影响藏品本身内在结构。因为处理的过度、不恰当包装、运输中的摇摆和震动以及剧烈的环境变化对各种器物和艺术品的本身结构造成一定的影响或细微损伤，起初看起来并不明显，但随着时间的推移也会由于疲劳而导致出现裂隙、断裂、剥落或其他形式不同程度的损伤，这是不可避免的现象。

对于博物馆藏品的观赏要求也随之增强，博物馆藏品管理的关注度也随之上升。而纵观当前的博物馆藏品运用，最多的是通过对普通文物的展览和陈列，为群众提供参观文物的契机，满足当下群众对于精神文化的部分需求；其次就是相关的科研家对于藏品价值的深入挖掘，进而寻找文物研究的突破和提升；除此之外，博物馆内的藏品还会进行一系列的宣传活动，如考古发掘宣传成果、巡回展览宣传等等。在实现藏品价值的同时，也极大地增加了藏品的管理难度。因此，对于博物馆的藏品保护工作必须拥有一定的针对性，根据藏品类型选择管理对策，实现藏品的长久性价值。

由于博物馆藏品众多，部分藏品在很多的情况下是不需要展览的，因为是需要对藏品进行存储和包装。同时由于博物馆藏品的特殊性，包装的程序也会与其他物品有所不同。首先必须综合考虑室内温湿度，选择藏品的放置位置，进而根据藏品的性质来判断选择包装材料以及藏品包装的状态，防止外界环境的不良影响对藏品造成损坏。而藏品在进行运输的时候，动态包装则更为重要。在使用过程中，藏品的运输方式多种多样，运输过程难以预料，藏品损坏的危险系数也因此而大大提高。对于藏品的动态包装，首先应当考虑包装的防震性，最大限度地避免藏品与硬物的接触，造成机械性的损坏。可以通过选择传统的囊匣，随后根据文物的细节来增强包装的完整性。对于书籍文献类的包装，在选择合适囊匣后适当地加入防虫和防潮措施，避免书画藏品的损坏；而对于立体类的藏品包装，要求则较为严格。首先必须选择相匹配的囊匣，在结合藏品的材料进行空缺处的填充，可以运用棉纸，棉花和泡沫塑料等柔软的材料减轻在运输途中藏品的震动，可拆卸的部分另行包装，对于藏品的不平之处应当进行填平程序。而对于体积硕大的特殊藏品，则需要制作专门运输的包装，再进行填充，尤其注重对藏品底部包装，最大程度保证藏品的运输安全。力争控制对藏品本身不可避免的细微损失减小到最低及其极限保护程度。

二、采取利用方式有计划地针对藏品选相应包装箱设计的保护方案

据统计可知，我国近年来博物馆的免费开放工作已经深入到各个城市，极大地促进了群体间的文化交流，增加了博物馆藏品的使用价

值。在藏品的使用过程中，管理者应当进行藏品的内在分析，了解不同藏品的不同性质以及保护的大体方向和细节部分，进而采用不同的管理保护方案，加强和完善藏品管理工作，最大限度地避免自然环境和人为的损坏，尽可能地保持藏品的原貌。在藏品真想展览的过程中，藏品难免会与外界环境接触，再加上博物馆内的人流较多，外界环境难以控制，藏品的保护和管理受到一定的限制。而在这个过程中，工作人员必须小心谨慎，避免与文物的直接性接触而造成无法复原的状况。尤其是对于金属类以及书画类的藏品，必须通过手套杜绝文物与汗水的接触以及人体温度对藏品的影响，同时还要注意文物不能与硬物进行强烈性的撞击。不管是在使用前或者是使用后，工作人员都必须做好相应的文物登记和检查工作，以及藏品使用的安全要素，争取尽早发现文物损坏并在最短时间内进行修复工作。但与此同时，藏品的管理和保护工作还需要众多参观者的积极配合，做到在馆内不吸烟不饮水不用身体与文物直接接触，共同保护我国的文化精髓。

例图：托运——检查——开箱——展览过程图

航空机场托运站独立装箱

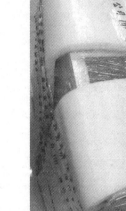

抵达目的地后检查包装外观

开箱检查包装箱内部

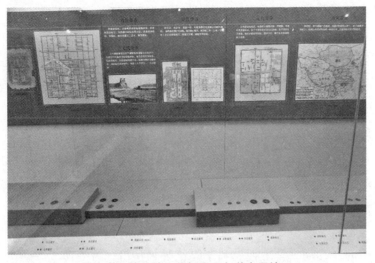

扎赉诺尔博物馆实物裸展无包装布展情况

安徽蚌埠博物馆有包装展布展情况

三、包装模式及运输策略确定博物馆
藏品外出巡展

　　根据《博物馆工作规范（试行）》一书参考介绍，藏品的包装和运输是确保藏品在移动过程中的安全为首要目的，须做到包装安全、拆卸方便、复位容易。长途的汽车运输、空运、海运及铁路运输的包装工作应由专业的、有相关资质并信誉良好的包装运输公司来承担，以确保运输安全。

1. 包装模式

包装工作人员须经过藏品包装安全培训，依据藏品自身情况，遵循藏品包装操作规范，并选择有安防、消防设施齐全的库房完成藏品包装工作。包装材料分为：外包装和内包装两种。

外包装材料应根据藏品的特性（藏品的重量、尺寸、易损度）选用具有牢固、防水、抗震、方便运输等特点的木质、金属材料。箱体内壁须贴铝箔纸用于防潮，用高密度聚乙烯板作为填充材料定位、减震。包装箱尺寸尽量符合运输、装卸等各环节要求。

内包装材料根据藏品质地选择。囊匣是内包装主要形式，它节省收藏空间，移动安全方便，利于隔绝外界接触，有效防尘、防潮、防光，减少损害，延长藏品的寿命。整个操作流程要确定包装方案，选择包装材料，包装箱的选择。

2. 运输策略

运输须遵守藏品运输的相关规范外，还要防止人为盗抢等破坏活动，防止碰撞和损伤，确保藏品在运输过程中的安全。确保运输环境畅通，柜架与库内走道保持一定距离，清除障碍物，以防碰伤藏品。移动过程中不得以手递手方式传递，须将藏品放置在工作台上，再由他人取走。做到稳走、轻拿、轻放。包装箱运输藏品时，藏品重量不得超过整理箱载重要求，尽量使用平板推车运输整理箱。封箱前应放入装箱单。装箱人员应始终负责到底，以防损伤或遗漏藏品。运输前要先检查运输工具的安全状态。装车时，应轻抬轻放藏品箱，保持车身的平衡，行车时要尽量选择平整路面，预防颠簸；上下坡要直行，防止溜坡斜行；中速行车，防止急刹猛停。运输车辆要有减震功能，大风大雾、暴雨暴雪等恶劣天气，严禁室外运送藏品。这些都要尽最大的可能性进行预防。要以藏品为中心，综合考虑实际现状是否具备运输的可能性，因为运输藏品时，须配备专人、专车，运输时间和运输路线须严格保密，将知情人控制在最小范围内。同时要考虑确定运输途中暂停地点及运输目的地；确认包装箱坚固。

运输须有安保部人员押运，到达目的地后交接双方进行清点和验收。大批文物及特别珍贵的文物运输须有武装人员随车押运，也可向当地公安机关申请援助。这些策略都应尽可能全面的考虑到。

在很多文化的精髓里，藏品就是其中的一个杰出代表，博物馆的

藏品都具有极高的价值，藏品的保护与运输必须受到足够的重视。藏品的不稳定性使得它们极容易受到外界因素的影响受到一定程度上的损坏。而随着我国对于文物的保护工作的日益推进，科学合理的保护和运输管理工作在保证藏品质量方面也起着其他项目无法比拟的重要作用。在全新的社会形势下，博物馆藏品工作还需要适当融入时代元素，不断革新管理技术，做到多方面多角度的管理考虑，才能够维持并提高藏品的自身价值，满足社会群众的相关需求。就目前情况而言，我国博物馆在举办巡回展览模式时要对加强文物的价值体现，博物馆应当为提高文物的知名度做出相应的策划方案，如定期举行藏品的巡回展览，不定期地进行文化宣传等。既能够促进文物价值的宣传和体现，也能够在一定程度上满足不同群体的文化需求。但由于藏品的易损性，在巡回展览的过程中必须要保证藏品的安全性。

综上所述，通过此书对博物馆藏品管理包装及运输工作中是一个不断探索、不断完善的过程，做好博物馆文物管理工作对于我国文化建设具有重要意义，也是赋予博物馆藏品管理工作者的一项重要使命。博物馆应根据自身的实际情况，采取合适的保护对策和利用策略，保障在利用藏品的方式能得到科学的保护。

对于《博物馆藏品保护与展览：包装、运输、存储及环境考量》而言，表示为了让博物馆藏品管理人更好的理解和运用，博物馆自始至终都在诠释（interpretation），并且要谨记物品诠释的对象是人。几乎每次博物馆展示一件物品，或者哪怕只是将其从盒子中拿出来给一位参观者观看，都是在诠释这件物品。而西方博物馆对于物的展示"以人为中心"，经历了"陈列（showcase）""诠释（interpretation）""再创造（recreation）"三个阶段，向观众诠释物，讲述物的故事至关重要。总之，《博物馆藏品保护与展览：包装、运输、存储及环境考量》一书很好地解释了在博物馆藏品外出巡展里过程中，如何包装、如何运输、如何保管与环境控制、以此获得重要的方式方法及措施，并有效地将藏品的顺利带出传播给观众。

笔者从北京市古代钱币展览馆副馆长顾女士给予我阅读中文译版《博物馆藏品保护与展览：包装、运输、存储及环境考量》，爱不释手。2016—2019年在中国内蒙古满洲里市、重庆市、安徽省蚌埠市、广东省江门市、吉林省长春市等全国各地区带实物进行全国巡展活动。当时通过此书结合实际工作情况便萌生译介的想法，回京后因种种琐事搁浅。如今书籍反反复复品读后。无疑给中国博物馆学界注入了新鲜血液。当然，博物馆事业日新月异，现有的书籍在今天略有"过时"。但它《博物馆藏品保护与展览：包装、运输、存储及环境考量》将会是西方"传教士"，把西方博物馆的先进思想及文物保护包装理念和优秀经验传入中国博物馆学界。

参考文献

［1］钟东标.新时期博物馆藏品管理的保护和利用［J］.文化研究，2018（10）.

［2］罗瑞明.浅谈基层博物馆藏品管理和保护［J］.大众文艺，2015（1）：40-40.

［3］刘德春.浅谈博物馆藏品管理［J］.求知导刊，2017（28）：91-91.

［4］汪全武.浅谈博物馆藏品管理和保护［J］.艺术评鉴，2017（13）：135-136.

［5］刘超英，崔学谙.博物馆工作规范［M］.北京：文物出版社，2015.

李虞（北京市古代钱币展览馆助理馆员）

博物馆档案管理数字化
几个问题的探讨

◎周晶晶

党的十九大报告中指出："要坚定文化自信，推动社会主义文化繁荣兴盛"，对当前和今后的工作进行了系统安排和全面部署。作为博物馆档案部门的一名工作人员，笔者深刻地认识到，要认真贯彻落实十九大精神，就必须做到不忘初心，牢记使命，以档案人特有的情怀与担当塑造不一样的人生境界，推动博物馆档案事业不断向前发展。

随着社会经济的快速发展和我国科技水平的不断提高，我国已经步入了数字化时代。档案管理作为信息时代下文化传播行业中的重要的一个组成部分，已经得到了相关领域领导和专家的关注。博物馆是一座城市，乃至一个国家对外文化展示的一个窗口，如何在信息时代下把握好这一机遇，提高博物馆档案管理数字化水平也就成了博物馆档案管理人员值得思考的一个问题。

数字化的档案管理由于操作简便、可视化程度高、查询简便、易于汇总的特点而受到了行内人员的一致认可和欢迎。因此，在当前新形势下，如何加强博物馆的档案管理工作，如何提高博物馆的数字化管理水平也就成了值得研究的课题。

一、博物馆档案管理数字化的重要意义

提高博物馆档案数字化水平为博物馆今后开展各项任务质量的提升有着重要的意义。

（一）博物馆档案数字化水平可以为档案事业的发展提供强有力的技术支撑

随着数字化时代的不断发展，博物馆档案管理数字化，是今后博

物馆档案管理的必然发展趋势。在改革开放的四十多年中，中国发生了翻天覆地的变化，中国经济高速增长，科技发展迅速，人民生活水平明显提高。从"科学技术是第一生产力"到发展国家战略的争论，向党代会提出"科学发展观"和"提高自主创新能力，建设创新型国家"的任务，建设一带一路，与多国建立良好的合作伙伴关系，制定多边外交政策，逐步探索适合我国国情的科学技术战略思想。从无到有的博物馆档案数字化水平的发展，在档案工作者的努力下，取得了显著的成效，记录了科技的发展，生动地记录了档案工作取得的重大成就，充分显示了档案事业的发展，为档案事业的发展提供了强有力的技术支撑。在改革开放的第二年，中国恢复了博物馆档案科学技术研究所，恢复了档案研究工作。可以说，博物馆档案工作始终致力于档案科学管理和档案管理现代化问题研究，运用先进技术和手段，积极研究解决档案管理中遇到的各种问题。"文件贴片机"的诞生标志着传统中文手册文件被装入机械化文件的新时代。"文件安装在系统开发的智能控制系统"项目中，实现了智能安装的文件；成功开发了一批优秀的档案管理软件，智能电动书架和智能光盘柜等高科技辅助设备，科技成果推广应用等档案管理手段的创新，使档案管理现代化水平有了很大的提高和进步。在当今信息技术飞速发展的今天，加快在传统载体博物馆保存档案数字信息资源的过程中，同时，在办公自动化条件下形成电子档案的集中管理，长期保存并探索有效利用其研究成果，对档案工作提出了更高的要求，档案工作者的任务更为艰巨。"电子档案与电子档案管理办法"项目，不仅在理论上对电子档案与档案管理方法进行了研究，同时根据实际情况，档案在技术上解决了问题电子归档和电子档案管理。面对日新月异的数字化社会，尽快实现博物馆档案管理数字化，是大势所趋，对于加强博物馆现代化建设具有非常重要的意义。

（二）博物馆档案管理数字化是一项功在当代，利在长远的工作

过去很长一段时期，传统观念将博物馆的工作重心放在文物的征集和保管方面，虽然我国博物馆界早在20世纪50年代就提出了博物馆"三重性质和两项基本任务"的说法，即：博物馆是科学研究机关、文化教育机关、物质文化和精神文化遗存或自然标本的主要收藏所的三重性质和博物馆为科学研究服务、为广大人民服务的两项基本任务。根据

这一提法可知，当时对博物馆的服务功能已有一定认识，但在深度和广度方面明显不足。随着我国经济的不断发展，人民对精神文化生活要求不断提高，博物馆人对自身功能定位的认识也不断深化，博物馆的社会功能开始被确认并深层挖掘，包括文化教育、爱国主义教育、学术交流、文化休闲娱乐等在内的众多服务功能被确认，博物馆仅是文物保管所的时代已一去不复返。博物馆功能的多样化、服务功能的确认，必然要求博物馆在整合和利用社会信息资源、加强信息高效交流以及提高工作效率等方面花大力气去做好工作。由此可见，现阶段逐步实现博物馆档案管理数字化，是更好地发挥博物馆社会服务功能的必然要求，是一项极为重要的基础性和保障性工作，功在当代，利在长远。

（三）博物馆档案管理数字化是实现博物馆现代化的必然路径

随着数字化时代的到来和社会各个方面数字化程度的不断加深，蓬勃发展的博物馆事业需要进一步规范档案信息管理与开发工作。我们经常听到我国博物馆界"建设现代化博物馆"的提法，现代化博物馆的指标是非常多的，但是，实现博物馆档案资源数字化，切切实实做到完整、规范、高效的信息资源处理、整合与利用，是其中一个必不可少的指标，其地位和作用越来越重要，因为只有实现博物馆档案管理数字化，才能实现博物馆管理现代化，这是一个必然要走的路径，同时也是实现现阶段博物馆科学管理的必要手段。

（四）博物馆档案管理数字化是提高档案查准率和查全率的重要保障

从现实情况看，由于缺乏有效的档案信息管理系统或档案管理规章制度的不完善，在博物馆对内对外工作中产生的大量档案因得不到有效、及时的整理归档而不断散失。因工作需要查询相关资料，也只能依靠工作经验和个人记忆在本来就无分类或分类不科学的档案堆中手工翻阅，查准率和查全率很难得到保障。大量的博物馆档案信息如文物档案信息、学术研究成果信息、行政档案等因档案基础工作薄弱，其重要价值无法表现出来。除此，还反映在馆际之间的各种领域和形式上的交流，在一定程度上受到交流双方档案信息资源开发能力的限制，如果一方无法有效的开发利用本馆的档案信息资源，双方的互动和交流是很难达到预期效果的。

二、当前博物馆档案管理数字化存在的突出问题

根据自己平时的工作实践，我感到主要存在以下几个问题：

（一）认识不高

博物馆档案管理工作是一项默默无闻的工作，整日里面对的是档案柜和一本本枯燥的档案，不像其他工作那样有色彩、有味道，怎么努力都没有明显的成绩。正是这样的静默，使档案工作得不到足够的重视，且都存在一些误区。在人们的心里，档案工作就是登记、保管的事务性工作，谁都可以做，不是重要的岗位和重要的工作内容，保管好、不遗失、不泄密，能应付查档就可以，就是好档案员。而档案管理数字化是一项容易被忽视的工作，很少有提到日程上来的机会。各单位的档案工作，基本上是说起来重要、排起来次要、忙起来忘掉、用起来需要的局面，更谈不上什么数字化了。

（二）培训不够

就目前各个博物馆的情况来看，从事博物馆档案管理的人员人数不多，培训的机会也少之又少。其实，作为一名合格的博物馆档案数字化管理工作者，一要熟练使用计算机等各种技术工具，二要掌握网络等信息传输工具的理论知识和运用技能，三要具备对博物馆档案信息的加工、提炼能力，把有价值的档案信息有效地传递给档案利用者。只有既谙熟档案管理又掌握现代信息技术的复合型人才才能胜任这项工作。但是现阶段博物馆对档案管理人力资源方面投入资金有限及传统用人体制等原因，使得优秀人才又难以被吸纳进来，现有人员接受培训机会又比较少，直接导致了博物馆档案队伍综合素质普遍不高，严重制约了先进的技术和管理理念在博物馆档案管理数字化建设中的推广和应用。

（三）基础薄弱

硬件设施基础薄弱是指实施数字化管理的工具缺乏，硬件设施主要是相关的一系列必要的工具器材，如计算机、打印机、扫描仪、数码相机、光盘刻录机、缩微设备、复印机以及光盘、磁盘等等。由于这些

设备的配备都需要较大的经费投入做保障，而且设备的后期维护成本也比较高，资金缺乏往往就会导致设备配置紧张、维护不到位。缺乏了必要硬件支持，纸质的档案数字化转换处理、整理分析工作也会受到影响，快捷高效的数字化管理便无从谈起。软件环境基础薄弱是指博物馆档案信息管理各个环节的标准缺乏规范。比如在把纸质的档案转换成电子文档这个阶段，缺乏详细统一的标准来要求什么样的纸质档案应该采用何种转换格式，导致相同类型的纸质档案经过不同的部门和人员处理就有不同电子格式，增加了数字化管理的工作量和工作难度。还有一些电子表格，不同部门或人员填制的标准不相同，也增加了博物馆档案整理、归档的难度，如填写缺乏完整性、备注栏填写样式不同等情况。此外，在电子档案的保管、传递、调阅、使用等环节都没有统一的要求，导致博物馆档案数字化管理存在很多人为不确定性因素。

（四）保障薄弱

博物馆档案信息需要共享，这是由博物馆档案信息资源自身的特点决定的，博物馆档案信息共享也是档案数字化建设的一个基本目标。由于档案信息在一定程度上具有保密性，因此其信息共享具有限制性，即是在一个特定范围内共享。但在数字化管理中，由于各种电子技术的应用，博物馆档案信息泄密的渠道和风险在不断增加，除了常见的网络病毒、黑客通过网络对存储系统入侵以及工作人员泄露等情况外，电磁泄露、剩磁泄露等威胁更是防不胜防。此外，由于博物馆馆藏物品和档案信息是相互分离的，泄密具有很强的隐蔽性，几乎无法判断是档案信息泄露还是藏品信息公开。因此，博物馆档案信息共享与安全保密形成了矛盾。

（五）开发不够

博物馆档案室承担着档案保管和档案利用的职能，但是，长期以来，博物馆档案部门主要依靠归档制度来保证档案实体的收集有据可循，始终未能摆脱"重藏轻用"的局面，即重视以实体为中心的"保管模式"，忽视以信息整合为中心的"后保管模式"；重视博物馆档案馆内部组织管理，轻视研究和预测社会对馆藏信息的需求；重视馆藏具体服务方式，轻视深层次的信息服务；重视馆藏档案信息的政治性和保密性，轻视馆藏档案信息的社会性和文化性，社会公众浏览网上档案馆多会因可读信息太少而失去兴趣。

三、加强博物馆档案管理数字化的对策

基于上述的讨论和研究，笔者对加强博物馆数字化管理提出几点对策，主要包括以下几个方面：

第一，加强硬件设施建设。博物馆档案资料具有多样性的特点，这是它与其他行业不同的地方。正是因为它具有这个特点，所以博物馆档案处理的方式就和其他行业有所不同。比如，一个以革命为主题的博物馆，就可以从材质上进行区别，分成数十类的档案资源。要对上述档案进行数字化的储存，就必须加强硬件设备的投入，保障数字化管理的效率。合理利用博物馆档案部门现有硬件设备，按照既满足工作需要，又节约成本的原则，在配备计算机、扫描仪、数码相机、刻录机等基本硬件的基础上，严格设备专用要求，加大对现有设备的维护力度，保证设备的正常工作，以避免影响数字化管理的工作效率。博物馆档案电子文件从形成到归档，涉及的岗位和人员众多，必须在电子文件的形成、运转、处置、直到归档的各个环节，实行标准化、规范化、制度化的管理，确保同一类型的档案在不同部门和人员之间产生的电子文档格式、大小、样式一致。严格把控博物馆电子档案管理的各个环节，包括生成、加工、保管、借阅的程序，做到归档统一、保管安全、使用有序，确保收集到的博物馆档案信息真实、完整和有效。在硬件建设方面，不仅是包括库房等建筑的建设，还包括相关的数字化管理的硬件系统。硬件系统包括：文件扫描系统，数字影像制作系统以及网络系统等。在软件建设方面，博物馆档案管理人员应当积极总结相关经验，主动尝试开发符合博物馆档案数字化管理需求的软件，可以尝试与高校或者软件开发商交流合作。

第二，完善数字化管理制度。完善数字化管理制度主要是指对档案进行数字化管理的过程中，制定一套统一的、规范的流程，保证数字的完整性和准确性。通过相应的数字化设施来针对各种档案信息数字化处理，具体内容主要涵盖文物档案文字资料的录入，文物图片扫描处理、各类文物档案数码照片处理等相关内容。要建立健全信息安全机制。对博物馆档案信息保管安全，要通过多种方式建立档案数据的保存、迁移及校验机制，并建立功能齐全的信息处理工具和利用工具，确

保信息的保管安全。要建立权限设置。博物馆档案信息开发利用的正常运行，主要依赖于计算机网络的安全。对信息利用安全，要建立层次分明、角色明确的信息利用机制，并建立权限设置的流程。要完善技术手段。在系统安全管理上，通过采取设置防火墙等技术手段，在计算机硬件环节上阻隔安全隐患，确保档案信息资源的安全、有效以及网络系统正常运行安全。要加强安全管理。由于信息时代，档案工作人员接触到的信息更加频繁和密集，其中包括单位的核心数据信息，因此要加强对工作流程、文件信息以及信息保管方式的管理，确保信息运转流畅、安全可靠。同时还要加强对信息工作人员的管理，建设一支高度自觉、遵纪守法的档案管理人员队伍。

第三，建立管理数据库。建立博物馆相关数据库进行管理，可以有效地把博物馆数据进行归纳、统计和分析，不仅能够有效的记录数据，还可以进行及时更改。要增加博物馆档案门类。要从丰富馆藏入手，狠抓档案信息的储备，广泛收集、广览信息，改善馆藏结构，增加博物馆档案管理信息门类；要不断进行整合加工。在进行数字化处理时，不仅是把现成的档案数字化，还要对分散的档案信息进行整合、加工，把经过二次加工的信息同时进行数字化，才能真正扩充信息资源，提高信息资源的质量和利用率。要加强共同标准的制定和应用，对耗费巨大的部分标准，例如电子档案的标准更应统一领导、集中力量、不断推进。要充分利用博物馆内部局域网建立博物馆内部网络通用平台。在数字化和办公自动化模式下，纸质办公文件的数量明显减少，电子文件占有越来越大的比例。针对这种情况，博物馆可以通过专用的软件在局域网上实现电子文件的自动上传，将在各部门单机上形成的单个电子文件即时传送到博物馆档案室的服务器上，由档案室统一归档。档案室服务器集中管理各部门传递来的并经过归档的电子文件，并在局域网内部提供有限制性或非保密电子文件查询和利用服务，从而实现信息资源共享。这样既能实现博物馆内部档案的集中保管，又方便各部门的利用，在一定程度上解决了集中与分散的矛盾。要充分利用博物馆互联网站，最大限度地实现博物馆档案信息服务与社会信息资源共享。博物馆档案信息服务是博物馆充分开发和利用本馆档案信息资源并满足利用者不同需要的服务。具体做法就是在对博物馆档案信息进行深层信息挖掘和解读的基础上，完善档案信息数据库系统，利用互联网在保证档案信息安全的前提下，将博物馆档案信息进行有限度地向社会公开。这样既有利于博物馆的社会宣传，同时也为社会各界的信息需求打开了一扇窗户。

第四，加强培训教育力度。现代不仅是技术之战，更是人才之战。对于博物馆档案管理来说，不仅要具备专业的档案管理知识，还要具备数字化技术。要做到这些，就要求博物馆的档案管理部门应该进一步加强对博物馆工作人员的培训和考核。要不断强化博物馆档案业务人员和工作人员的档案数字化意识教育。博物馆档案信息工作绝不仅仅是档案业务部门的日常工作，全体工作人员要在工作中不断加强对博物馆档案管理数字化重要性的认识，进一步强化保护档案信息、利用档案信息及开发档案信息的全局意识，只有这样，博物馆的档案信息工作才能在更加牢固的群众基础上全面提升，才能不断推进博物馆档案信息工作的规范化。要不断加大博物馆档案管理数字化人才的培养。博物馆档案数字化管理的主要内容和核心就是计算机技术和网络技术的应用，档案工作人员必须能熟练运用计算机以及各类现代化办公设备进行电子文档的制作、使用和维护。博物馆档案管理数字化是不断完善、优化的过程，始终要依赖于档案人员素质的提高。为了培养档案管理人才，使他们掌握新知识、新技能，必须要加强对现有博物馆档案工作者的继续教育和培训，使其除了掌握档案学理论和具有档案思维，更要具备创新意识和运用现代信息技术的能力。此外，博物馆可以定期举办一些学术、对外交流或者参观的活动，并邀请相关知名学者和专家举办讲座或者讲学，并学习国内外先进的方法、技术和最新的研究方向等。

综上所述，可以看到，随着时代的发展和社会的进步，博物馆档案数字化管理工作已经取得了一些成就，但是仍然存在着一些地方有待改进，这些地方就是作为博物馆档案管理员所需要思考如何改进之处。博物馆档案数字化管理是一项艰巨而又漫长的任务，这需要提高对博物馆档案数字化管理的重视程度。通过加强博物馆软硬件配备、完善档案数字化管理制度和条例以及建立一套完善的博物馆档案管理数据库等方法，在提高博物馆档案管理数字化的同时，大大提高博物馆的管理水平和效率，为博物馆档案管理事业不断谋取更大发展。

周晶晶（北京古代建筑博物馆文创开发部档案馆员）

博物馆与旅游

——试析古迹遗址类博物馆的旅游发展新探索

◎周 博

博物馆是人类收藏历史记忆凭证和积淀文化的殿堂，古迹遗址类博物馆是博物馆类别中一个重要的组成部分，它能更为直观地追溯过往，还原历史的现实痕迹，对当下产生启迪，因此担负着推动人类文明发展的重要职能。

和现当代博物馆相比，古迹遗址类博物馆有着与其他类型的博物馆不同的特性，其不可再生性和不可替代性独具魅力。同时，古迹遗址类博物馆又具备着古迹景点的旅游性和当代博物馆综合功能这两点双重特性。近年来，随着我国博物馆事业的繁荣，遗址类博物馆也逐渐成为了人们所关注的"旅游热点"。

本文就这一现象以古迹遗址类博物馆为分析对象，结合自己的工作经验，尝试探讨在新时代下，遗址类博物馆如何将旅游发展和博物馆文化有机结合这一课题，旨在为遗址类博物馆的发展提供新的探索思路。

博物馆是为社会发展服务、向大众开放、非营利的永久性机构。我国博物馆种类多样，每类博物馆都有各自的特性。中华民族历史悠久，文化积淀深厚，具有众多承载某一历史时期社会活动、重大历史事件、重要人物等的古今文化建筑遗迹和旧址的古迹遗址类博物馆。具不完全统计，我国在 3020 座博物馆中，遗址类博物馆约占 1/4[1]，其数量之多，范围之广，影响力之大，已经成为我国博物馆体系中的不可或缺的组成部分。

近年来，博物馆旅游逐渐受到大众青睐，越来越多的人休闲娱乐的方式会选择走进博物馆。国家文旅部公布的《2018 年国庆假期旅游市场情况》数据显示超过 90% 的游客参加了文化活动，前往博物馆、科技馆等游客达到 40% 以上，博物馆、科技馆正在成为文旅融合发展的前沿阵地和重要载体。古建遗址类博物馆，作为博物馆大家庭中一个独特性质的成员，在旅游事业发展中占据着重要比重。尽管如此，我们也要清楚地认识到，与综合性博物馆相比，很多遗迹类博物馆知名度和客流量远远不及，稍微偏远冷门一些的更是门庭清冷。如何让古迹遗址类博物馆有效地走入大众的视野，在崇尚旅游娱乐的社会环境中此类博物馆该如何良性和谐的发展，是个值得思考的问题。

一、古迹遗址类博物馆的特性与价值

（一）古迹遗址类博物馆的价值

古迹遗址类博物馆有着特殊的价值和教育功能。在历史古迹、遗址上建立博物馆，就是要通过博物馆的专业能力对古迹遗址进行研究保护展示教育。正如上海博物馆陈燮君馆长所言：博物馆以其民族凝聚力，述说着民族文化的博大精深；以其历史穿透力，演绎着漫长历史的沧桑巨变；以其文明渗透力，寻觅着中华文明的悠悠源头；以其艺术感染力，守望着精深家园的时代传承[2]。这几点在古迹遗址类博物馆中体现尤为突出，在当下浮躁的社会风气中，尤其肩负着为公众树立积极正确的价值观和正能量的责任。

（二）古迹遗址类博物馆的特性

古迹遗址类博物馆是指古代遗存建筑和在已发掘遗址或为展示发掘成果而在遗址上修建的博物馆，是"人类和自然界遗留下来的非移动性文化载体"[3]。其具体可表现为古迹人文类、遗址遗存类、名人故居类等不同形式。古迹人文类是留存至今的并且有明确记载的遗存，如古代建筑、聚落、名人故居等形式。遗址遗存类是经过考古发掘后的状态，或是经过考古专业手段处置后的状态，考古遗址既呈现了古代遗存状态，也呈现出考古方法处置的状态，如考古聚落、古墓葬遗存等[4]。

古迹遗址类博物馆是"遗址"和"博物馆"的复合体，因此具有一般博物馆所不具备的自身特性。首先，古迹和遗址都具有不可移动性，此类博物馆的时空是"发生历史的地点"，具有其他博物馆所不具备的天然情境，"古建遗址类博物馆是博物馆空间内容与形式在时间上相统一的一种形式，两者的时间都是指向过去的同一点。这是遗址博物馆时空的最根本特点。这种在历史时间上自然统一的时空突破了传统博物馆的局限。[5]"其必须依托建筑物和遗址本身的旧址才最有存在价值。其次，古迹遗址类博物馆具有唯一性，每一处古迹建筑、遗址都是唯一存在的，其不可复制性是有别于其他类博物馆的。其三，古迹遗址类博物馆本身具有天然的文物保护性，即古迹遗址本体就是文物，因此遗址本体和其出土或遗留物都是必须妥善保护处理的对象。

二、古建遗址类博物馆在旅游发展中面临的问题和挑战

古建遗址类博物馆天然具有旅游的景点属性，深厚的文化属性和独一无二的自身特色是其他旅游产品所无法取代的，其浓厚的文化性和知识性是参观游览的核心。众多历史遗址，通过自身的建筑和文物展品述说着人类发展的社会经济生活的面貌。然而，在不断发展完善的旅游产业领域中，要不断前进，既要保持优势，同时也应清醒地认识到当下存在的局限。

当下，虽然众多博物馆旅游已走入大众生活中，但相当一部分博物馆与旅游结合得却并不十分密切，甚至有不少资源丰富的博物馆因展览内容、设施、交通等原因门可罗雀。从另一个角度来说，随着各类旅游资源的丰富，大众的选择性更多，博物馆在旅游活动中的地位也逐渐被边缘化。客观的分析，找出原因所在是当务之急。

（一）古建遗址类博物馆存在固化和单一性

保护和复原维持历史原貌是古迹遗址类博物馆的首要任务。此类博物馆对周围的环境要求较高，要保持原有风貌，又要与博物馆的功能相互协调，不得随意改变。这是一柄双刃剑，既是该类博物馆的特色，也是其不可回避的局限所在。与艺术性、科技性、综合性博物馆相比较，古建遗址类博物馆存在着固化和单一性。历史建筑或遗址具有不可移动性，其内在展览和展品必须依托旧址才有存在的价值，这就造成展览内容的局限性。大多数参观者第一次都会饶有兴致地来遗址类博物馆参观，但后续的持续性再游览的概率会有大幅下降。特别是在本地观众群体中，持续参观率要远远低于其他类型博物馆，展览单一、缺乏内容的新鲜严重制约了观众的再次入馆，博物馆主题内容的丰富性不足是该

类博物馆的软肋。

（二）遗址类博物馆硬件及环境条件的局限性

不同于新建的综合性馆和专题馆的现代化建筑，古迹遗址类博物馆建筑大都是时间久、历史长的老旧古建等历史遗存，建筑格局和条件有别于现代人的生活方式，因此普遍缺乏现代化的便捷化。这是此类博物馆的客观存在问题，如：古代建筑城楼的楼梯式结构，对于老年人和残疾人就存在攀登的不便和安全问题。很多历史建筑多为砖木结构，在文物保护和安全防范方面任务艰巨。不少老建筑由于年代久远，电路管线、安防设备已不适应现在的环境，需要重新规划修建。此外，博物馆的配套设施发展迟缓，跟不上时代步伐，也是造成游客持续参观率不高的重要因素。随着旅游产业的发展，游客对游览的舒适度要求越来越高。交通的便捷、公共卫生间、休息区、游客服务中心、wifi网络的覆盖等配套服务的提供，都是公众选择游览地的重要指标。

（三）工作人员服务意识的薄弱性

我国古迹遗址众多，且较为分散，此类博物馆大多建馆比较早，由于各地区发展不平均，很多偏远地区的馆所在管理方式和工作制度上还停留或延续着早期的习惯方式，致使部分从业人员服务意识还停留在"看馆"和"守物"的思维模式下，没有主动为观众的服务意识，虽然是一小部分，但这也能充分反映出在博物馆从业人员的管理和意识形态上亟待改进的问题。只有不断提升管理人员的素养和业务能力，加强服务意识，才能为博物馆注入服务上的新活力。

三、与旅游产业相结合，古建遗址类博物馆发展的新思路

（一）解放思想，大胆创新，搞好体制机制改革

我国的博物馆主要分为国有博物馆和非国有博物馆，古建遗址类博物馆基本都归于国有博物馆，采取的是统一管理模式。伴随着时代的发展和市场经济的不断变化，原有的传统管理模式无法满足当下的发展需求，同许多新兴文化产业和旅游模式相比，在服务管理和经营推广方

面，古建遗址类等国家博物馆明显缺乏竞争性。很多政策规定早已不适应当下的形式，管理方式和思维模式也大都墨守于多年陈规。在日新月异的时代中，没有与时俱进的思维模式，势必会被时代超越和淘汰。因此，转变旧有的思维方式，改变传统的管理模式，适应当下的经济形势，变得势在必行。同时，博物馆管理者要勇于创新，敢于打破固有思维模式，学习先进的管理方法，结合自身博物馆的特点，把员工的积极性调动起来。应该加强博物馆与社会各界的合作，加强博物馆的维修和建设；合理协调社会、政府和博物馆的关系，和谐发展，实行新的管理体制；最后是给予博物馆以充分的自主权，实行自主管理，效益至上的管理理念。

（二）紧跟时代步伐，推出相应主题临展

古迹遗址类博物馆都有自己固定的展览陈列。在此基础上，馆方不断拓展思路，设计出有新意的临时展览，是使观众可以反复走入博物馆，避免一次性游览的有效方式。

立足自身优势特色，并有计划的推出相关主题临展，在丰富展项内容的同时，也是对自身特点的研究和补充。这一点，在全国众多古迹遗址类博物馆中都慢慢有所改善，很多专题性的博物馆更是将临时展览打造成自己的特色，形成系列，每年有计划的不断开展。以北京市古代钱币展览馆为例，场馆是依托北京德胜门明代箭楼为址的古建类专题博物馆，设有三个固定展览。为了充实展陈，满足公众的文化需求，近年来古币馆在临展上用心不断，相继推出了以钱币为主题的多个临时展览，如《北京纸币 800 年》《戎刀燕币——尖首刀币起源的故事》《龙行天下——钱币上的中国龙》《丝路币语—丝路古国钱币文化展》等一系列突出本馆特色又紧跟时代步伐的精品展览，从不同角度诠释钱币文化，使得来过的观者，一直保持常展常新的新鲜感。

（三）深挖自身文化，让文物活起来

古建遗址类博物馆是历史人物事件的发生的活动地而建立的博物馆，许多建筑本身就是一个重要的文物，自身就充满了故事性和传奇色彩。通过对历史事件和历史人物的活动场所的复原以及文物藏品展示，再现当时的场景是此类场馆主要的展示手法。同一题材的展览势必面对来自几次的观众会显得缺乏新鲜感。如何在自身基础上深挖内涵和自身

特色，对每个场馆来说都是一个重要课题。对已知文化的细化深入，结合新方式、新角度的让常展和文物有新意，是对博物馆研究人员提出的考验。

戊戌年清明德胜门军礼展演

德胜门是明清时期北京城内城九门之一，素有"军门"之称，具有重要的军事城防意义，博物馆为此开设了"明清军事城防文化展"作为固定陈列，长期展出。常展势必不能长新，如何让德胜门军门文化焕发新意，引导游客反复参观，德胜门箭楼做出了新的尝试。戊戌年春，结合清明文化，德胜门首次推出了"清明军礼展演"，恢复古代军队出征前祭祀真武大帝的仪式。展演结合德胜门"军门"的历史定位，模拟了明代仲春阅兵及演武的模式，但相应缩小规模，将古代军阵文化、铠甲文化、服饰文化、礼仪文化等重要非物质文化遗产与德胜门箭楼这一军事坐标相结合，带来了一场传统文化的视觉盛宴。活动当天采取直播方式，引起了社会媒体的广泛关注。习近平总书记提出，要"让收藏在禁宫里的文物、陈列在广阔大地上的遗产、书写在古籍里的文字都活起来"。这次的军门演礼活动旨在挖掘德胜门更深层次的文化内涵，将恢复优秀传统文化落到实处的一次具体实践，用全新的形式大胆对宣传传统文化进行了一次尝试，用实例践行了古迹类博物馆挖掘文化内涵，展示文化面貌，突出文化特色的创新做法。

（四）发挥教育的特长

教育功能是博物馆重要的社会职能之一，这也是旅游业所无法取代的。古遗址类博物馆具有深厚的人文特性，历史、艺术、科学价值丰富，充分利用好自身的文化资源，做好教育普及工作，也是有效吸引观众到馆的一个方法。

　　随着博物馆教育逐渐被公众所认知，越来越多的古迹遗址都放下了自己高高在上，阳春白雪的架子，开展了很多有特色的教育活动，北京大葆台西汉墓博物馆的"模拟考古发掘"、北京市古代钱币展览馆的"厉害了，我的武器——古代武器模型制作系列"、饶有特色的知识讲座、丰富的小小讲解员解说……，各馆活动丰富形式多样，实在是不胜枚举。多姿多彩的教育活动深深吸引着广大观众的目光和脚步，为公众多次走入古迹遗址博物馆提供了一个新的可能性。

北京市古代钱币展览馆——古代武器模型制作活动

（五）加强社会合作，建立馆际之间的合作共享机制

　　古建遗址类博物馆通常在规模上不及大型综合场馆，无论从人力物力财力上都相对匮乏，仅靠一己之力有时很难筹办大型的展览或活动。因此，此类馆不能只局限在自己的小空间里，应该放开眼光，积极同社会其他组织机构相互合作，开动脑筋，利用一切可以利用的资源。社会各组织机构、学校、科研部门、文化机构、社区家庭、企业单位、民间团体都可以纳入合作范畴。博物馆可以和社会机构建立资源共享的平台，建立长期稳定的合作关系。通过不同的渠道，让小众的博物馆深入人心，从而增强博物馆的社会吸引力。

　　此外，建立同类博物馆际间的合作，学会借力助力，以小博大团结力量，是尤为重要的手段。上文已经提及，古建遗址类博物馆大都规模有限，仅靠自身"单打独斗"式的努力难成规模。因此，根据自身的特点和需求，进行馆际之间的联合，才能打破自身方方面面的局限，形成合力，促进共同发展繁荣。北京的"8+名人故居纪念馆联盟"就是很好的成功案例。故居旧址类博物馆规模都相对较小，大部分在人力和财力方面都十分匮乏。面对这一切，2000年，"八家"名人故居纪念馆（宋庆龄故居、李大钊故居、北京鲁迅博物馆、郭沫若纪念馆、茅盾故居、老舍纪念馆、徐悲鸿纪念馆、梅兰芳纪念馆）携手形成了"八家"名人故居纪念馆联盟，开启了每年一个主题，在国内外间不间断举办主题展览、讲座、出版等形式的文化联盟活动。这在社会上成功的引起了大众关注，迅速提高了各个故居的知名度。随着不断地发展，联盟从最初的"八家"已经不局限于地域，众多外省市的名人故居纷纷加入，发展成今天的"8+"，其成功模式被很多外省市中小馆所学习借鉴，长期以来被誉为"博物馆界的乌兰牧骑"。

找准定位，小馆联合，各挥所长，携手办展。北京德胜门箭楼和团城演武厅同为北京市文物局所属的专题类古建类博物馆，两馆同属小型规模。团城演武厅地处北京近郊，离市区较远，并且自身室内展陈面积极其有限，这两点制约了其游客量和办展质量。明代德胜门箭楼，地处市中心位置，具备开展较大的临时展览展陈空间。最为契合的是，两馆同为古代重要的军事城防武备建筑，在这一契机下，2016、2018年，两馆先后联合举办了《中国古代盾牌文化展》《刀剑魅力——中国古代刀剑文化展》，双方充分发挥地利人和的优势，逐渐形成了系列性主题展，形成合力，在主题性和专业性上赢得了观众的认可，同时共同扩大了公众对两家小型遗址古建类博物馆的认知。因此，找准契合的定位方向，充分了解并有效地发挥出自身的资源长处，做到1+1>2的成效，是古建遗址类博物馆可以考虑的一项举措。

（六）升级设施设备，引入数字多媒体，为博物馆宣传注入活力

伴随着数字化时代的到来，古迹遗址类博物馆应插上科技进步的翅膀，除了不断改善馆内的硬件设施设备提升观者参观感受外，广泛使用微信，微博，App等新媒体平台，做好自身的宣传推广尤为重要。这点上，故宫博物院就是极为成功的案例，故宫的各种网红形象深入人心，导致故宫游客量暴增，连预约都一票难求。案例有目共睹，在此不多赘述。

四、在发展旅游业的同时，应注意的问题

大力发展古建遗址类博物馆的旅游产业固然重要，但在发展过程中，根本性的原则是必不能动摇的，坚持保护为根本，研究为基石，坚持可持续发展、和谐发展的道路。

（一）明确遗存保护和经济发展的关系

科学保护是博物馆存在之根本。古迹遗址类博物馆应一切从博物馆的宗旨和任务出发，妥善处理好博物馆发展和经济发展的关系：首先要处理好保护与利用的关系，先保护再利用——对古迹遗址本身的保护，对出土和遗存文物的保护，对有关研究成果的利用的保护。同时，还要处理好自身内涵价值和社会形象的保护，切不可为了追求经济价值和扩大社会影响，盲目迎合，曲解歪曲自身内涵。尊重原址原貌，保护古建筑、遗迹遗址及文物是最重要的前提。切不可为了追求暂时的经济利益和游客量以付出历史文化遗产的破坏为代价。

（二）科学研究是立馆之基

场馆应不断加强对自身的业务研究，没有深入持续的科研，博物馆就丧失了成长的根基。古迹遗址类博物馆要基于当今社会价值观和社会发展需求，与时俱进把自身内涵价值融入历史长河中，对相关历史知识进行解读和阐释，引导观众积极和正确的价值观。

（三）坚持可持续发展的思想

坚持可持续发展的思想，避免旅游业过度开发，从而带来负面效应。随着大众旅游兴起，国内不少古迹遗址盲目开发，在古迹遗址周边迅速建立起宾馆酒店，甚至游乐场等设施，灯红酒绿，污染嘈杂，使自然和人文遗产完全失去了固有的环境氛围。快速城市化，环境污染迅速蚕食破坏着历史遗产。事实已经充分证明，过度商业化的旅游开发为古迹遗址带来了灾难。为此，国际博协专门制定了旅游可持续发展战略，以提高旅游业对遗产保护的自觉性。1999 年世界旅游日的主题就是"旅游：为了新世纪，保护世界遗产"[6]。不断加强文博界可持续发展的战略思想，才能使得旅游与遗产保护和谐发展。

通过以上手段和途径，使得古迹遗址类博物馆得到保护性的再生利用，为其注入新鲜血液，紧跟时代的步伐，与时俱进。如何使古老的遗址获得新生，是当下古迹遗址类博物馆面临的问题，也是博物馆工作者需要迫切思考和解决的问题，更是博物馆人自身所肩负的使命。

在文化大繁荣大发展的时代，古迹遗址类博物馆不是遥远的过去时，也不是被尘封的历史尘埃，它们充满活力和生机。笔者希望通过以上一点点思考，对古迹遗址类博物馆的发展有所启示，希望它们在厚重的历史积淀下为社会公众和子孙后代带去更丰厚的文明滋养，传递更积极的生命活力。

参考资料

［1］单霁翔.从"馆舍天地"走向"大千世界"——关于广义博物馆的思考.天津：天津大学出版社，2011：172.

［2］陈燮君.博物馆——守望精神家园.人民政协报，2009-09-14（C4）.

［3］中国大百科全书.考古学.北京：中国大百科全书出版社，1986.

［4］宋向光.遗址类博物价值分析与业务特点.文博中国.

［5］刘迪.博物馆时空刍议.东南文化，2009（1）：83.

［6］苏东海.博物馆的沉思：苏东海论文选（卷二）.北京：文物出版社，2006：237.

周博（北京市古代钱币展览馆馆员）

从先农文化的展览体系看博物馆在弘扬优秀传统文化中的社会责任

◎张　敏

中国自古以农立国，即使在 21 世纪的今天，三农问题仍然是国家经济生活中的重要课题，传承农业文明成为我们经久的社会责任。北京古代建筑博物馆选址在北京先农坛内，这里曾是明清两代皇帝祭享先农并举行亲耕耤田典礼的地方，是中国几千年封建社会重农固本思想的浓缩体现。2019 年，博物馆在基本陈列《先农坛历史文化展》持续对外展出的同时，在博物馆明清耤田（即一亩三分地）的腾退工作完成后，为更好地宣传和展示先农文化和作为背景先农坛核心价值体现的一亩三分地文化内涵，博物馆打造了贯穿全年的以弘扬农耕文化为主题的文化宣传活动，并推出《一亩三分　擘画天下——北京先农坛的耤田故事》专题展，充实博物馆先农文化主题的研究与展示，形成更为完善的先农文化展陈体系，更好地发挥博物馆宣传教育职能，探索将优秀传统文化进行创造性转化与创新性发展的思路。同时，更加严肃地思考在文化全球化的今天，博物馆所面临的社会责任。

第一，明晰文化内涵是全球化背景下博物馆应承载的社会责任。

《先农坛历史文化展》介绍先农文化的渊源流变，《一亩三分　擘画天下——北京先农坛的耤田故事》展专题介绍明清时期国家层面的祭农礼仪，并以此回看中国悠久的重农传统，展望从昔日的耕耤天下到今天的农业大国，中国农业的发展将迎来更加明媚的春天，使观众得以确知先农文化的主旨。

先农坛原名"山川坛"，始建于明永乐十八年。《春明梦余录》载：山川坛"正殿七坛：曰太岁、曰风云雷雨、曰五岳、曰四镇、曰四海、曰四渎、曰钟山之神。两庑从祀六坛，左京畿山川、夏冬月将；右都城隍、春秋月将。……"明嘉靖年间于山川坛内建造天神坛、地祇坛，改

205

"山川坛"为"神祇坛"。万历四年（1576年），改"山川坛"为"先农坛"，清代沿用。

先农坛自清乾隆十九年（1754年）进行大规模改建后，即形成现今格局，有太岁殿、先农坛神厨、具服殿观耕台、神仓、庆成宫五组古建筑群。太岁殿是供奉太岁、十二月将神的地方；先农坛神厨是祭祀先农之所及祭祀前准备祭品之处；具服殿观耕台是皇帝举行耕耤礼前更衣及观耕的地方，现有观耕台是清乾隆十九年（1754年）改临时搭建的木构观耕台为固定的琉璃台座，台周饰以黄琉璃瓦，并以汉白玉石栏围绕，装饰华丽。观耕台南即为耤田一亩三分，是皇帝亲耕之所，也是我们通常所说"皇帝的一亩三分地"。神仓位于太岁殿东，原为明代旗纛庙，清乾隆时裁撤以建神仓，用以收贮耤田所获五谷，号称"天下第一仓"。这里所贮米谷供祭祀天地、宗庙、神祇使用。这与古制"以供粢盛"是完全一致的，只是田亩面积已大大缩小。庆成宫是耕耤礼后庆祝礼成的地方。

北京先农坛目前有保存完好的古建筑群，在这里，祭先农、祭太岁、祭风云雷雨、山岳海渎等与古代农业生产息息相关的自然神。明清时期是我国封建典章制度发展最完备的时期，从另一角度来看，发展的至臻完善也因为精神意蕴的极度追求而在形式和内容上与早期相类的活动产生剥离，比如耤田和耕耤礼。但是先农坛古建筑群的存在，历经千年而不衰的先农祭祀，无论是皇帝祭享先农，以事天地诸神，祈国家农桑、宣政本教化的现实意义；还是皇帝亲耕耤田，其巨大精神诉求背后的真实存在等等，都体现了中国古代农业经济的长期稳定发展，这种稳定是中华文明一脉相承的强大根基。

在北京先农坛内举办先农文化展以及以具有核心价值体现的明清耤田为依托的专题文化展，可以更好地探索先农文化内涵，使观众在展览的氛围中了解先农文化，景仰中国古代农业文明，从而达到弘扬民族文化的目的。弘扬民族文化的意义并不在于这些文化有现实致用的价值，而在于作为嵌入一个民族的集体记忆，使之成为一个民族的内聚力而使这一民族得以存在，获得发展。在全球化迅猛发展的今天，尤其是作为发展中国家将面临更多的文化吸引与诱惑，容易使人们丧失自己的文化根基甚至迷失在全球文化的海洋之中，带来文化身份的迷惑。因此，明晰文化内涵，保持民族文化是全球化背景下博物馆首先应承担的社会责任。

第二，坚定文化认同是全球化背景下博物馆应承载的社会责任。

《北京先农坛历史文化展》以先农文化为中心，追溯了中华民族悠久的农业文明，同时兼顾了世界范围内的农神崇拜和农业起源。《一亩三分　擘画天下——北京先农坛的耤田故事》专题展具体而详细地讲述了耤田的由来和变迁，以及在庄严肃穆的祭祀坛场演绎出的人间故事。通过展览体系，使观众在对时间与空间的感受中，在横向对比与纵向审视中，确立正确的文化认同。

农业是人类社会最基本的物质生产部门，"民以食为天"，人类进行任何生产活动都是以农业的发展为基础的。从世界范围看，大约在10000多年以前，人类逐步学会了驯化植物和动物，摆脱了完全依靠采集和狩猎为主的阶段，开始了原始的农业生产。这时的农业兼有种植业和养畜业，由于各地自然环境不同，两者所占比例也有差别。

我国是世界上农业起源的中心之一，就目前发现的新石器时代的考古材料，黄河流域和长江流域的绝大部分遗址都是以农耕文化为主的。在新石器时代遗址中还发现了原始的农具以及一些农业加工工具，这都说明中国在距今10000年前农业已经进入了发展阶段。

同时，由于人们对自然的认识程度有限，往往把农业的产生和发展归功于神灵，他们设想种种能够保护他们的田地的神灵，并伴有一些特殊的仪式，希望以此来保佑农作物丰收。对农业神灵的崇祀作为农业文明的一项重要内容也应运而生，并成为人类历史上普遍的社会文化现象，对人类社会产生着深广的影响。

《北京先农坛历史文化展》利用馆舍文物资源，将先农文化融入中国传统农业文明中。《一亩三分　擘画天下——北京先农坛的耤田故事》专题展聚焦明清耤田，以有限的空间容载漫长的时间，恰似一条清晰得历史溪流，映射出中国农业文明坚实而清晰的发展道路。从古制天子的耤田千亩以供粢盛到昔日皇帝的一亩三分以示敬农，这期间跨越了数千年。当历史浓缩为一座建筑的记忆，我们还可以透过它而看到更宏大的历史影像，即中华民族以农立国的治国之本和悠久的重农传统，也体现着数千年来农业文明的雄厚积淀与不朽生机。

全球化时代需要全球文化认同的构建，这是一个复杂而漫长的历程。文化认同是人类对于文化的倾向性共识与认可。在这一进程中，以收藏和展示人类文化遗产、传承文明、弘扬文化为己任的博物馆，某种意义上充当着人们文化认同体系形成中信息底模的角色，帮助观众确立坚定的文化认同。这同时也是我们自身坚定文化自信的源泉和动力。

《先农坛历史文化展》提供给观众中外农业文明起源的知识信息，使观众通过先农文化可以更多地了解本民族的历史，对于提升民族自信心和自豪感都有重要的帮助。《一亩三分　擘画天下——北京先农坛的耤田故事》专题展在《先农坛历史文化展》大框架介绍先农文化的同时，聚焦明清耤田这一小块土地，讲述历史故事，增强趣味引导。博物馆正是通过这种文化的传播和文明的引导帮助人们构建文化认同体系，只有确立清晰的文化认同，才能更好地对外开放，自主地去迎接文化全球化的到来，在全球化的浪潮中不致迷失自我。

第三，鲜明的文化导引是全球化背景下博物馆应承载的社会责任。

《先农坛历史文化展》以丰富的视角诠释先农文化与中国优秀民族文化的关联。《一亩三分　擘画天下——北京先农坛的耤田故事》专题展以小空间展示大历史，发挥博物馆文化引领作用。

《先农坛历史文化展》围绕博物馆现存《清雍正帝先农坛亲祭图》摹本，利用科技手段，再现皇帝祭祀先农场景，同时配合北京坛庙文化及北京城坛庙格局与中轴线城市规划内容，将先农坛置于古都北京的历史文化中，作为北京城不可或缺的传统文化记忆。以《清雍正帝先农坛亲耕图》摹本，利用科技手段，再现皇帝亲耕耤田场景，同时配合北京先农坛在近六百年间的沧桑变化。通过展示先农坛的历史，恰似打开一扇中国历史发展的小小窗口，借以回窥中国封建社会最后的辉煌——明清时期的社会生活以及中国近代的沉沦与衰落，从而引发我们关于历史与现实的思考。《一亩三分　擘画天下——北京先农坛的耤田故事》专题展，通过展览试图说明：这块田地不仅承载了耕种意义，而且成为中国古代农业思想和典章制度的浓缩，并昭示着中华民族以农立国的治国之本和悠久的重农传统，体现出数千年来农业文明的雄厚积淀与不朽生机。在以农立国的封建时代，历朝帝王都将农业置于重要地位，农事丰欠关系着经济兴衰，直接关系着一个王朝能否长治久安，因此皇帝每年在先农坛耤田里的亲耕活动就成为国之表率，以此来显示朝廷提倡农事，关心民生。耤田和帝王之间有着千丝万缕、密不可分的关系。在这一亩三分地上，历史绵延，朝代更迭，人们却不断上演着一幕幕恤农、悯农的故事，亦通过重农务耕的政策表现出一个国家治国理国的政治思想。

在现实生活中，如果你想了解一个国家、一个民族的历史，想了解这个国家和民族最优秀的文化传统，最简单快捷的办法是走进当地的博物馆，那里可以引领你回顾一个国家波澜壮阔的发展历程，一个民族荣辱兴衰的沉重足迹，优秀的文化传统正是这历史征程中的一座座丰碑。博物馆是知识的海洋，人类文明的聚集地，是人类最美好精神家园的现实存在。博物馆里储存了大量文化信息，这些文化信息因为真实与集中而极具震撼力。随着交通的发展，人们的活动空间被空前扩大，东西半球也只是一朝一夕的距离；随着通讯与信息技术的发展、网上博物馆的开通，更使人们足不出户亦能徜徉世界各地的著名博物馆，博物馆内的文化信息以更多的可能，更便捷的途径进入更多人的视野，为文化的传播和文化认同的形成创造着条件。在全球化背景下的今天，文化的全球化进程会在一定程度上导致文化认同的迷惑、加剧文化认同的对抗，但在更广阔层面上一定会实现文化认同的扩大。针对全球化时代的文化认同所呈现的特点，博物馆起到鲜明的文化引领作用。

第四，积极的文化沟通是全球化背景下博物馆应承载的社会责任。

祭祀文化虽然是人类在历史发展中都曾普遍出现的文化现象，但是因为地域、文化背景、宗教信仰的不同而在世界范围内呈现纷繁斑斓的表征。而且恰是因为与信仰、政权的联系紧密，在很多地方，特别是像中国这样几千年的封建制国家中，祭祀往往发展为国家政权控制之下的准宗教性质，而在外在表现上同时具备了政权的理性与宗教的迷狂。对于这一文化现象的表现，特别是在东西方文化的沟通与交流中还存在着许多值得我们深入探索的问题。《先农坛历史文化展》力图以还原历史的手段真实再现古老的先农坛曾经上演的祭祀盛典，使中外观众了解中国传统祭祀文化，在尊重历史的普世价值认同中揭开古老国度祭祀文化的神秘面纱。

《先农坛历史文化展》以更科普直观的展示手法，尽可能复原历史，不以总结者的口吻来回顾历史，而是以演进的序列来展现历史，以科学、客观、真诚的态度扮演文化沟通的使者。《一亩三分　擘画天下——北京先农坛的耤田故事》专题展展现了历朝历代的农业思想指导了人们的生产生活，乃至影响到对国家的治理。回看这块特殊的田地和在这块田地上驻足的重要历史人物以及发生的故事，意义何其特殊。北京古代建筑博物馆正是利用深入挖掘先农文化，打造主题鲜明展览体系，努力发挥引领文化宣传和解读文化信息的重要作用。

有了博物馆这样的展示舞台，就架起了了解与沟通的桥梁，使中华民族几千年的祭祀文化与农业文明显现于更多世人面前，向美而生的文化理解与认同也可以随之产生。今天的我们，无论来自地球哪片土地、哪个国家、哪个民族，不仅应该景仰和珍视人类共同的文化遗产，更应该尊重创造了这种文明的民族以及他们所拥有的文化。博物馆在这一方面展示的优长恰是达到文化沟通的有益帮助。博物馆正是通过展览使不同文化背景的人们通过了解某一种文化产生、发展、转变的深层联系以确立认同，只有文化认同才能真正实现国家与民族间的尊重与沟通。

综上，在全球化背景下的今天，博物馆承载了明晰文化内涵、坚定文化认同、鲜明的文化导引和积极的文化沟通等社会责任。北京古代建筑博物馆通过打造以《先农坛历史文化展》和《一亩三分　擘画天下——北京先农坛的耤田故事》专题展为依托的展览体系，立体而丰富地展现先农文化内涵，我们希望博物馆努力打造的明清耤田历史景观和与之紧密配合的耤田专题展览可以带给大家更多的惊喜。如果以此能够引发博物馆人在新的全球化背景下的责任思考，将是我们莫大的慰藉。

张敏（北京古代建筑博物馆副馆长）

打造服务型博物馆
做好文化传承的载体

◎ 黄　潇

博大精深、灿烂辉煌的中华优秀传统文化积淀着中华民族最深沉的精神追求，代表着中华民族独特的精神标识，是激励我们奋勇前进的强大精神，现今我们比历史上任何时期都更接近、更有信心和能力实现中华民族伟大复兴的目标，而行百里者半九十，我们正需要这种中国精神、中国力量来推动我们的国家砥砺前行，此时作为珍贵文化遗存的珍藏之地、传统文化的集中展示空间的博物馆，应该担负起坚定文化自信，增强文化自觉的时代责任和历史使命，发挥文化资源优势，传播历史智慧，讲好中国故事，为建设社会主义文化强国，实现中华民族伟大复兴贡献力量。

一、坚定文化自信，推动社会全面发展

中华文明的发展历程中，创造出了无数令人骄傲和具有改变世界历史发展进程的重要文化，它们是非常珍贵和令人着迷，同时也是相对脆弱的，很多优秀的文化在历经了各种复杂的原因之后都慢慢消失了，这是不可弥补的损失也是人类发展史上的遗憾，并且这种遗憾仍在持续。而人无精神则不立，国无精神则不强。精神是一个民族赖以长久生存的灵魂，唯有精神上达到一定的高度，这个民族才能在历史的洪流中屹立不倒、奋勇向前。一个国家、一个民族要屹立于世界民族之林，都离不开文化的积极引领；一个国家、一个民族要实现振兴强盛，都需要以文化自信、文化繁荣发展为支撑。所以面对世界的瞬息万变和社会的快速发展，为了能在世界民族之林屹立，为了实现由福变强的历史性飞跃，我们必须提升国家的文化软实力，坚定文化自信，而其中优秀的传统文化是最具特色，也是最基础的，它是中国面对世界时展现自我的最

好方法，也是世界了解中国的重要途径，更是激发世界对中国关注的重要手段。正如习近平总书记强调的那样，中国有坚定的道路自信、理论自信、制度自信，其本质是建立在5000多年文明传承基础上的文化自信。他指出，中国优秀传统文化的丰富哲学思想、人文精神、教化思想、道德理念等，可以为人们认识和改造世界提供有益启迪，可以为治国理政提供有益启示，也可以为道德建设提供有益启发。所以为了提高国家文化软实力，实现文化强国，需要高度重视文化的保护和传承，以及大力弘扬中华优秀传统文化。

同时，伴随着我国经济的不断发展和人民群众经济基础的显著提高，在追求满足物质需求的基础上，丰富精神文化生活逐渐成为我国人民群众的新诉求点，广大的人民群众对精神文化生活的需求也从极少到有，从有变得广泛而深入，并且多样化。人民开始逐渐追求生活的质量，而最直接的体现就是开始注重精神生活和文化诉求，关注自身的成长和发展。长时间以来，我国的文化发展与社会经济发展还有人民群众精神文化需求无法完全适应，导致了文化在服务社会发展，服务人民群众的优势尚未得到充分发挥，其本应具有的社会效应也随之大大减弱。所以，为了促进国家稳定而快速的发展，就要高度重视文化本身的社会作用，注重文化在人民科学文化素质提升和思想品德教育方面的重要作用，坚定文化自信，推动人的全面发展，社会全面进步。

二、博物馆是文化传承的有效载体，弘扬
中华优秀传统文化的重要阵地

文化的传承需要载体，需要平台和途径。博物馆在现阶段是最合适的文化传承载体，其拥有独特的文化资源优势，是传统文化的集中展示空间，也是珍贵文化遗存的珍藏之所，所以在文化传承和弘扬上也就具有了极重要的责任和义务。

社会的文化发展有着其自身的规律，不是每个阶段的需求都一样，会根据社会的发展现状和科技发展的手段以及人民生活模式的转变而发生变化，但是不变的是人们对于美好的追求，对于知识的渴望，对于传统的怀念，对于经典的崇拜。博物馆就是在最大程度上记录着社会的点滴发展变化，是一位忠实的记录者，虽然他对人类历史的记录是全方位的，但是展现给人们的是对于美好的尊重和重现，让那些湮没于历史长

河中的经典再现于人们的眼前，可以说博物馆也是美的传播者。这就意味着，广大的人民群众能从博物馆中体验到自己的追求和渴望，每一个人都会在博物馆中找寻到属于自己的那部分共鸣，这也是博物馆不同于其他文化场所的难能可贵之处。

博物馆发展百年以来，从最开始的只注重收藏和建设博物馆，逐渐丰富包含内容，在收藏的基础上加入了要妥善保存和研究，后来又加入了教育的重要功能和为社会发展服务的建设要求。近年来，高度重视博物馆的教育功能和博物馆社会责任的实现，很大程度上丰富了博物馆的内涵，更加注重博物馆社会责任的实现，注重博物馆服务职能的实现，强调了博物馆在传承传统文化和培养基本价值观方面所发挥的重要作用。

新时期博物馆的社会责任体现在完成好自身宣传和教育的基本职能的基础上，更好的应对社会各种文化现象的发生，起到解释和疏导的作用，进而起到社会发展的推动者、监督者以及引导者的责任。更大范围地承担起其社会教育的职能，发挥其文化资源场所的优势来普及科学知识，教育民众，以其自身的文化内涵去解析社会文化热点和人民文化关注，进行科学、严谨、权威的文化表达，进一步对社会发生的各种文化现象进行研究和提供标准。同时，作为传统文化的集中遗存保护者和传承机构，进行文化的传承和扩大影响力，是传统文化遗存的收集、展示和传承的最重要平台。简言之就是传承文化，规范文化，宣扬文化，服务文化。突出了博物馆在传承传统文化和培养基本价值观方面所发挥的重要作用。

每一种文化形式都在用自身所独有的模式来为人民群众服务，但是没有哪种艺术形式是像博物馆一样如此的真实和贴近生活本真，因为博物馆中的那些珍宝都是历史上真实存在，甚至就是我们身边的寻常之物。我们每一个人都是历史的一部分，而博物馆正是把历史展开，把每一处节点都表现出来的文化场所，所以我们在这里看到的是既陌生又熟悉的物件，体味到的却是既熟悉又陌生的感触。博物馆有触碰人类灵魂的能力，任何人到了博物馆的氛围当中都会产生敬畏感，这是历史的力量，也是文化的力量，更是博物馆的力量。所以在文化建设中，博物馆是极其重要的环节，是正面教育和传递"正能量"的文化场所，没有哪种文化形式的表达能像博物馆一样具有先天的资源优势和气场，所以博物馆理所当然要承担起促进文化发展的责任。

三、博物馆的实践——打造服务型博物馆

博物馆已经逐渐发展成了一个服务机构，而不再仅仅是一个研究机构的身份了，越来越丰富的身份，越来越广博的工作内涵使得博物馆成了一个地方或者一种文化的标志和窗口，是人们在当今如此快速节奏的社会读懂一种文化、了解一个地方的最便捷方式。当今博物馆更多的社会职能也正转变成为大众提供一个可以满足各种需求的公众文化场所，为观众提供"文化饕餮"，成为观众的文化"后花园"，为观众服务好成了工作重点。

博物馆的发展需要转变思路，需要打造有特色的服务品牌，只有这样才能持续地发展下去，才能更好地实现自身的社会责任，为社会文化建设添砖加瓦，为丰富人民的文化生活做出更大的贡献。博物馆人也才能够通过到位的服务来更好、更有效的传递出自己想要表达的思想和文化，要做到在一定程度上对观众"投其所好"，但是这里的服务观众绝不是一味地以观众的意见为唯一的建设标准，而是在博物馆建设中更好的兼顾到人民群众的文化需求，但是主题思想必须是博物馆人经过认真的研究和思考来确定，这样才能确保博物馆的文化表达的正确性，从而正确的引导观众，树立正确的价值观。因此，做好服务工作是博物馆建设的重要方面，是博物馆行使社会责任的重要表现形式，要着力打造服务型博物馆，切实为优秀文化的传承和教育服务，为人民的文化生活丰富服务。

（一）博物馆正在逐步成为学生的"第二课堂"

在博物馆内，除了传统的讲解外，很多博物馆都会根据不同的展览，开发了针对不同年龄段青少年的学习手册，通过设置生动有趣的问题，增强参观的互动性，激发青少年观众对展览的兴趣以及对展览内容的思考，并可以引导他们在参观结束后，深入了解和学习相关知识。例如首都博物馆《读城》学习手册、北京古代建筑博物馆《中国古代建筑展》学习手册等；此外，越来越多的博物馆在馆内设立了青少年活动中心，例如首都博物馆的七彩坊，孩子们可以在里面体验陶艺、拓片、绘制团扇等各类传统手工艺，并且这里还会配合展览推出一些特色的体验活动，比如配合《天路文华——西藏历史展》，组织"到北京的卓玛

家做客 体验藏族生活"活动，带领学生们抽取藏族名字并了解名字寓意、体验藏族拓印、试穿藏服等。走出博物馆，博物馆带着自身的文化走进校园，开展专门的课程，让学生系统、深入地感知中华优秀传统文化的魅力，增强他们的文化自信。

以北京古代建筑博物馆为例，在馆内开展互动体验课程，通过斗拱拼插、彩画绘制等内容，让参与其中的学生感知中国传统建筑魅力，体会精湛的古建筑技术。由于以往开展互动体验课程并没有固定的场地，为更好地接待越来越多来馆活动的学生团体，馆内目前正在打造专门的活动教室；在馆外，直接将互动体验课程带入学校，已走进过北京史家小学、河北省邢台县河古庙中心小学等多所学校，让学生在课堂中就能学习和体验到中国传统建筑文化。又如，将巡展"华夏神工"及榫卯互动项目带到中国矿业大学附中，参加学校举办的"创客校园 绿色科技"首届科技嘉年华活动，使学生和家长在学校里就可以近距离体会中国古代建筑的神奇魅力，感受中国古代匠师的智慧与创造力。

（二）深入挖掘自身文化资源，发挥场地资源优势

对于大多数博物馆来说，在拥有文化资源的同时，还拥有着场地资源。以古建筑为馆址的博物馆通常具有园林般的环境与一定可利用的场地，而新建现代建筑之内的博物馆，通常会有广阔的大厅或是广场，这些皆可以成为博物馆依托自身文化内涵，开展丰富多彩文化活动的场地，或是与其他文化机构合作，成为为公众提供文化休闲场地的不二之选。

例如，北京古代建筑博物馆因地处先农坛，为宣传明清皇家祭祀礼仪，传承敬农重农、珍惜粮食的美好情操，在清明节前后举办"敬农文化节"，再现清代帝王祭祀先农神以及亲耕的礼仪，除了观众参观外，还会邀请周边社区居民和学生参与其中，种植五谷，领会古人敬畏之心、农人耕种的辛劳。为配合中轴线申遗，我们在各级政府、各有关部门的统筹安排和通力合作下，完成了耤田恢复工作，在此基础上举办"北京先农坛春耕祭先农暨一亩三分地历史景观启动仪式"，以丰富的内容和创新的形式，深入挖掘耤田所蕴含的文化内涵，充分发挥了先农坛传承优秀文化、农业文明的历史价值和社会价值的作用。

（三）网络宣传逐渐成为博物馆同观众交流的重要手段

随着博物馆的发展理念的转变，由对"物"的守护，发展到"人"的关注，现今更是上升到要致力于社会的可持续发展，进一步融合和参与到社会的变革和进步中去，博物馆的宣传教育工作变得愈发重要，分担了越来越多的博物馆职能。早先时候，博物馆的宣传教育还主要停留在为观众讲解服务上面，起到的作用也仅仅是博物馆展厅的知识延伸和解释说明，只是观众走进博物馆所享受到的基本服务，辅助观众参观的基本服务手段，而新时期的宣传教育工作在讲解服务的基础上得到了丰富和充实，开始关注如何发挥博物馆的社会影响力和把文化普及到社会观众中去而不仅仅局限于来到博物馆的观众，局限于博物馆有限的空间和传统教育手段，充分利用信息化技术手段来迎合观众的获取知识的最新习惯，依托博物馆优势资源，通过切实有效和观众喜闻乐见的形式，通过对观众群体和需求的研究，把文化送到公众身边。

博物馆的规模不同，所拥有的藏品以及人力、物力资源自然不同，对于中小型博物馆来说，因财力、人力等因素限制，网络宣传目前一般主要还是以微博、微信为主，但只要是精内容、新内容、公众感兴趣的内容，在"小天地"也可以有"大作为"。以北京古代建筑博物馆为例，负责"两微"内容发布与维护的虽仅有一人，但也竭力做到及时为公众传播所需信息与知识，"两微"中除了一些活动及展览的信息，60%左右的内容皆为对馆内正在展出的展览的详细介绍，帮助观众提前了解展览的相关内容，吸引观众走进博物馆进行深度的参观体验，或是给看过展览的观众一个随时重温精彩展览内容的平台。此外，微博中随时转发中国文物网、中国文博、北京文博等官方大 V 发布的与博物馆事业发展相关的信息，或是对古代建筑的专题介绍，帮助关注北京古代建筑博物馆官微的粉丝们便捷地了解更多的古建筑知识。

大型博物馆、国家一级博物馆等在网络宣传方面则有着更加多元、创新的尝试，例如 2018 年中国国家博物馆、湖南省博物馆、南京博物院、陕西历史博物馆、浙江省博物馆、山西博物院、广东省博物馆共七大国家一级博物馆集体入驻抖音，与抖音合作推出"博物馆抖音创意视频大赛"。七大博物馆的七件"镇馆之宝"以创意短视频的形式同一时间在抖音平台展出。为了吸引更多年轻受众人参与"博物馆抖音创意视频大赛"，中国国家博物馆通过其抖音官方账号发布视频"嗯～奇妙博

物馆，不如跳舞，魔性地走起"，原本静默在展台上"肃穆而立"的国宝文物们，在视频中配合着抖音旋律翩翩起舞，这一短短十几秒的视频收获了将近50万的点赞。此外，国博官方账号还会定期发布专职讲解员团队带你参观展览的系列短视频，网友们利用碎片时间，就可以体验一边清晰地聆听讲解一边近距离欣赏展品的VIP参观感受。又如，很多博物馆还开发了自己的App，主要是整合了展讯以及活动信息发布、博物馆内导览、参观预约等功能，使观众的参观体验更加便捷、丰富。作为国内文博行业翘楚的故宫博物院，在App开发方面更是有着自己独到之处，近年来开发了以自身藏品及文化内涵为蓝本的各种不同主题的App，例如以馆藏名画为蓝本的《胤禛美人图》《韩熙载夜宴图》，专题介绍中国传统文化的《紫禁城祥瑞》《清代皇帝服饰》，专门为儿童打造的游戏互动App《皇帝的一天》，兼具藏品欣赏与日历记录功能的《每日故宫》，还有就是可以全天候访问的线上展厅《故宫陶瓷馆》《故宫展览》等等，每一款App都深受大家的喜爱，大部分都入选了年度精选，甚至被评为年度最佳，为以网络为平台、以移动端为载体传播中华优秀传统文化做出了很大的贡献以及很好的示范。

（四）打造真正有创意、有内涵的文创产品，把博物馆"带回家"

近年来，伴随着博物馆文创产品文化品位和生产工艺的不断提升，特别是开发思路的不断创新，在加之新媒体飞速发展的助推，博物馆文创产品越来越受到大家的关注，一些"网红"文创产品受到热捧，时常会卖断货，逛文创商店也逐渐成为参观博物馆的必要行程之一。与此同时，国家也释放了一系列政策红利，推动博物馆文创产品开发。面对这一大好形势，博物馆更应该冷静下来，不是盲目追求开发出产品以赶上"潮流"，而是要专注于深入挖掘与利用自身的文化"基因"，在"创"上面下功夫，结合自身特色，设计开发出独具匠心、有独特文化印迹的产品，避免粗放同质，创意不足的文创产品充斥市场，消耗公众对文创产品的热情与喜爱。文创产品的开发与推广，在保证经济效益的同时，更应该追求的是社会效应，满足公众的文化消费需求，实现大家把博物馆"带回家"的愿望，从而扩展博物馆影响的广度和深度，更好地实现博物馆的宗旨。

四、小结

以收藏、保护、传播、研究、陈列为己任的博物馆，应当肩负起连接过去、现在和未来的重任，深入挖掘自身文化内涵，以丰富多彩、喜闻乐见的形式将文化传播出去，通过对"过去"的研究和展示，将中华优秀传统文化传递给公众，以此来凝聚文化认同，提升道德素养，同时满足人民群众多层次、多元化的美好生活需要，为大家携手同创美好未来提供了强大的精神动力。

黄潇（北京古代建筑博物馆人事保卫部中级人力资源师）

对临时展览的一点思考

——以《北京四合院门墩儿艺术展》为例

◎周　磊

一、什么是临时展览?

博物馆陈列展览主要包括两大类——基本陈列和临时展览。《博物馆学概论》中说:"在办好基本陈列的同时,必须办好专题展览。它们两者都是体现博物馆教育职能的主要手段"。这极大地肯定了临时展览在博物馆工作中的重要地位。

博物馆基本陈列是博物馆长期展出且比较稳定的展览。依据陈列展览的内容,可将基本陈列划分为四大类:社会历史类陈列、自然历史类陈列、科学技术类陈列和艺术类陈列。作为一个博物馆的主体,陈列内容基本固定,展出时间较长,它代表一个博物馆的业务方向,展览展示的都是能够吸引观众、具有本馆特色的文物藏品,是一个博物馆的形象和灵魂,体现出博物馆的性质。

临时展览是相对于基本陈列来讲的,一般小型多样,经常更换,展品的选择较为自由,可较多的利用模型、复制品和照片等[1],在展品的选择上比较自由,艺术形式机动灵活,容易更换,无时间限制,不受博物馆性质的约束,能够紧跟时代的前进步伐与节奏,满足观众日益增长的对文化的多样性需求。在内容的选择上也更加广泛,可以是对基本陈列的补充,也可以是观众喜爱的,或者能够与当地文化互补的专题性临时展览等等。一般来说,基本陈列中展出的文物都是本馆所藏精品,具有鲜明的个性色彩,包含着历史、科学、审美等多种信息[2]。在一个时期内可能会受到社会的关注,吸引大量观众来馆参观,但当一个人多次观看同一个展览后就会失去兴趣。这个时候,临时性展览就体现出它的功能与作用,临时展览的实效性更强,专题性更强,展览时间相对较短，展出内容更换频繁，能够引起观众兴趣和参观欲望。

北京古代建筑博物馆在 2018 年 9 月推出《北京四合院门墩儿艺术展》这一临时展览，这个展览以陈列保管部在 1995 年到 2002 年这 7 年时间内，进行的北京旧城拆迁过程中的抢救性文物征集工作为基础，在北京明清"凸"字形的城区里进行拉拢式调查，将每个胡同的门墩儿都作为调查对象，在实地勘察后留下了很多珍贵的资料。《北京四合院门墩儿艺术展》可以说是这个工作的一个调查成果展示，将这些素材单拿出来进行梳理，对门墩儿的图案进行详细解说，揭示其优秀传统文化的内涵，最终形成一个临时展览，在具服殿展出，展览时间是 2018 年 9 月——2019 年 8 月。希望这个展览能够使观众加深对北京传统民居建筑构件的了解，探究特有的老北京丰富的民俗文化以及人们追求审美的朴素需求，传承和发扬其传统文化。

二、《北京四合院门墩儿艺术展》工作概况

（一）展览大纲

展览大纲是一项以展品和文字为载体的创作活动，根据展览主题，搭建起展览内容的主体结构，然后选择展品、辅助展品进行填充，撰写文字内容做好说明。文字说明中，前言主要是对展览主题的高度概括，可以通过交代展览的缘起，引起观众参观热情；各单元或需要上展板的文字，要言简意赅，表述清楚该部分的展览内容，帮助观众理清逻辑，找到重点；结束语则要达到让观众回味、思考的目的，也可以加入对支持单位或个人的感谢。除此之外，对于单个文物的文字说明，要注意不能过于详细，避免观众阅读疲劳[3]。

大纲制定过程主要包括前期调查与研究、主题提炼、确定展览结构与体系、确定上展品等方面内容。其中上展品中包括馆藏文物和辅助展品，选择文物的标准，要包括以下几个方面：第一，符合陈列展览主题；第二，文物可以揭示陈列展览的鲜明特色；第三，文物选择根据陈列展览特点有所侧重；第四，文物选择考虑不同的质地；第五，文物类别比较齐全；第六，文物定名是否准确；第七，文物确定的年代是否准确；第八，重要文物是否有遗漏[4]。辅助展品主要是指文物之外的诸如模型、图标、图片、图解、幻灯片、录音录像资料等，它们是构成陈

列语言的另一要素。辅助展品作为一种资料补充，能为文物的陈列起到解释说明的作用，比如反映文物的制作工艺、发掘地点、纹饰的演变过程、使用方法等，或者反映这个文物所代表的文化的分布范围等等。博物馆学者、历史学家、考古学家的学术研究成果，可以通过图表、模型、场景复原等诸多形式的辅助展品，再配合与之相符的文物实物展品，更能体现出考古研究的意义，又可使展览变得生动有趣且通俗易懂[5]。在《北京四合院门墩儿艺术展》上展品中包含文物、复制品和拓片。

北京四合院门墩儿艺术展

《北京四合院门墩儿艺术展》展览的基本情况：自2017年起整理相关资料，完成大纲编写，召开专家论证会和多次业务部门会议，在吸收专家、老师的意见基础上进行修改，最终完成大纲定稿。

前言部分：历史的记忆，满含着人们真挚的怀恋。门墩儿，是北京四合院的建筑组成部分之一，富含丰富的民俗风俗，体现人们追求审美的需求。小小的门墩儿寄托了人们丰富的情感和对生活的美好祝愿，充分表达着中国传统的吉祥理念。让我们从门墩儿中找寻往日的回忆吧。

展览内容：北京四合院是中国传统民居形式之一，汇集了祥和、团聚、宁静等传统文化中善与喜的因素，这些因素以不同的物质载体表现出来，门墩儿就是这其中重要的组成。展览分为六个单元：

第一单元为"门墩儿的探源与功能"，介绍门墩儿的雏形及建筑功能、装饰功能和驱邪避煞功能；第二单元为"门墩儿的形态"，展示门枕石、圆门墩儿、方门墩儿、滚墩石及异型门墩儿的五种基本形态；第三单元为"门墩儿图案的吉祥寓意"，以12种图案为例，具体分析每个图案的寓意；第四单元为"门墩儿的文字装饰"，欣赏古代匠人的文字雕刻；第五单元为"门墩儿图案的宗教寓意"，从道教、佛教的角度，解析门墩儿图案中的宗教内涵；第六单元为"门墩儿的动植物图案"，展现运用谐音、比喻、象征等手法传达人们美好的愿望与追求的图案内涵。

结语部分：门墩儿是老北京历史文化的载体，带给人们的美好回忆是那样浓烈、那样值得回味。门墩儿寓意着人们对家宅安康的祈望诉求，体现着朴素的向往美好的民族心理，寄托了对幸福生活的真挚向往，充满着对真的致敬、对善的礼遇、对美的追求。小小的门墩儿表达的是华夏子孙不变的美好情怀，延续的是我们生生不息的历史文脉。

在筹备《北京四合院门墩儿艺术展》的工作过程中，有效地提高了业务人员的研究、科普等工作能力，并丰富本馆文化资源。展览通过介绍门墩儿起源、功能、造型工艺等几方面来展示与体现门墩儿的民俗内涵，在宣传优秀传统文化的同时，加强了北京地方乡土民俗文化教育，增进了爱北京爱乡土的人文情感。

（二）展览的形式设计

临时展览内容专一、小型丰富、短期展出、经常更换的特性，为形式设计突出地提出了创新的要求。与基本陈列相比较，临时展览更需要我们不断地追求新意，多求方案，择优而定，陈列风格和表现技巧的探求应该是两个主要的方面。陈列要有自己的艺术风格，要有个性。临时展览的多样性给我们提供了探求、积累的机会。而形式设计的总任务是准确、鲜明、生动地体现内容，其中准确性是首要的，艺术形象是首先有了准确性，然后才有可能有鲜明性和生动性[6]。

以《北京四合院门墩儿艺术展》为例，通过对大纲内容的理解，尽可能地充分利用现有空间，以认识、展示、欣赏和追忆为主要线索，将门墩儿是北京四合院必不可少的建筑构件作为切入点，以简单素雅的灰色作为主色调，以艺术化的手段充分展现北京四合院门墩儿所蕴含的丰富的老北京民俗文化。在展览中，观众互动区设置了物理互动和体感互动两种类型的体验项目

1.滚轴互动项目

表现形式：利用滚轴转动的机械原理，将纹样重新组合，吸引观众的兴趣，提高观众的动手能力。

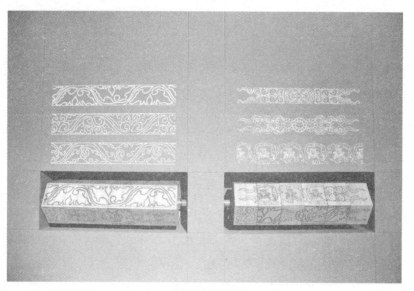

滚轴互动项目

2. 体感互动体验项目

表现形式：体感多媒体屏幕游戏，3D互动拍照，利用人机互动技术带来的新奇体验，将观众带入到老北京四合院的四季情境中。观众可以与门墩儿合照，并且扫描二维码，将照片保存在自己的手机中做留念。

体感互动体验项目

良好的体验来自博物馆对参观者物质需求和精神需求的双重关照，特别是在消费时代，一家拥有高品质环境和完善配套服务的博物馆显然要比一家仅仅拥有专业展品的博物馆更容易获取公众的青睐和欢心[7]。

展示设计中的交互意识是以相互关联的方式看待一切的，考虑人行为的多样性是追求人性化的思维起点[8]。这种陈列展示改变了观众与博物馆之间的关系，观众不单单是展品的旁观者，而是参与者，实现了博物馆主体由物到人的转变。

三、思考与总结

正因为有了临时展览，才使得博物馆有了更大的活力。在未来的博物馆发展中，临时展览需要广泛应用于博物馆的工作中，这不仅可以丰富馆藏品，而且可以提升个人工作能力，满足人民精神文化的需求，进而促进博物馆事业发展，同时促进文化事业的繁荣。

对于《北京四合院门墩儿艺术展》来说，20年前的门墩儿征集工作十分有意义的，调查涉及了形式各样的老北京的门墩儿，留下了很多珍贵的第一手材料，尤其经过大规模的城市改造，北京的风貌有很大的改变，对于生活在老北京胡同的观众来说，这个展览或许会勾起他们曾经的美好回忆，或许能够让他们深深地感到中华文明的博大精深，这些承载着老北京生活方式的门墩儿，可以说成为观众抒发乡愁和追忆旧时生活的一种寄托。

门墩儿是中国古代建筑中不可缺少的重要组成部分之一，承载了人们的审美思想、宗教信仰、风俗习惯、文化心理、民族精神、以及礼教观念等。门墩儿在现实生活中仍然有着作用，尤其是现在经济大潮的感召之下，体现了其商业价值，比如：开发旅游、休闲娱乐、研究教学、文化交流等，这些都说明了门墩儿的艺术持久。

《北京四合院门墩儿艺术展》是我经手的第一个作品，在此感谢每一个前辈的教导，虽然展览有很多不足之处，但这次学习的经历是弥足珍贵的。这篇文章也算是给本次展览的相关工作画了一个句号，期望在通过对门墩儿民俗文化研究的基础上，呼吁保护老北京文化遗产，争取发展中华文化，保存民族特色。在城市化建设过程中利用更加高效的手段去保护和传承中国传统文化，门墩儿在现代的改造变迁中应得到持续性保护。

参考文献

[1] 王宏钧.中国博物馆学基础 [M].上海：上海古籍出版社，2001.

［2］马楠.临时展览的特点与作用［J］.青年时代，2016（9）.

［3］杨成.浅析临时展览的策划和大纲编写［J］.中国民族博览，2016.

［4］齐玫.博物馆陈列展览内容策划与实施［M］.北京：文物出版社，2009.

［5］王炯.浅谈历史类博物馆文物陈列展览的内容设计［J］.重庆科技学院学报：社会科学版，2012（2）.

［6］魏明.临时展览的特性与形式设计［J］.中国博物馆，1997（3）.

［7］胡珺梓.基于历史博物馆展陈的多媒体互动体验设计研究［D］.东华大学，2012.

［8］黄秋野，叶萍.交互式思维与现代博物馆展示设计［J］.南京艺术学院学报，2006（4）.

周磊（北京古代建筑博物馆陈列保管部助理馆员）

北京隆福寺藻井在博物馆中的展示及利用

◎ 郭　爽

　　藻井，古代又称天井、绮井、圜泉、方井、斗四、斗八、龙井等，它以木块相叠而成，有圆形亦有方形。远古时期，由于黄河流域的气候寒冷干燥，黄土层缜密性好，适合挖洞，因此在那里居住的原始先民的"住宅"以"穴居"为主要形式。他们为了出入方便和室内采光的需要，在穴居的顶端开一个小洞，如同洞穴开了天窗，洞口是用树枝以抹角梁层层叠成，即抹角叠木的做法，这可能就是藻井的起源。后来随着历史的发展，社会的进化，以及技术的进步，穴居房屋经历了由地下向地上发展的一个过程，最终完全摆脱地下的束缚，建到了地面上。但这种房顶开天窗的形式却保留了下来，有些房子中还能看到天窗的身影。这个房顶的开口随之也被后人称之为窗。最早在东汉的《汉赋》中出现了"藻"字，东汉人喜欢以藻草为饰，在此天窗上绘制藻草纹，又因为它形状有圆有方，似一口一口的井，所以称为藻井。此天窗即后来藻井顶部中心明镜的前身。

　　中国古代由于受礼制思想的影响，建筑的形制、用材、装饰都有严格的等级规定。藻井通常只用在宫殿、寺庙中的宝座、佛坛上方等重要部位。唐代就有制度规定王公贵族以下级别的屋舍，是不得施以重栱和藻井的。而唐代也仅仅建有鸱尾的庑殿顶宫殿才能使用重栱及藻井。宋代更有严格的等级制度规定，凡庶民家中不得施以重栱和藻井，就连五色的文采装饰都不能使用。到了明代就有了更详细的限定。比如洪武二十六年所规定的，官员盖造房屋不允许使用歇山转角，重檐重栱以及绘画藻井等等。历朝历代以官方颁布条例的形式规定衙署和宅第等建筑的规模和形制，以建筑法式规定具体的施工方法、用材用料、定额，甚至规定藻井的使用范围，可见古代礼制等级之森严，在建筑上也体现得淋漓尽致，而不少官贵也因违令建舍或越制而被惩罚或招致杀身之祸。

但藻井作为中国建筑室内装饰上重要造型手段之一，在中华古代建筑中占有重要的一席。

一、隆福寺藻井概况

北京隆福寺，始建于明景泰三年（1452年），建成于景泰四年（1453年）。《日下旧闻考》中记载："隆福寺在大市街西马市北，其街犹以寺得名。明景泰年间建，有碑在寺中。景泰三年六月，命建大隆福寺，役夫万人……四年三月工成。"后仍根据《日下旧闻考》记载寺院规模宏大，前后五重院落。中轴线主要建筑依次为山门、天王殿、正觉殿、毗卢殿、大法堂等。东西共有配殿七十二间，山门两侧各有旁门。"大隆福寺，三世佛、三大士处殿二层，三层左殿藏经，右殿转轮，中经毗卢殿至第五层，乃大法堂……"便是描写当时隆福寺内的建筑规模。该寺毁于1977年。据记载，清雍正元年（1723年），隆福寺进行了为期三年的大修，"再造山门，重起宝坊。前后五殿，东西两庑，咸葺旧为新，饰以彩绘，寺宇增辉焕之观，佛像复庄严之相"。大修后改为雍和宫下院，成为喇嘛寺庙。每月一、二、九、十日有庙会，热闹非常，是当时京城五个定期庙会的主要庙会。"每月之九十日有庙市，百货骈卖，为诸市之冠。"雍正皇帝还御制碑文，自此又成为清廷的香火院。清光绪二十七年二月（1901年），一场大火将隆福寺部分建筑焚毁，隆福寺香火渐弱，庙会并未由此衰落。新中国成立后，在原寺庙遗址上修建东四人民市场，而烬余的正觉殿一直保留到20世纪七十年代。正觉殿又称万善正觉殿，俗称三宝殿，是隆福寺内的主要佛殿。此殿虽经明清两代多次修葺，但基本保存了明代建筑的遗风。而分别置于明间、稍间的三组藻井，是京城明代庙宇的一大特色。现今保留下来的法海寺、智化寺、宝禅寺等明代皇家庙宇的主要殿宇，都属此种结构。

隆福寺正觉殿内三组造型不同的藻井，分别置于三世佛的顶部，它给以每尊佛像室内最高空间，并在此空间内以人类丰富的想象做出宇宙间的彩云、天宫楼阁、佛像、诸神等富于神圣的装饰。隆福寺正觉殿在1976年唐山大地震后被拆除时，部分藻井构件被留下来，历史的原因使这些构件未能得到妥善保管，直到1991年北京古代建筑博物馆建馆时藻井残件方移入先农坛太岁殿作为文物予以保护。在我馆筹展开放前期，为了恢复隆福寺藻井原貌，工作人员依据清华大学存留的中国营造学社拍摄的隆福寺藻井资料照片，进行比对，并对藻井残件进行了整理，后依照图纸对残件进行了保护性修复。万善正觉殿的这尊明间藻井，是我国现存明代藻井实物中的精品。整个藻井的结构独特，为方井中内含圆井，圆井中又含着方井。每层藻井井圈上面都设置了形制大小各异的建筑，原本藻井完整时为六层，后经过大火和地震的损坏，已经无法还原，后经修复，恢复了包括盖井层在内的五层井圈。井圈上面的建筑由下往上，数量逐级递减，规模逐级扩大。分别由32座小型建筑减少至4座大型楼阁式建筑。紧靠井圈内壁主框架上，施有木雕祥云形状构件，此构件专为装饰，且云纹图案上站立天神数尊，与井圈上斗栱间诸神相互对应，形成一幅天宇神灵的世界景象。这一装饰构件又在藻井之外四角各做一方形雕云木块，上面各置一木质彩绘力士雕像，单手均外翻呈托举状，手托方井与圆井间的四个角蝉，意在托起中心圆井。圆井悬吊于方井之内，六层主框架相互叠罗，错落有致。除各层井圈上的木雕楼阁和云纹状装饰构件之外，在高层井圈内壁上还绘制了壁板画，色彩艳丽，内容丰富，大多能看出是神仙出行的场景，其中宫阙里的仙人天女都是精雕细琢而成，表情神态极为细腻，有和善安详的，有怒目圆睁的，有颔首微笑的，有闭目养神的，惟妙惟肖。藻井的最顶部，也就是盖井层上是明代人绘制的一幅二十八星宿图。据传明代人临摹时是根据唐代的一幅星象图所绘，其中有1400多颗星星，而经专家考证这1400多颗星星的数量和位置都相当准确。此幅星象图以北天极为朴心圈出六个半径不等的同心圆，最内一圈表示盖天图中之内规，第二圈为天球赤道，第三圈为盖天图之外规第三、四圈之间有二十八宿文字，四、五圈之间为宫次分野，第六圈为外轮廓线画面上另有条赤经线，穿过二十八宿距星而连接内外规。此图为观测者所在纬度见到的全天星象，藻井内绘制天象图，可能也是以此代表天体成为人与上天沟通的途径。这种表现形式表达了中国文化中更深层的含义，就是对"天"的崇拜，是"天人合一"理念的体现。中国文化中的"天人合一"之说，其目的仍是宗法伦理。天人谐调还是要归结为人际谐调，天与人相对应，在人间寻找一个与天对应的人治理国家，皇帝就成为替天行道的代言人。"天子受命于天"，把"天"当作有意志，有目的地安排自然和社会秩序的最高主宰，君主则依天意建立人间秩序，君主的无上权力来自天命。皇宫建筑中的重大建筑的藻井一般位于皇帝宝座和佛像的上方，是用来将天庭世界与人间帝王相比附。隆福寺的藻井，在它中部明镜内绘以二十八星象图，井圈上置以天宫楼阁，内壁则绘制神仙出行图，以及周边雕刻祥云图案作为装饰，这明确地表明了古代人对于天空的崇拜和种种想象。

修复后的隆福寺明间藻

隆福寺明间藻井天宫楼阁细部

隆福寺明间藻井天宫楼阁展开图

隆福寺明间藻井四角彩绘力士雕像之一

隆福寺明间藻井井芯二十八星宿图

二、隆福寺藻井的展示

　　2011 年北京古代建筑博物馆基本陈列《中国古代建筑展》改陈。对于展览大纲的反复斟酌和修改，最终敲定五个部分。分别是：中国古代建筑的发展历程、中国古代建筑的营造技艺、祭祀太岁——太岁坛复原陈列、中国古代城市的发展和中国古代建筑分类欣赏。这五个部分均展出于明代大殿中，受其中许多客观原因的约束，这五个部分的展厅分配也随着内容的划分也逐一确定。最早确定的部分就是第二部分中国古代建筑的营造技艺，因为旧展中隆福寺藻井的位置不能变动，因此这一部分的展出位置被第一个确定。

　　旧展中的隆福寺藻井是由四根工字型的大钢柱承托一个架子，把隆福寺藻井整体承托到空中，同时从外侧架起一个大钢手，从藻井凸起的穹隆状顶部抓起，保证上部有力量拉住藻井，下部有力量承托藻井。这么复杂的陈列方式是因为我们作为展厅的大殿也是文物，是我们展览中最大的文物。它们大多始建于明永乐十八年（1420 年），这些古建筑都在我们的保护范围内，因此不能随意钉钉子搭架子，因此藻井的展示也就变成了以上我叙述的模样。参观时，要站在藻井下方，仰头观看。

外部整体承托的隆福寺明间藻井

改陈阶段，藻井的位置定位虽然早已确定，但对于它的展示方式大家却进行了多轮的论证，各持己见，分歧较大。其中对于采用声光电多媒体手段的方式，支持的人占大多数。支持这种展示方式的人认为，原来展览中的陈列方式过于陈旧，脱离了改陈的主旨。应该采用更多的现代化手段来对这尊精美的藻井进行拆分式的展示，让人们尽可能地看到它的细节和局部。例如：采用触摸屏的手法，在电脑屏幕上放大观看鎏金祥云图案，抑或是四大力士的表情放大图。抑或者利用丰富多彩的声光电营造出藻井天宫琼楼玉宇的氛围等等。还有类似在藻井下方地面上设置一面镜子，观众可以低头观看镜子中反射出的藻井，也可以抬头观看。这些展示手法新颖，且具有现代化气息。但最终我们都没有采纳，尤其是镜子反射那个方案，会在如今说明牌文字不宜过多的情况下产生歧义。藻井二字对于不了解的观众来说，第一印象就是地上的水井，并不能完全反映出它是建筑内部上层空间的一个装饰构件。因此我们为了防止展览内容上的歧义和给观众不明确的感觉，最先淘汰了这个方案。进而我们采纳的却是最朴素的展示手法。依旧是利用这四根工字型的大钢柱来承托藻井，使它始终处于与太岁殿古建筑整体融合的局面，不应脱离或者过于突出于整个展览及周围环境。中国古代建筑展以中华几千年古代建筑灿烂的文明为基调，非常厚重，是不适合过度使用辅助手段来展示这件精美的隆福寺藻井的。中国人对于上层空间是非常重视的，因此藻井才会应运而生，我们展示这件文物的本意不管是从展示内容上，还是从展示方式上都希望观众能够感同身受，能够尽可能的还原古代人的视角和感受。仰头观看是最直接、最朴素的方式，也是与古人最接近的方式。但是鉴于旧展中的灯光设备过于陈旧和弱势，此次改陈对隆福寺藻井加增了LED灯光，使得观众仰头观看时不再像以前一样，只借助自然光来观看，完全无法欣赏到藻井的美妙和震撼之处。在对灯光设备进行改进后，天宫楼阁、祥云纹饰、神仙仕女以及那一幅动人的二十八星宿图都清晰的展现在观众面前，神秘面纱不再有。在观众仰望的同时，使藻井与人之间产生自然的距离感是能够增加展品的层次感及震撼性的。因此在新的展览中，我们用古人的视角，古人的方式，脚踏实地，仰望星空，内心产生了无限遐想，感受到古人对天空的无尽崇拜。在改陈完毕之后，我们也对在古建筑中做现代化的展览产生了一些思考。这是古建类博物馆共同存在的一个问题，这一对矛盾如何能巧妙地处理好也是我们今后需要探索的课题。

整体承托的隆福寺明间藻井仰视图

三、隆福寺藻井的利用

北京隆福寺藻井众多，这一尊是其中最为精美的。北京古代建筑博物馆最初建馆筹展阶段，正是正确保护了这些藻井，才使它们得以重见天日，容光焕发。如今对于藻井的保护更为重要，作为文物，它有着重要价值和意义，作为展品，它为博物馆展览添砖加瓦、增色不少。对于隆福寺藻井的利用我们分为两类，第一是其作为基本陈列的展品进行展出。在展出过程中，开展与学校的社教活动，以隆福寺藻井为一个知识点对中国古建筑的知识进行深入教学。再以其他几个隆福寺藻井作为辅助，加以说明，并将另一尊缺失井芯的藻井以竖立的形式进行展出。因为这尊藻井的井圈上的木雕十分精美，形态矫健的龙在祥云中穿行的画面被刻画得栩栩如生，且依稀能够看到当年鎏金的形态，金碧辉煌之感油然而生。利用这几组藻井的展示增加人们对中国古代建筑的认识，展现中国古建筑的魅力及奥秘。第二是根据隆福寺藻井这件展品，拓展出一个专题性临时展览。以隆福寺藻井为切入点，对中国古代建筑中藻井装饰的发展，经过了由简单到复杂、由疏朗到繁密、由单一到多样的发展过程。根据实例为观众详尽讲述一个关于藻井的故事，深层次的探讨一些相关问题，如古人对上层内部空间的解读及其所蕴含的精神意蕴。通过小小的藻井，展现漫漫中华五千年的文明，如何造就出在世界的东方独树一帜的中国建筑，它是建筑艺术的一部分，也是中国文化的一部分。其装饰中蕴含了中国古代建筑丰富的艺术与文化。

隆福寺次间藻井

中国古代建筑中藻井装饰的发展，从汉代的斗四藻井到宋代的斗八藻井，再由宋代的斗八藻井到明清的龙井。经过了由简单到复杂，由疏朗到繁密，由单一到多样的发展过程。它的发展与建筑形制的发展是同步的，可以从藻井的发展中看见中国古代建筑发展的历程。北京隆福寺藻井作为这其中的精品保留至今，弥足珍贵，我们在不断研究它的同时，应该更好地保护它，在今天显得更为迫切。

隆福寺次间藻井雕刻

郭爽（北京古代建筑博物馆社教与信息部副研究员）

论事业单位资产管理与预算管理的结合

◎董燕江

一、前言

近些年，社会在全速地运行，各项会计制度也得到长效地改革，对行政事业单位往后的工作有相当严苛的要求。新形势下，应大力督促事业单位认真对资产管理进行监督，推动资产管理、国库集中制度和年度预算等多项财政制度的深化改革。对事业单位而言，资产和预算管理有相当深刻的意义，除了能够帮助事业单位提升现有的财务管理水平外，同时还可以做好部门预算编制，防止重复购置，提升资源现行的利用率，推动事业单位今后的发展。

二、事业单位资产管理与预算管理结合存在的问题

（一）单位人员对资产管理和预算管理认识不到位

新形势下，资产管理有所改革。借此，各级单位也做了不少的调整。但是，事业单位在人员配置上并不合理，很多时候分配不均，起不到相应的职能。有些事业单位内部的管理人员，在专业素质上严重地缺失，未能根据资产与预算管理规范的标准来约束自我。严重时，还发生了人为对预算进行安排的情况，这就导致资产和预算管理得不到有效的监督。行政事业单位内部的管理人员，尚不清楚资产、预算管理的定义，不考虑二者的关联。很多情况下，资产购置容易重复，降低了事业单位自身对资产的利用率。

（二）制度建设落后，体制机制不健全

资产与预算管理结合上，行政事业单位最大的困境在于资产配置不完善。事业单位尚未构建良好的配置标准体系，没有先进的管理手段，脱离了实际的资产管理情况。管理实践中，没有办法起到应有的作用。另外，资产与预算部门之间无法做到明确分工，预算审核失败，这就影响了正常的运转。由于管理方法比较滞后，预算管理也得不到及时地监督。在考核能力上严重失衡，资产管理增量与存量信息也无法顺畅地传递，这就导致信息严重失衡。长此以往，资产管理部门也就没有办法和预算管理部门之间进行协商，预算编制找不到有力的数据支撑，这就降低了决策的准确性。

（三）资产收益管理薄弱，预算编报质量低下

长期以来，事业单位在资产收益管理上都相对薄弱。例如，忽略了资产出租与出借，流程与标准严重失调和不规范，这就耽误了资产管理，同时也导致国有资产遭到流失，出现了贪污腐败的情况。另外，预算编报没什么针对性，部分资产尚未其中，达不到满意的编报质量，也没什么条理性，体现不了事业单位真实的资产情况。

三、加强事业单位资产管理与预算管理结合的对策

（一）提高对资产管理和预算管理的认识

相关单位应认真学习与贯彻行业政策，从本质上提升行政人员对于资产、预算管理的了解与认知程度。科学统筹，对预算安排与资产配置进行科学规划，提升预算安排的可靠性。从前那种"重购置、轻管理"以及"重资金轻资产"的思想，对行政事业单位今后的发展是相当不利的。故而，行政事业单位应当切实对预算管理机制进行深入改革，使岗位人员清楚资产、预算管理结合的必要性，并创设良好的外在环境。相关部门应当执行上级的文件精神，抓好改革的要点与难点，统筹分析单位的基本情况，对管理手段与办法予以创新，将资产、预算管理进行全面结合。

（二）建立健全统一的事业单位资产信息系统

对事业单位而言，资产结构相对比较复杂，没有办法对收入与支出进行全面设计。如此，事业单位也就很难对资产进行科学管理，阻碍了预算管理之间的结合。正因为此，事业单位应当构建完善的资产信息系统，对内部资产进行盘查和摸底。针对单位收入和支出相关的信息，必须集中收集。特别是大项收入与支出，涵盖接待、公车以及水电费等，均需对单位财政日常的收支情况进行动态监管。管理和控制资产信息的整个过程中，要认真清理那些长时间的挂账资产，对固定资产背后的竣工决算进行规范交接。同时，要清理竣工完毕的固定资产。以互联网技术为依托，搜集和整理资产、预算管理结合相关的资料，为单位资产今后的科学管理提供可靠的技术支持。另外，需要明确单位内部的总资产，防止模糊账目。如此，财会部门才能对接下来的资产配置做好预算。

（三）完善和贯彻资产配置共同机制

现在，多数事业单位都还没有构建良好的资源配置体系，财务管理得不到细化分工。同样，资产配置也没什么科学性，这就影响了资产、预算管理之间的结合。正因为此，确保预算和资产管理之间统筹结合的前提，在于构建事业单位配套的资产分配系统。可见，事业单位理应贯彻我国的各项要求和规定，对事业单位内部的人员进行配备，对闲置、临时资产予以合理调配，掌握资产的领取和流向。特别重要的一点，需要共享设备与团队共建，尽量高效地运用有限的资产，使事业单位更好、更规范地实施财务管理。

（四）提升预算管理水平，为资产管理提供引导方向

为提升目前的预算管理水平，事业单位应构建良好的预算管理体系。如今，事业单位频繁运用了滚动、固定预算这两种不同的方法。它们有各自的优势与缺陷，固定预算编制对于那种稳定性比较好的事业单位更为合适。从管理成本上看，固定预算相对偏低，可以减小预算人员工作上的负担，增强预算资料的精准性。滚动预算属于动态的管理方式，更适合对事业单位内部的预算管理过程加以改善，增强预算管理的可靠性，帮助事业单位节约资金成本，推动事业单位长效的运转。对事

业单位来说，固定预算管理方法的应用范围十分宽泛。然而，固定预算也有其自身的不少缺陷。举个例子，固定预算相对来说比较滞后。该种管理方法，导致事业单位没有做出精准地考核与评估，达不到满意的预算管理效果。然而，针对发展战略与进程相对平稳的事业单位，该种模式的弊端并无过多的影响。那些市场波动快，发展不畅的事业单位，使用滚动预算更为合适。事业单位需要结合自身的情况和属性，选择可靠的预算管理方法。

（五）构建资产管理与预算管理的考核和监督机制

事业单位在日常工作中，需要对全面预算管理后认真做好考核和及时监督。考核监督机制能够挖掘预算管理最佳的效果，同时也要找出有待改进的地方，对方案的缺陷与短板加以调整，从根本上提升预算管理水平。另外，预算管理相对来说比较全面、系统，牵扯到很多的工作人员和范围。故而，很多时候有些细节没有办法进行科学地监督。该情况下，绩效考核可以较好地处理上述问题。事业单位开展和贯彻绩效考核制度，必须执行权责细分的考核与奖惩制度，鼓励员工自觉抓好全面预算管理，确保全面预算管理的工作效率和质量。构建全面预算管理考核机制后，事业单位必须保证考核机制的全方位执行，防止考核机制虚设。构建良好的全面预算管理考核机制，能够优化财务信息，为事业单位做好评估提供必要的参考和决策依据。故而，全面预算管理能够帮助事业单位更规范地做好内部控制。通过开展预算管理，将资产管理和预算方案之间予以统筹结合，有关部门需结合事业单位的实际情况，认真对资产、预算管理做好正常地监督，找出问题，达到满意的结合效果。

（六）资产管理与预算管理相结合的措施

1. 构建资产配置相关的标准体系

不论资产管理还是预算管理，资产配置标准都是必不可少的参考依据。因此，政府部门应结合事业单位的类别，建立科学的配置标准体系。为保证体系的安全性与可行性，有关部门必须分析单位的各类因素。以单位性质、财力和人员编制为主，盘点和确认资产配置的具体数量、实际价格以及使用年限。如此，控制单位自身的资产规模，使资金得到更好地使用。构建固定资产管理机制，确认归口管理部门、不同级别资产管理员各自的职权。一级资产管理员，理应对单位所有的资产承担起责任；二级资产管理员理应对本部门日常使用的资产承担相应的责任；三级资产管理员理应对个人使用的资产全权负责。

2. 构建良好的监督体系

不论哪项管理工作，都要有完善的监督体系。这点，事业单位也是如此。严格监督，有助于增强资产管理的平等与透明度，同时也能找出管理中碰到的问题，采取可靠的处理对策，改善财务管理效率。因此，完善的监督体系非常关键。监督活动中，财政、审计、监察和主管部门必须主动地参与进来，妥善的沟通。唯有如此，监督质量才能有所改进，监督工作也可以有较高的权威性。

3. 贯彻绩效评估制度

绩效，即评价业绩和工作成绩的核心指标，是贯彻职责的重要前提。构建绩效评估制度时，我们必须考虑资产的获取是否符合行业的费用范畴；资产利用率有无充分；使用预期有无达到。唯有对上述三项做好评估，单位资产才能有科学地利用，并构建可靠的绩效评估制度。最终，资产使用才能顺利地评估考核，确保单位的顺畅发展。

在国内，事业单位多数的资产均是源自财政资金。有序的资产管理，事关国有资产的运行安全和可靠性。故而，改进事业单位资产管理质量有相当深远的意义。按照事业单位历年所做的研究，将资产、预算管理进行统筹有助于提升资产管理水平。另外，资产管理是我们开展预算管理的重要前提。而资产管理的成果，也就是资产统计报告或是历史资料等，它们均为预算编制必不可少的条件。由此说明，资产和预算管理二者的结合除了可以提升事业单位自身的资产管理水平，改进预算管理质量外，还能够在资产、预算管理双方形成一道屏障，起到相应的约束效果，使资产、预算管理有更顺畅地发展。据研究分析，国内不少事业单位均未将资产、预算管理双方进行完美结合，资产和预算管理也就没有办法相辅相成、彼此促进，达不到应有的效用。目前，剖析资产、预算管理双方结合中到底遗留哪些问题，有助于事业单位更快更精准地提升内部管理水平。

四、总结

总体来看，事业单位促进和实施资产、预算管理双方的结合有深远的实践意义。一是能够帮助行政事业单位更充分地利用资产，提升效率，二是防止对资产造成过多的浪费，协助有关单位切实做好预算。到现在，事业单位在二者结合上还是有不少的难题：单位人员本身不是很清楚资产管理，也不能认清预算管理的意义；制度建设相对滞后，未形成良好的体制机制；资产收益得不到科学地管理，预算编报质量不高；资产收益缺乏有序地管理等。上述短板和不足，阻碍了行政事业单位今后的建设发展。故而，本文重点从增强对资产、预算管理方面的认知度；构建事业单位完善的资产信息系统以及配置共同机制；注重监督，优化资产以及预算管理等几个方面展开分析与论述，旨在推动资产、预算管理双方的全面结合，使事业单位得到持续、长效地发展。

董燕江（北京古代建筑博物馆高级会计师）

参考文献

[1] 周莹. 试析事业单位资产管理与预算管理的有机结合 [J]. 投资与合作，2012（12）：189.

[2] 吴继红. 新时期事业单位资产管理与预算管理工作探讨 [J]. 行政事业资产与财务，2017（9）.

[3] 徐新梅. 行政事业单位资产管理与预算管理结合中的问题研究 [J]. 现代商业，2017（8）.

[4] 孙运彬. 刍议行政事业单位资产管理与预算管理相结合 [J]. 中国外资（上半月），2012（10）.

[5] 蔡奇英. 行政事业单位资产管理与预算管理结合探讨 [J]. 新财经：理论版，2012（4）.

浅谈博物馆宣传工作
不同阶段的发展

◎闫 涛

博物馆宣传工作的开展始终伴随着社会媒体宣传手段的不断变化而变化，也经历了埋头苦干到注重宣传的转变过程。博物馆作为文化教育机构，承担着传承人类历史文明，普及科普知识，教育青少年的重要责任，而这些工作的开展都离不开宣传工作。通过有效的利用宣传手段来服务博物馆建设，已经越来越得到广大博物馆人的重视，并且从技术手段的应用到宣传人才的储备和培养都在不断提高，宣传工作也成为博物馆核心工作之一。

博物馆的宣传工作从单一的扩大影响力，也就是吸引更多眼光，逐步丰富为知识的传播、文化的解读，是广大观众了解博物馆的重要途径，也是博物馆自我展示的重要手段。

一、博物馆宣传工作的重要意义

博物馆发展到今天，主要的社会职责正在向教育转变。经过了长时间的研究，博物馆积累了大量的研究成果，同时拥有着丰富的文化资源，可以说集人类社会发展的见证和文化精华于一身。博物馆近年来已经成为一种文化现象，成了一种文化符号，人们对于文化的第一反应逐渐同博物馆联系了起来。博物馆对于文化传承的工作也从研究逐步转变为传播，既然拥有无与伦比的文化优势，那么对文化的传承也就责无旁贷。文化传播需要效应，需要影响力，而这正是宣传所可以达到的效果，宣传工作正逐步成为博物馆核心业务工作之一。

博物馆的宣传工作经历了社会宣传发展的各个阶段，也尝试了多种手段，可以说每一种方式方法都为博物馆的发展，扩大影响效果在当时的阶段起到了很好的效果。宣传的目的是让更多的人了解博物馆，进而走进博物馆。在社会发展中，不同的历史阶段，人们对于博物馆的认知是不同的，对于博物馆工作的认知或多或少的存在着一定的偏误，这与博物馆不同历史时期的工作任务和社会责任有一定关系，也与博物馆宣传工作效果有关。可以说宣传工作在一定程度上决定着人们心中博物馆的样子。

当今博物馆的宣传工作已经不是仅仅停留在单纯的传播，而是在着力打造依托博物馆资源的文化平台，将博物馆的文化积淀打造成为现象级的文化传播，形成良好的社会效应，吸引越来越多的线上观众成为博物馆文化宣传平台的用户，惠及更多的群体。博物馆的文化传承对象是整个社会，延伸到每一个人，所以这是一个复杂的工程，因为人们的情况不尽相同，对文化的认知也存在着不同，要想更好地实现文化传承就要依托切实有效的宣传工作。可以说博物馆的宣传工作可以打破时间和空间的限制，使得文化得到传播得以最大程度实现，是文化传承的重要保证。

二、博物馆宣传传统媒介传播阶段

博物馆最早的广泛宣传模式是依托传统媒体进行的，也是很多观众最早了解博物馆的重要途径。通过传统媒体可以说为最早的博物馆文化传播和普及科普知识起到了重要的作用。

传统媒体是相对于网络媒体而言的，传统的大众传播方式，即通过某种机械装置定期向社会公众发布信息或提供教育娱乐平台的媒体，主要包括报刊、户外、通信、广播、电视等传统意义上的媒体。传统媒体主要有声音、图像等，有时间和空间的局限性。

传统的三大媒体中，报纸是以文字传播为主，呈现方式单一、线性，对客观的情况需要做抽象地概括，难免与客观真实有所差距。同时，受版面限制，信息的容量有限，只能截取最有新闻价值的，迎合大多数人的阅读取向的信息，因而缺乏个性化，不能全面满足受众的阅读需要；受出版时间的限制，报纸新闻的更新速度只能以"天"为单位，虽然可以以"号外"的方式补充重要的新闻信息。发行量受数量和地域的限制，导致信息源有限和传播效果覆盖面有限。印刷品存储烦琐，检索查询更是劳心费力。

广播新闻主要以声音传播为主，声音稍纵即逝，不易记忆和保存。

在视觉上缺乏直观、生动的形象。广播也是线性的传播方式，听众只能按照电台的播出顺序收听。电台发射的电波频率受天气、接收方位和其它电台相近频率的电波等条件的干扰，影响受众的收听效果。

电视虽具备了声画结合的特点，但其表现形式仍不够丰富，受节目时间的严格限制，只能在规定的节目时间内传播相应内容的信息，影响传播效果，传播的信息往往不能满足受众对信息更具体，更全面的要求。电视受制于地域和自己的新闻触角，受众并不能自主地选择希望接收的内容。

这三大媒体在信息传播的过程中都是单向传播的，缺乏互动的模式，受众只能被动地接受信息。

传统媒体服务博物馆建设的时间最长，也曾经起到了非常良好的作用，是人们获取博物馆信息的唯一途径。很多人第一次接触到博物馆的信息或者概念，就是通过电视的宣传，拍摄的短片，或者报纸上一段介绍博物馆展览的简要讯息。人们参观博物馆可以获得博物馆的宣传材料，里面印刷有博物馆的基本信息和展览介绍，有些还会印制一些科普小知识。通过这些宣传材料人们可以在离开博物馆场馆后依然获取知识，也可以赠送他人形成新的传播。这也是博物馆宣传工作的起步阶段，没有形成规模效应，也不是博物馆日常工作中的重点之一。

虽然今天传统媒体依然作为博物馆宣传工作的一个有效手段，但是其产生的效果和传播的范围都非常有限，局限性较大，特别是对青少年观众的影响力逐渐萎缩。人们通过传统媒体能够了解到的博物馆信息非常有限，而传统媒体为博物馆提供科普教育的平台，相对结构简单，内容单一，而且成本较高，时间周期长，无法满足广大观众的文化需求。

三、博物馆宣传新媒体传播阶段

伴随着网络技术的迅猛发展，传统媒体宣传模式已经无法满足博物馆发展的需要了，而以数字技术为基础，以网络为载体进行信息传播的媒介——新媒体成了博物馆宣传工作的有效传播途径。

新媒体是一种环境，涵盖了所有数字化的媒体形式。包括所有数字化的传统媒体、网络媒体、移动端媒体、数字电视、数字报纸杂志等。利用数字技术、网络技术，通过互联网、宽带局域网、无线通信网、卫星等渠道，以及电脑、手机、数字电视机等终端，向用户提供信息和娱乐服务的传播形态。新媒体应该称为数字化新媒体，具有交互性与即时性，海量性与共享性，多媒体与超文本，个性化与社群化的特征。

这一时期，最典型的就是博物馆网站的兴起，和展览展示中大量应用的多媒体技术手段。博物馆宣传模式一下子变得丰富了起来，人们有了更多的途径，更便捷，更具实效性的途径了解博物馆的最新发展动态，通过网站，人们还可以同博物馆之间进行一定的互动。博物馆的消息和通知也可以第一时间发布出来，传播给广大的观众。同时，在展览展示形式上，更加丰富了表达，使得展览的观赏性和趣味性更强，更加吸引观众的眼球。在一定程度上扩大了博物馆的影响力，并且对青少年，特别是熟悉互联网环境的学生中有了更强的吸引力，更好地实现了博物馆的教育职能。这一时期，博物馆的宣传工作紧紧跟上了技术发展的脚步，将更多的新媒体技术应用到宣传当中，取得了相当不错的效果。也是从这一时期开始，博物馆文化传播和教育职能逐步成为其主要的职责，并且博物馆逐渐重视起宣传工作。"酒香也怕巷子深"，拥有丰富文化资源的博物馆，将工作的中心转移到文化传承上来，就意味着要更好地吸引观众，并且将文化知识推广到观众当中去，因此，新媒体宣传手段很好地完成了这一任务。在这个阶段，博物馆的宣传效果和传播影响力都得到了很大的提升，也更好地满足了观众的文化需求。文化传播不再仅仅是单一和线性的了，具有了一定的互动功能，观众可以自主选择一些文化知识来有针对性的获取。但是对观众使用的便利性还是有一定的局限性，同时对观众的"粘性"也不足。新媒体依然是在传统媒体的基础上进行的信息化、网络化技术服务，相对来说弥补了传统媒体的部分不足，但是自身由于技术的限制，依然存在很多不足。

新媒体更多的是源于科技手段的进步而产生的，博物馆在这个发展阶段，更多的仅仅是进行自身基本宣传，其教育职能的实现和科普知识的传播都没有达到很好的效果。可以说这一时期的博物馆宣传工作只是简单地将传统宣传工作进行数字化表达，其单一性和局限性依然存在，并且与观众的真实需求也存在着较大差距，观众依然没有融入宣传工作当中，只是单纯的接受信息，虽然加强了选择性和针对性，但是效果还是有限。

四、博物馆宣传自媒体的传播阶段

随着智能移动终端设备的普及和网络速度的不断提升，人们生活的方式和获取知识的途径发生了重大的改变。智能手机成为人们日常生活离不开的工具，实现着人们生活和工作中方方面面的事情，也成了大家获取知识的最核心手段。随着生活节奏的不断加快，现代人获取知识更多依靠的是碎片化的时间和模式，传统的媒体模式和新媒体技术手段对于近年来人们的生活习惯来说，太慢了，也很不方便，传统媒体和一般意义上的新媒体正在对他们失去吸引力，利用率正在逐渐下降，特别是青少年群体表现更加突出。

在这种背景下，微博、微信、App 和网络直播等应运而生，成了人们日常生活、社会交往、获取知识的重要途径。而随着智能手机性能和功能的不断加强，人们可以随时随地进行状态的分享，方便而快捷，任何看到的或者感受到，都被人们在第一时间进行了分享。可以说这一时期，每个人都成了一个媒体，都在进行着传播，也就是自媒体。

自媒体是指私人化、平民化、普泛化、自主化的传播者，以现代化、电子化的手段，向不特定的大多数或者特定的单个人传递规范性及非规范性信息的新媒体的总称。在自媒体时代，各种不同的声音来自四面八方，每一个人都在从独立获得的资讯中，对事物做出判断。有别于由专业媒体机构主导的信息传播，自媒体是由普通大众主导的信息传播活动，由传统的"点到面"的传播，转化为"点到点"的一种对等的传播概念。同时，它也是指为个体提供信息生产、积累、共享、传播内容兼具私密性和公开性的信息传播方式。

自媒体自其流行开始，迅速占领了主要传播方式，爆发出巨大的能量，其传播主体的多样化、平民化和普泛化。其低门槛易操作、交互强传播快、内容更加自由的特点也是其很快成为人们最重要的交互模式，不再有传者和受者的界限，每个人都是传者，每个人都能做新闻，"人人即媒体"。

博物馆宣传手段在这一阶段也充分利用自媒体的模式，依托自媒体的平台来进行知识传播和展示，同时开展观众互动。近年来，博物馆很多现象级的传播都是通过自媒体的平台出现的。自媒体的平台涌现了很多"网红"，博物馆的宣传工作中也涌现了很多的"网红"，扩大了影响力。这是自媒体平台的独特优势，博物馆的宣传不在仅仅依靠官方的声音，而是可以通过博物馆人的个体，通过观众进行。可以说博物馆的宣传已经不拘泥于一个角度，一种模式，很多有趣的瞬间和独特的角度被广大的观众发现，并成了博物馆传播的一部分，起到了很好的效果。观众成了博物馆宣传的重要力量，他们发布在朋友圈中的影像和文字都对博物馆的宣传起到了很好的作用。人们可以通过不同的角度了解博物馆，看到博物馆不一样的细节和特点，这样的角度和方式是之前宣传手段所无法达到的。新的视角带来新的理解，从博物馆专业之外的角度，从纯粹审美的角度，从感受和体验的角度带来了博物馆全新的认知方式，也带来了更多的关注度。

自媒体平台也是博物馆开展青少年教育的重要平台，更加符合青少年使用习惯，也更加符合他们获取知识的方式。可以说自媒体平台成为了博物馆文化传承的有效手段，也是博物馆现阶段最有效地宣传方式。同时，通过自媒体，博物馆可以促进自身的建设，可以了解到观众对博物馆的各种意见和建议，形成良好的互动，加强博物馆同观众之间的沟通。

自媒体虽然有着独特的宣传优势，却也为博物馆的工作提出了更高的要求。自媒体关注的是整个博物馆的状态，不同于以往的媒体手段，只是展示博物馆希望观众看到的内容或了解的知识。自媒体发布的内容，博物馆方面是无法控制的，也不是按照博物馆建设和发展的意志所决定。观众角度虽然带来了更多的新奇和细节，也带来了更多审视，因为这种媒体形式对博物馆来说是全方位无死角的，也就意味着博物馆的各方面工作都呈现在了观众面前，也就呈现在了媒体面前。在博物馆展示自身展览和精美收藏的同时，也将工作的细节，方方面面毫无保留的面对了观众的"检查"，任何疏漏或者小细节的缺失都会被放大，甚至产生难以预计的后果。可以说，一定程度上自媒体对博物馆的工作起到了监督作用，使得博物馆建设更加注重细节的完善。

这种自由的表达方式，虽然传播广泛并且很快能在一定的范围内取得巨大的效应，但是也存在着内容良莠不齐，部分内容可信度低，规范管理困难度大等问题。自媒体在带来传播方式创新的同时，始终伴随着一定的负面作用，传播的信息没有检查和审查机制，完全根据发布人自身看到的，听到的内容，拍摄到的画面和了解到的情况，会存在一定的片面性，这是自媒体所要面对地无可避免的情况。从一定的角度上来说，他传播的内容更加符合广大观众的兴趣点，但是也存在着一些不真实的情况和与博物馆宣传初衷相不一致的情况。这种情况需要看到传播内容的人自己去鉴别、去思考，从中获取真实而有价值的信息。所以，自媒体的发展需要一定程度的规范，同时，也对信息发布人提出了一定地要求。

五、博物馆宣传融媒体的传播阶段

博物馆的宣传手段始终伴随着传播技术手段的发展，人们生活习惯的转变，而在新的技术手段涌现的同时，传统的技术手段也依然发挥着一定的宣传作用。不同的观众对不同的传播手段有着不同的需求，因此各种媒体都将在很长的一段时间内并存，并且还会不断融合新的媒体手段。博物馆的文化传承，是一项面向不同年龄结构和知识储备的人们的工作，是关系到人类文明延续和社会发展的重要工作，因此要在媒体应用上采取兼容并蓄的态度。这就是近来产生的一个全新的概念——"融媒体"。

"融媒体"是充分利用媒介载体，把广播、电视、报纸等既有共同点，又存在互补性的不同媒体，在人力、内容、宣传等方面进行全面整合，实现"资源通融、内容兼容、宣传互融、利益共融"的新型媒体。

"融媒体"首先是个理念。这个理念以发展为前提，以扬优为手段，把传统媒体与新媒体的优势发挥到极致，使单一媒体的竞争力变为多媒体共同的竞争力，从而为"我"所用，为"我"服务。"融媒体"不是一个独立的实体媒体，而是一个把广播、电视、互联网的优势互为整合，互为利用，使其功能、手段、价值得以全面提升的一种运作模式。

"融媒体"是资源通融，就是合理整合新老媒体的人力物力资源，变各自服务为共同服务；宣传互融，建立一种新型和谐互补互信的媒体关系，摆正新老媒体关系，分析新老媒体的利弊，以优势互补、扬优去劣。融媒体时代的创新，除了理念上的创新之外，还有一系列的模式创新，其带来的最重要的一个后果即"媒介之间的边界由清晰变得模糊"，"打通"成了融媒体时代模式创新的关键。移动互联的"内容＋服务"模式是融媒体时代的另一种模式创新，创新才能创造生命力，不断推陈出新，坚持以"数据库"为中心，以"用户"与"服务"为基本进行。

在"融媒体"概念提出前，曾经"全媒体"的概念提出过不长的时间，来自传媒界的应用层面。"全媒体"的出现是在媒体形式不断涌现和变化，媒体内容、渠道、功能层面的融合，使得人们在使用媒体的概念时需要意义涵盖更广阔的概念，其更多的是普通媒体形式的集中体现。经过发展，后期"全媒体"概念逐渐转变为"融媒体"的概念，也就是在融合了各种媒体手段的同时，更加注重宣传平台的打造，使得不同媒体间的界限更加模糊，不再仅仅是媒体的大合集，而是大融合。

"融媒体"提出的时间点是在近年来各种媒体形式相继出现，并分别在一定的历史阶段发挥了重要作用之后。这样就意味着各种媒体手段所具有的优势和存在的问题都已经被宣传工作者们所掌握，对其相互间的关系也有了相当的认识。"融媒体"认同各种宣传手段，更加认清各种宣传手段，通过融合的概念，将这些形式融会贯通，逐渐形成一种综合形的媒体宣传手段。

"融媒体"传媒模式是博物馆接下来的宣传工作开展模式。博物馆作为非常传统的一个行业，其资源具有非常多的传统特点，也就意味着其更加需要通过创新的发展模式，全新的宣传理念来打造传播，进而扩大博物馆影响力，实现社会职能。博物馆的宣传不同于其他行业，具有其独特性，不同的传播手段都有其存在的意义，并且将会长时间融合存在，"融媒体"正是这种发展模式的最好诠释。

六、博物馆宣传人才的培养

博物馆的宣传工作，专业性要求不断提高，更多的专业性组织成为了博物馆宣传工作的合作伙伴，但是真正懂得博物馆内涵，了解观众需求的还是博物馆的工作人员，因此宣传工作的开展的最终依托还是博物馆人。因此，要培养一支具备博物馆业务知识，又具有从事宣传工作的技术素养的工作团队，服务博物馆宣传。

博物馆的宣传同博物馆的教育工作还不是一个概念，博物馆日常工作中更多的是教育，而宣传工作本身同教育具有一定的区别性。博物馆的教育是主要业务工作之一，从事的人员多，积累的经验也多，但主要存在于传统的教育模式。宣传工作服务博物馆的建设，也在很大程度上服务博物馆的教育工作，影响着博物馆教育开展的受众和效果，同博物馆教育紧密相关。但是博物馆在发展中，对专业的宣传人才储备的并不多，更多的是不同业务部门的工作人员来兼任宣传工作，虽然他们足够了解博物馆，但是未必足够胜任宣传工作。同时，伴随着宣传媒体的不断发展和创新，宣传工作成了一项专业性很强的工作，想要达到理想的效果是很有难度的一项工作。因此，博物馆要引进更加专业的宣传人才，更加懂宣传技巧，熟练掌握各种媒体技术手段的人才。将宣传人才、博物馆信息化人才，以及专业的博物馆人才汇聚成一个专业团队，更好地服务博物馆传播工作，才能达到良好的宣传效果。

宣传是一个需要看到效果并且注重反馈的工作，在具体工作开展中，要注重观众需求的收集和习惯的发展变化，要更加迎合观众的口味。宣传工作要摆脱曾经的"想要观众看什么"，逐渐转变为"观众想要看什么"，这是宣传理念的转变，也是博物馆服务观众，更好地实现教育职能的体现。因此，在不断发展宣传理念的同时，要培养一批具有专业素养，懂博物馆同时能够驾驭好宣传工具的队伍，更好地完成博物馆宣传工作。

七、博物馆宣传工作未来发展的思考

博物馆的宣传工作是博物馆扩大自身影响力，提高对公众的服务质量，更好地起到教育职能的有效保障。因此，博物馆的宣传工作开展首先要提高思想认识，要作为博物馆发展的重点工作。只有不断提高重视程度，才能真正开展好博物馆的宣传工作。

宣传工作重要的是效果，看的不是数量而是质量。博物馆宣传工作未来的重点之一就是要深入挖掘文化内涵，做有深度的宣传。现阶段的宣传工作更多的是信息的传递和科普知识的传播，对公众的教育作用也停留在普及常识性问题阶段，对于观众深层次的文化需求，对于文化传承深入挖掘还远远不够。未来博物馆的宣传工作要同博物馆教育更加深度地结合起来，将文化传承作为宣传工作的重点，增加文化内涵的深度。现阶段的观众对博物馆的认知已经有了长足的发展，对于博物馆文化的认同也越来越多。特别是青少年观众对博物馆更加的关注，家庭也更加重视孩子的博物馆教育，作为传统教育的有效补充，越来越多的人以家庭为单位成为博物馆的固定观众。博物馆也逐渐成为人们去各地旅游的必去之处，可以看出人们对文化的渴望，对博物馆文化提供的需求已经形成。这时，博物馆的宣传工作就要更加有针对性，更多考虑观众新的需求，不能还仅仅停留在扩大博物馆影响力上，而是要着力扩大文化影响力。

今后博物馆开展的宣传工作还要在专业性上更加加大投入，宣传工作本身是非常专业的领域，也是具有很强技术性的工作，不能简单地进行信息堆砌。更多的和专业的宣传团队合作，做到专业人做专业事，同时着力培养博物馆宣传人才，使真正懂博物馆的人能够更好地胜任宣传工作，因为他们才能更好地为博物馆发声。

博物馆的宣传工作是在摸索中不断前进，也吸取了社会上最先进的宣传手段，最火热的宣传平台，但是仍然存在着重形式，轻内容的问题。虽然在不同的媒体形式中都可以看到博物馆的身影，都有博物馆人在发声，但是真正形成影响力的宣传还是有限，真正达到现象级的宣传效果还是很少。这就是内容的问题，也是就宣传专业性的问题。宣传工作的专业性不仅仅体现在形式的丰富和多样，更多的是体现在其内容可以非常吸引人的眼球，可以通过更加有趣、符合观众阅读习惯的内容来增加观众"黏性"。形式的新颖只能起到一时的作用，而真正使宣传工作更加持久生效还要靠优秀的内容。所以，今后博物馆的宣传工作还要在内容提供上下功夫，这更多的要依靠博物馆的宣传人才来发挥作用了。

随着博物馆的宣传工作的不断发展和完善，博物馆的文化影响力将会不断扩大，对文化传承的贡献也将逐渐增多，博物馆一定会将自身拥有的文化资源和优势成功惠及每一个人。

闫涛（北京古代建筑博物馆社教与信息部副主任）

融合发展
——试析文物保护科学发展路径

◎李　梅

"文物保护科技是一个开放的复杂系统，是人文社会科学、自然科学、技术科学和工程技术等一切与文物保护相关的科学和技术相互渗透融合的交叉学科。"学科综合性的特点决定了自身发展的突出特点为融合性，融合发展成为文物保护科学发展的新突破。分析学科建设的趋势，剖析现阶段学科发展中存在的问题，探索文物保护科学技术牵引、需求牵引及交叉学科的发展模式及路径。

一、综合性决定融合性

文物保护科学自身综合性的特点决定了融合发展之路。

文物保护科学的研究对象即文物，作为历史遗存种类丰富，文物本身是多类型，多材质，多形态的综合体，研究文物仅靠一门学科根本无法实现。

文物的历史性是文物研究与保护复杂的因素。随着文物产生的原生环境的消失，社会生产环境的改变，使得现今留存的文物保护研究涉及当时社会的技术等因素，需综合多种因素进行研究。

文物由古至今保存，经过历史的演变，而流传过程会改变原本的信息，可能增加复杂内容，需要剥离及多维度综合研究。

技术发展进入融合交叉发展的阶段，在基本学科日益完善的情况下，科技走向交叉学科发展。

二、融合促进发展的实践

以融合促进发展的成功例证比比皆是，融合发展是学科发展的必

博物馆学研究

251

由之路。

（一）融合中考古学迅速发展

例如传统学科之一的考古学，在自身理论完善的基础上，新的发展阶段突出特点表现在与技术、自然科学等诸多领域合作，带着传统考古学中的难题，与自然科学技术等领域融合，从而实现质变。

在大遗址考古中借助航空拍摄技术实现了对遗址地质地貌变化因素等数据分析、研究，将大遗址考古带入全新发展高度，实现从空中俯瞰遗址全貌，而不仅局限一个探方或者若干探方的局部的限制。在所有学科中，最先与考古学在明确的科学意识指导下相互结合的是民族学，而这一结合形成的边缘学科就是民族考古学[1]。体质人类学的研究为考古学研究提供了新路径，新方法，从而带来新的考古学研究成果。如《试论人类骨骼考古学研究的理论问题》[2]一文，认为以考古出土的人类骨骼作为材料，提取对于考古学研究有用的信息，进而尝试解决考古学问题并试图恢复人骨所代表的人类个体和群体在体质特征、人口状况、健康状况、行为模式等方面的信息。这种理念与生物考古学的理念相近。

（二）技术研究与应用领域得到扩展

技术发展以其成果应用为检视效果。如上海硅酸盐研究所将硅酸盐研究与古陶瓷研究结合，在现有的国家重点实验室（4个中国科学院重点实验室）的基础上，增加了国家文物局重点科研基地（古陶瓷与工业陶瓷工程研究中心）。最近一个重点项目即考古发掘现场脆弱遗迹提取和保护，与秦始皇帝陵博物院、上海大学、中国科学院上海有机化学研究所等单位，开展联合攻关，开发了以左旋薄荷醇为代表的考古发掘现场出土脆弱遗迹临时固型材料及多种施工工艺，该成果也是上海硅酸盐所作为首席单位承担的973项目"脆弱性硅酸盐质文化遗产保护关键科学与技术基础研究"的重要代表性成果。成果推广应用于45处考古发掘现场脆弱遗迹提取和保护中，结果表明该材料具有"提取能力可调、工艺简单、耗时短、可控去除、绿色安全、无有害残留"等特点，具有巨大的应用推广价值，将为我国现场文物保护提供强有力的科学技术支撑。

（三）学科体系建设，流程制度与规范研究

学界的研究一方面从技术引入着手，研究技术如何有效应用，同时，已经深入到学科建设、流程与制度规范等。例如《文物保护新材料评价体系研究》[3]中，分析研究随着文化遗产保护领域越来越受关注，文化遗产保护新材料大量涌现的现状。而我国针对文物保护新材料的评价还很不完善，尚无明确的评价准则、严格的评价流程、科学的评价方法以及健全的评价组织。该文在科技评价相关法律法规的约束下，通过借鉴相近行业已有的评价体系，构建了文物保护新材料评价体系，包括确定新材料评价准则，规范新材料评价流程，提出新材料评价方法，构建新材料评价组织。

三、现存问题及发展趋势

现阶段，文物保护科学发展传统意识及保护手段与新技术发展结合并存。以历史考古类为主要学科背景的科研人员，对新技术的认识及利用存在一定限制，一些方面有待改善。融合发展的观念和意识不足。缺少复合型人才，领域陌生，无从下手。没有发展规划。依托本地需求，建立长效机制，赶时髦。一次投入，没有后续。缺乏杀手级应用。

四、与技术共同发展

文物保护科学发展中技术发挥重要作用。从合作模式看可分为三个路径，技术牵引、需求导引及交叉学科等。

（一）技术牵引

将成熟的科学技术引入文物保护科学中，以技术为手段，解决文物考古等科学研究中提出的技术问题。现代科学技术手段如碳14法、热释光法、红外光谱成分分析、拉曼光谱分析、X射线荧光能谱分析、古地磁法、钾－氢法、裂变径迹法、树木年轮法、黑曜岩水合法等，已广泛地应用于文物鉴定与分析，成为高效快速的重要手段。

将科技作为手段引入文物保护科学中，作为历史文物研究、保护与修复传统的研究途径之外推动性的助力，作用显著。

技术应用上还有诸多成功的例子，如高光谱分析用于壁画保护研究，拉曼光谱做翡翠和石斧成分分析，X射线荧光分析–文物无损分析，纳米材料用于壁画修复等等。在古籍文字的识辨和修复方面应用AI算法识别技术。在中国对西夏文的考古研究中，利用弹性网络、神经网络、AI算法以及深度学习等技术率先完成了对西夏文的识别研究工作。所列举的都可归结为技术在文物保护科学中的应用。

（二）需求牵引，文物保护发展推动对技术革新

在《3D打印技术应用于文物复制的可行性研究》[4]一文指出，随着新技术的引进与不断改良，3D打印技术已在多个领域有了应用，并取得了丰硕的成果。对3D打印技术应用于文物复制的可行性研究，从政策可行性与技术可行性来论证。运用3D打印技术打印复制古籍书页，并测试3D打印印版的印刷适性，印出古籍复制页实物，结合国家政策为3D打印技术在文物复制领域的应用提供一定的思路和研究。

文物考古历史等研究成果为技术发展提出新需求与新方向，从而推动技术的纵深发展。如3D打印技术在考古文化领域，最直接的应用就是对文物的修复和复制。意大利3D打印公司WASP将庞贝古城的遗迹模型3D打印出来并进行了展出。宏大的古城址对3D打印技术是新的挑战，将巨大体量的城址成功打印的例证，更新了设计理念、提升甚至改革了技术手段。

（三）融合中的创新，产生交叉学科

作为相对独立的文物保护学科与另外独立的自然科学技术共同研发，形成成果或者学科分支，进行深入细化的专项研究。

如大数据在长城研究中的应用。以箭扣长城为标本进行长城缺损或裂缝识别与定位：针对损毁及裂缝类型，研究人员在正常的和损毁的长城3D模型上进行样本采集和标定，获取足够多的样本数据，进行大量数据样本的训练分析，形成对典型损毁模式的识别能力。

长城数字化模型虚拟修复：当一段长城的损毁部位识别出来之后，人工智能就会进行数字化的虚拟修复，在损毁的模型上生成3D的修复效果和砖墙纹理，并获得物理修缮所需的工程量的数据，作为对物理修缮的参考建议。

五、研讨融合发展思路

综合发展是时代发展的趋势和要求，针对文物保护科学发展中的趋势和问题，依据文物保护的复杂性，按照系统工程的理论，提出以下发展思路。

（一）转变观念，树立意识

熟知本行业或本专业的基础，明晰自身发展障碍，掌握未来发展方向与目标。通过培训，交流，调研，会议，制度设计，加强评价和激励引导，积极应用科研成果。

（二）加强融合，培养人才

1. 馆内自主课题研究

首都博物馆设立馆内课题，通过学术委员会审核，确定立项，给予财务支持。科研课题组成员不限制在某一个部门，课题完成时间也较为充裕。申报获批的文物局科研项目，获得财务支持，并有文物局属专家指导。依靠馆内业务力量独立完成的传统科研项目，同时与社会力量联合申报中型及大型科研项目，技术与文物保护联合立项，进行以馆内资源研究对象，技术为修复手段。

2. 开放基金，与科研单位建立联系

外部联合研发组。从博物馆文物保护需求出发，联合高校、科技技术公司等专业技术力量，形成工作组，以科研项目的形式联合进行文物保护科学研究。

3. 联合科研单位，申报自然科学基金和社科基金等项目，形成优势团队。

4. 科研成果落地，形成常态化应用。

（三）规划发展，长效投入

1. 依托人才培养成果开展 5 年、10 年发展规划研究和战略研究。

2. 凝练总结，优化资源配置，形成长效投入机制。

3. 结合本馆需求，逐渐形成优势领域和学科。

六、结论

（一）研究融合发展模式

应用型，分阶段推进的应用型合作模式，即在文物保护中引入科学技术，将科学技术的手段即技术本身应用于文物保护的研究中。

文物保护科学的发展促进科学技术的更新完善进步，文物考古历史学研究对于技术的反馈促进。

合作开发，文物保护科学发展对技术提出需求，促进科学技术为文物保护的需求而研发，最终产生满足文物保护需求的新技术，有些新技术进而发展成为新学科即交叉学科。

（二）探索融合发展路径

体制机制创新，促进技术应用，建立完善应用模式。为了避免不成熟的技术可能给文物带来的损伤，新技术的研究与实验从仿复制文物藏品做起。

疏通文物保护与技术合作的通道，从财务管理、设备设施采购及使用、人才奖励激励机制，成果共享等构建博物馆等文物机构与技术公司的合作模式。

与港澳台地区合作中，由于研究对象大致相同，更多合作来自理念、技术等应用层面，应单独研究合作模式。可以采取建立友好馆的方式，共同对相同的文物类型开展技术而更便捷的展开文物保护研究。与国际同行合作。互联网技术高速发展为异地异域的交流搭建身临其境的实时的无障碍的平台。

（三）打开思路，主动学习新技术，寻得适当途径

选择与自身发展契合的技术手段是一个艰难且必需的经过。如地下的文物和天上的卫星，一个是传统的考古历史文物研究，一个是航天科技技术，怎么能关联起来？航天卫星的科技为考古踏查文物保护提供了强有力的支持。例如中国空间技术研究院下属航天恒星科技有限公司西安分部中标陕西省文物局唐代景陵田野文物石刻保护试点项目，后续将利用北斗、遥感等技术进行文物保护。本项目是基于北斗定位的文物

巡查系统，包括巡查终端及北斗终端。北斗系统的定位功能的应用，首先是对文物巡查人员的巡查轨迹进行定位，方便文物管理部门后期管理。其次是在文物周边安装了北斗终端，对野外文物进行相应保护。此外，由于唐景陵范围广、周围环境复杂，该项目还采用卫星遥感技术对唐景陵保护区内地表自然、人文活动的情况进行动态监测，效率高且效果更好。

（四）从重点、难点入手，寻求技术突破

科技是生产力，抓住重点，以应用型技术推广为先。如机器人水下考古装备关键技术与应用旨在破解传统水下考古技术设备的局限与瓶颈，显著提高在浅滩、暗礁、浑水、急流等复杂水域环境中的水下考古作业能力。在项目酝酿、策划、研发、测试、应用等全过程中，宁波市文物考古研究所与上海文物保护研究中心充分发挥在水下考古方面的专业优势、技术特长与实践经验，同时紧密依托上海大学机电工程与自动化学院，整合了水下机器人系统、海洋智能无人系统、机械、自动化、电子工程等多支技术团队，协同创新、攻关克难，在国内率先构建了专门针对复杂水域、面向水下考古的两栖机器人协同控制系统和水下文物探测、跟踪技术体系，曾为宁波"小白礁Ⅰ号"沉船发掘项目荣获全国"田野考古奖"、上林湖后司岙唐五代秘色瓷窑址考古荣获"全国十大考古新发现"以及上海"长江口Ⅰ号""长江口Ⅱ号"沉船的调查发现提供有力的技术支持。

（五）以课题带动科研队伍成长

专业人才队伍是事业发展的保障，快速高效培养专业人才，形成高效合作的专业团队是学科发展的核心动力。组织专业技术人员共同参与，完成课题任务，是促使人才队伍快速成长的最好助力。

在中国科技部、文化部、国家文物局联合制定的《国家"十三五"文化遗产保护与公共文化服务科技创新规划》指出，未来5到10年将是文化遗产保护科技发展的重要战略机遇期，迎接科学和技术飞速发展，研究文物保护科学的理论体系，增强文化遗产保护科技自主创新和系统集成的能力，应用现代分析技术和科研装备，材料、生物技术、空间技术、信息技术等高新技术，实现文化遗产保护技术的重大突破，现代科技的全面介入，培养战略科学家、复合型科技人才、工程技术人才和科技管理人才，搭建多元化、多维度的合作网络等发展趋势。

　　长期以来，文物保护科学在实践中积累了相当多的经验，其中融合促进发展为重要内容。未来几年，文物保护科学发展宏观方向仍是加强与其他学科深度融合，研讨成熟的合作模式，为未来文物保护科学的发展找到顺畅的道路，解决文物保护科学发展的路径问题。

参考文献

［1］曹兵武. 考古学研究的中介方法——对考古学史的简单回顾和前瞻. 东南文化，1993（2）：29-34.

［2］侯侃. 试论人类骨骼考古学研究的理论问题. 边疆考古研究（第22辑），2018：337-355.

［3］李锐. 文物保护新材料评价体系研究. 北京化工大学硕士研究生论文，2012.

［4］张晓青. 3D 打印技术应用于文物复制的可行性研究. 北京印刷学院硕士论文，2014.

　　　　　　　　　　　　　　李梅（首都博物馆副研究馆员）

听于丹讲述《中国文化中的文创密码》之感想

——博物馆文创专题培训班的感悟

◎周海荣

为进一步推进文博单位文创开发工作，市文物局特组织召开文创工作专题培训班，开拓工作思路，深入发掘优秀传统文化内涵丰富文创素材，就如何做好博物馆文创产品研发、生产、版权保护和展示宣传等事项，促进馆藏文物"创造性转化和创新性发展"进行研讨。

培训班邀请首都文化创新与文化传播工程研究院院长、北京师范大学博士生导师于丹教授，就传统文化与相关文创产品开发做了题为《中国文化中的文创密码》的专题讲座。于丹教授是知名的文化学者、对国学的文化传播做出了很大贡献，将难懂的语言通过她的讲述转化为现代容易接受的方式来传播。于丹教授认为文化创意与传统文化息息相关，二者关系也是文创工作中需要考虑的问题。作为一名博物馆文创工作的业务人员，笔者有幸参加了此次培训。通过培训，对目前北京地区博物馆文创开发现状和社会公众对博物馆文创的需求方向有了进一步的认识，在文物遗产与中国文化的内容结合和深层次发掘内涵讲好"中国故事"方面有了一些感悟。

一、文创开发中要符合"天人合一"的思想内涵

当代世界是一个以国家为基本单元的世界，国家要想自立自强，需要吸收世界各国文明的优秀成果，更需要发掘自己传统文化中的瑰宝，而在日益兴盛发达的当代中国，传统文化无疑是给我们和平崛起提供支撑的重要精神资源。

中国文化在中华五千年的发展历程中起到了重要的作用，传统文

化逐渐从诞生到发展到繁荣，有着自己独一无二的民族特点，是人类历史上伟大的精神财富。文化一词，最早出现在《周易》中，"观乎天文，以察时变；观乎人文，以化成天下"。意思是：通过观察、分析自然现象，可以明察四季时序的变化；欲对人民进行教化，应先观察、研究人类社会创造的文明礼仪，了解、掌握其规律，然后才能制定正确的措施和办法，实现教化天下的目标。中国文化中的天人合一，天就是指自然的法则，人就是指人间社会彼此制约，天和人的合一就是自然与社会顺应发展的和谐理想状态。人类文明发展到一定程度的时候，从国与国之间到人与人之间，社会的个体都充满了冲突、对抗与矛盾，这些都是社会发展的矛盾与焦虑。中国文化讲的就是观天文了解时节变化，观人文是用价值观去化育人心，化解焦虑，化解对抗与冲突，让人在融合性的思维中达到合二为一，这就是文化的使命。中国文化注重人文主义精神，宗法道德观念，讲究和谐与中庸，在今天，儒学思想的精华仍然值得我们继承发扬。

当前，为什么文创会得到长足的发展，得到高度重视？都是为了促进社会发展，不断满足人们对美好生活的向往，使人们具有满足感和获得感。文化创意是文化发展传承的二次创造，在创造过程中必须深入挖掘传统文化的内涵，找到传统文化与当代生活、文化的契合点，把优秀传统文化中的概念融会贯通在新的地方，将二者紧密结合，深入融合和谐共生，不断传承和发展，体现传统文化天人合一的思想。文创要满足人们的需要，正所谓"日常之用即为道"，与人们美好向往息息相关的的产品才是最合理的创意产品。文创产品开发也不能总是千篇一律，是需要不断创新和发展的。以前去博物馆、景区买的文创产品都是钥匙链、冰箱贴，如今我们需要深入挖掘传统文化的内涵，让历史说话，让文物活动起来，需要不断更新升级文创产品，真正实现文创的更新迭代。什么是一个民族的集体记忆？什么是家族的传承？这些都要从文化说起，历史文化在今天不断传承发展是正在进行的时态。

二、文化的创造性转化与创新性发展

习近平总书记在中共十九大报告中提出，要"推动中华优秀传统文化创造性转化、创新性发展"，这句话为今后我国文化建设事业的发展指明了方向。文化单位文创实践的价值意义是什么？总书记关于文化活起来的指示，我们所说的"双创"，怎么样做才能实现创造性转化和创新性发展呢？

首先，要科学的认识中华优秀的传统文化。文化是历史发展到一定阶段的产物，有其自身生命力。2017年1月，中共中央办公厅、国务院办公厅印发《关于实施中华优秀传统文化传承发展工程的意见》。《意见》指出："中华优秀传统文化，积淀着中华民族最深沉的精神追求，代表着中华民族独特的精神标识，是中华民族生生不息、发展壮大的丰厚滋养，是中国特色社会主义植根的文化沃土，是当代中国发展的突出优势，对延续和发展中华文明、促进人类文明进步，发挥着重要作用。""中华民族和中国人民在修齐治平、尊时守位、知常达变、开物成务、建功立业过程中培育和形成的基本思想理念，如道法自然、天人合一的思想等，可以为人们认识和改造世界提供有益启迪，可以为治国理政提供有益借鉴。"中华优秀传统文化积淀着多样、珍贵的精神财富，如文以载道、以文化人的教化思想，形神兼备、情景交融的美学追求，俭约自守、中和泰和的生活理念等，是中国人民思想观念、风俗习惯、生活方式、情感样式的集中表达，滋养了独特丰富的文学艺术、科学技术、人文学术，至今仍然具有深刻影响。传承发展中华优秀传统文化，就要大力弘扬有利于促进社会和谐、鼓励人们向上向善的思想文化内容。"历史上的传统文化并不是一成不变的，它随着人类的发展，不断转变，也许最初是具有重要的作用，之后逐渐演变成为腐朽没落的文化，最终被淘汰，淡出了人们的生活，如陈旧的封建习俗、观念和迷信。随着我国精神文明的不断提高，部分优秀的传统文化正在呈现复兴之势，比如传统的书法和绘画艺术越来越繁荣，过去的诗词歌赋也火热了起来，人们越来越重视传统的节日文化了，汉服文化也越来越流行了。今天我们说的传统文化是具有传承价值，无论是精神文化、物质文化都被人们所需要的，可以通过再创造，转化为当今可用，突出文化性和价值性，被继承和发扬。

其次，树立正确的文化心态——文化自信。文化自信是增强文化软实力的源泉和动力。文化作为历史凝结成的生存方式，是一个国家发展的灵魂和血脉。文化积累了最深沉的精神追求和行为标准，承载着民族自我价值取向，体现了一个国家及其民众对世界和现实生活的认同。文化自信集中体现了国家、民族和政党的民族自尊和自豪感。对个人来说，文化自信本质上是一种自信的价值，反映了主体（或族群）文化的核心价值观念，是增强中国文化软实力的不竭动力。文化自信是实现中华民族伟大复兴的精神支柱。中华文化的繁荣和发展是中华民族伟大复兴的题中应有之义。纵观中华民族五千余年的悠久历史，中华优秀传统文化不仅在历史上主导着中国的发展，直至今天对中国的社会发展仍然具有深远的影响。

再次，要有创新的机制。文创衍生的发展空间，核心是创意，创造性转化是用创意的思维来创造开发产品，是延续。而创新是机制，没有机制，没有政策什么创都释放不出来，所以创新的机制，到创造的产品相互转化发展才能推动文创的进步。把北京地区文化产业的发展看作是一个相互促进、相互制约的整体系统来看待，用发展战略来指导本地区的文化创意产业发展。制定和完善各项法规，健全各项制度和规范，为城市文化资源保护提供法律和制度保障。同时，要发挥科技的力量，用科技的力量提升文化的创造力、表现力和传播力。要重视文化产业的价值内涵和人文品格的挖掘，提升文化产品的价值追求，从而充分重视文化相衔接。于丹教授将北京地区的文创产业归纳分为四大类，分别是：文博机构、文化遗产、文创空间和数字文创。文博机构，如：首都博物馆、孔庙和国子监博物馆等；文化遗产，如：天坛公园、颐和园公园等；文创空间，如前门的北京坊、798艺术中心等；数字文创，是用数字科技制作出来的，如：故宫博物院的清明上河图3.0、数字敦煌等数字产品。于丹教授特别强调目前的数字文创方面存在很大的开发空间，北京历史资源过多，现在的年轻人是数字原住民，是使用者，这一块数字文创是万万不要忽略的。在文博机构、文化遗产两类文化领域稳步发展前提下，不要忽略文创空间和数字文创这两类资源，要顺应时代，顺应潮流，全方位、多元化发展。要用科学的方法，全面统筹规划，合理布局，要有前瞻性。要站在世界文化产业发展的高度来审视本地区文化产业的发展，要有大刀阔斧、开拓创新的进取气魄。

创新的机制要突破以往的单一供需关系，文化供给与需求是双向关系，一个方面面对新时态，顺应时代，面对时代创新性发展，发现和解决人民日益增长的美好生活的需要；另一方面抓住消费升级，转化消费观念。于丹教授提到一些国际化潮流的复合。她用杭州大厦Medical Mall来举例，Medical Mall是第一家把功能复合起来的医疗机构，它是商业＋医疗复合经营模式的首度尝试，它链接国内外各种优质医疗资源，并将专业医疗诊所与商业服务相结合，为客人提供更生活化的"一站式"医疗服务。在国人的概念里，"医疗"从来没有"服务"可言，也从来没有一家医疗综合体，但这恰恰是专业的医疗服务商应该做的，也是"全程"打造全国首家 Medical Mall 的初衷。地下 1 层至地面 5 层为杭州大厦 501 城市生活广场，购物、美食、娱乐等商业服务，9—22 层均为全程医疗 Medical Mall，其中 9—16 层精选了行业内知名的齿科、儿科、中医、眼科、医美等 11 家业界知名的专科诊所。而在 17—22 层，则是全程健康管理中心，还进驻了来自北京、上海、中国台湾等专科诊所。对接的国际一线医疗机构都将为客人打开，满足一站式、多维度的就医服务体验。这种新型的就医模式以家庭为单元，全方位服务，不仅患者便于就诊，其家属可以选择多种服务，这是一种新型转变，立足人们的需求，全新打造新型消费模式。文创产业同样也需要类似的复合式创新。

三、立足大文创与小文创，讲好中国故事

（一）典藏文物衍生品和观光纪念品

现在很多文博单位开发的文创数量非常多，但品质有很多时候上不去，在这里有一个概念：典藏文物衍生品和观光纪念品。文创产业的是现状是观光纪念品太多了，典藏文物衍生品太少了。文创产品，大家知道观光纪念品是有一定功能性的，典藏文物衍生品是在一定功能上具有品牌属性的，这个中间是有很大差别。大家都熟悉台北故宫博物院，他们有一套每三个月更换一轮指导名录的体系，不建议开发项目头巾、发饰、手帕、T恤、手表、镜子、扇子、资料夹、贴纸、胶带、明信片儿、书签、名片盒、鼠标垫、马克杯、相框、人字拖等无功能性摆饰品。我们的目光不能仅停留在观光纪念品上，需要在实用性和时尚性上进一步探索。以博物馆经典馆藏文物的文化艺术特点和历史背景故事作为产品设计创意的来源，设计开发出博物馆文化衍生品，还可以更好的传播博物馆的品牌文化和馆藏文物，多开发典藏文物衍生品，要多做特色文创。

（二）小文创与大文创

讲座中于丹教授指出文博单位现在关注小文创，关注大文创不足，

小文创叠加起来不要做成物理组合，要做成化合反应形成大文创。

各文博单位现在要着眼于大文创，大文创是在一种生态下由文创活动、文创产品、文创空间带来的综合收益。如：上海博物馆的《大英博物馆百物展》和《丹青宝筏——董其昌书画艺术大展》展览，两个展览的文创开发的非常成功，很多产品都是爆款，上海博物馆文创年收入在3000多万，行业内做的是非常不错的。因此，我们要做的是着眼于大文创，力求实现1+1>2的效果。

要想做大文创的发展，其实是要做孵化，主打明星产品，然后形成组群。开发出的文创产品能否在消费者心里生长，突出它的附加值，能否从产品中找到一种辨识度。而品牌就是这种辨识度，永远停留在功能性就没有品牌效应。笔者曾经看过一篇文章，讲的是一位上海观众需要买红包时，他会经常去上海博物馆的艺术品商店。他说"最喜欢一款红包，上面是清代画家程璋的'双猫图'，别处根本买不到这么雅致的东西。价格高点，可拿出手就是不一样。"这就是来自消费者最直观的反映，反映了市场的需要，提高了品牌属性，是文创产品开发的源动力。苏州博物馆在行业内挖掘本土文化很具有特色，如缂丝，在文创开发上面用到了很多地方，方方面面的产品都加入了本土文化元素。比如在杯子底做的是衡山印章水杯，突出江南的文人雅趣，很具有江南特色。解决当下的问题，就是增加品牌意识，提高辨识度，对文物价值的发掘与传播，更多的品牌性小文创叠加之后，产品与活动结合、能从传统中创造出新价值，做更大的品牌文创。

（三）讲好中国故事

文博单位文创工作的良好发展势头源自经营管理思路的转变，要立足本单位资源特点优势，着眼大小文创，挖掘与公众美好生活中的中国文化元素，讲好中国故事。

通过文创开发讲中国故事。首先，要贴近民众。于丹教授讲她去大使馆讲课，大使邀请她在有着260多年历史的建筑里喝咖啡，那是地标性建筑，是文化的传承，是在讲他们的故事。中国不缺故事，缺的是情感，缺的是当下活着的东西。是那种属于平民百姓，亲近的本土化生活中的东西。百姓日常之用即为道，中国的思想在哪，能够成为百姓日常之用，知道中国的礼数在里面，中国的节数在里面，中国的元素在里面，文物活起来不是摆在墙上和博物馆的柜子里，是让人们触手可及，

与我有用，和我有关。我们要讲好中国故事，把中国资源在国际化之中盘活，从他的市场价值，文化价值，社会价值，到激活历史价值，艺术价值、科学价值，怎样在一个化合反应中符合公众期望，贴近生活，才是真正的活化。

但是，并不是所有重量级的文化、文物元素都能开发。于丹教授讲：文博单位都有自己的一些镇馆之宝，是不是都可以开发出来做我们的招牌式的东西呢？那可不一定，如青铜鼎。做成大大小小的玩具鼎，做成鼎形的杯子，做成鼎形的铅笔盒，鼎形的垃圾桶，并不能向公众传递鼎所代表的思想文化内涵。文化要有文化的礼数，鼎被视为传国重器、国家和权力的象征，自从有了禹铸九鼎的传说，鼎就从一般的炊器而发展为传国重器。国灭则鼎迁，历商至周，都把定都或建立王朝称为"定鼎"。你让家家"问鼎"是什么意思，文创就不能这么做。所以，并不是我们所有的资源，都能微缩、复制，文化有文化的礼数。所以开发文创产品，还是需要了解中国的文化才能不会搞出笑话来。中国天阳地阴，昼阳夜阴，男阳女阴，数字里面所有的奇数都是阳数，所有的偶数都是阴数。所以你会发现，中国人过节都过阳数节，正月正是大年，三月三是上巳，五月五是端午，七月七是七夕，九月九，数和字重阳，阳数最后。所以数字最高是重阳，物理空间最高是登山，伦理空间最高是敬老，重阳节的登山敬老是一套体系，那么这些东西我们怎样去开发呢，还是要懂一点中国文化的语法。

笔者认为特色文化是一个地区和单位最具价值的资源，越有区域性，就越有代表性。深挖本单位的特色文化成了开发文化衍生品的核心之一，讲好自己的故事。如果各个文博单位都能很好地把握这一点，那么，整体而言，博物馆衍生商品就能更全面地反映不同区域、不同文明类型的传统文化特色，使博物馆的文化传承功能得到更好的拓展和延伸。正如总书记所说："让收藏在博物馆里的文物，陈列在广阔大地上的遗产，书写在古籍里的文字都活起来。"我们真正要做的是产品的开发，从小文创看到大文创的持续发展，综合评估，而价值传播就是我们守住初心，民族文化才是我们真正的初心，在产品上，最大的附加值就是我们的价值。如果本着这样的体系真正做下来的话，相信文博文创能从古老的文化找到创新元素，在一个产品里面，让它有多种的复合功能，选用本单位的经典造型，有场景化，有系统化，同时具有功能化。找到创造性的转化，找到创新性的发展，我们就可以期待能够有一个更好的未来，助力文创发展。

四、新形势下文创开发模式的发展方向

当前相当一部分文博单位受经费、人才队伍等条件的限制，文创开发还很滞后，单位自身无力进行高质量高水平的典藏衍生品的开发，守着金山银山却不能很好地开发利用。文创开发工作要发展需要文博单位经营管理思路的转变，需要多方面的政策支持、平台支持。当前，在文博单位内部管理体制一时难以改变的情况下，调动社会力量积极投身文创开发就成为各单位开展文创工作的主要方向。正如于丹教授所说"自个儿想拍脑袋设计的东西是推销，由市场拉动的才是营销"。如何吸引社会力量投身文创工作，营销单位的文化品牌呢？授权开发不失为一种有效的开发模式。

为盘活文物资源，激活博物馆发展积极性，激发社会创新创造活力，进一步促进文物"活起来"，合理开展文物资源授权使用工作解决文物资源授权的制度瓶颈。近年来，国家密集出台鼓励文博事业和文化产业发展的系列政策法规。2014年3月，国务院发布《关于推进文化创意和设计服务与相关产业融合发展的若干意见》，2015年3月，国务院公布《博物馆条例》，2016年3月，国务院发布《关于进一步加强文物工作的指导意见》，同年5月，国务院办公厅转发文化部、国家发展改革委、财政部、国家文物局《关于推动文化文物单位文化创意产品开发的若干意见》，明确鼓励"具备条件的文化文物单位采取合作、授权、独立开发等方式开展文化创意产品开发"，2019年5月国家文物局组织编制的《博物馆馆藏资源著作权、商标权和品牌授权操作指引》。博物馆迎来了转型升级和可持续发展的战略机遇期。

近年来IP开发的热度已从动漫、游戏、影视等行业，蔓延至文博创意产业。博物馆不仅是景点，其浓厚的历史底蕴、丰富的文化价值，使得博物馆天然就是一个文化资源的大IP。

什么是博物馆IP呢？IP（intellectual property），即知识产权，是包括著作权、专利权和商标权在内的一种无形的文化资产。博物馆IP主要是指博物馆拥有的知识产权，如：文物藏品的研究成果，博物馆的品牌图像、建筑、陈列设计方案等。

博物馆为什么要进行IP开发？博物馆是提供公共产品和服务的场

所，天然具有公益性和文化事业属性。为持续获得精神文化的愉悦，深入挖掘馆藏文物资源，提炼文化内涵，进行 IP 开发与生产，将 IP 开发的产品提供给消费者，是满足人民日益增长的美好生活需要的现实举措。通过 IP 的产业化运作，在实现传统文化创造性转化的同时，还获得良好的经济收益，这也为博物馆的可持续发展提供了持续动力，实现了博物馆社会效益与经济效益的相互赋能，IP 开发与运营是新时代博物馆发展的必由之路。在文创视角下，博物馆文化产业先天还具有很高的产业关联性与融合性。随着互联网经济的崛起，通过 IP 授权，进行跨地区、跨行业、跨产业门类的合作发展是今后的必然趋势。

博物馆 IP 开发，主要是通过博物馆文化授权来实现。博物馆将拥有的商标、品牌、藏品形象及内容授予被授权者，进而进行文创衍生品的开发、售卖。博物馆按约定，获得相应的权利金。

在实际操作中，公众的文化消费偏好、对博物馆资源的认同感、博物馆自身的知名度、授权标的物本身的知名度、市场推广与营销等多种因素的影响。博物馆 IP 开发与运营要想实现可持续性，还需要适应公众文化消费环境的变化，提升博物馆自身的品牌和影响力。因为缺少市场经验，现在很多文博文创单位版权保护意识不强，所以要意识先行，进行版权保护。目前有的博物馆拥有商标，有的博物馆还没有注册商标，专利里面和博物馆紧密相关的就是实用新型，实用新型在版权里面与博物馆有关的是外观专利。

博物馆授权应该如何进行？授权开发的重点工作内容可以从以下几方面入手。

1. 授权 IP。文博单位可授权的 IP 对象通常是博物馆藏品和博物馆内建筑或其他事物经数字化后产生的图像及其自动形成的作品著作权。

除了常见的复制权与传播权外，可授权的对象还包括对原著作具有增值意义的二次创作的权利。此外，授权对象还包括与文博单位相关的其他标的物，如馆名、馆徽、商标、建筑式样、影像资料、传统技艺等与文博单位文化事项相关的智慧成果及其知识产权。

2. 授权类别。授权形式类别基本上可以划分为图像影音授权、出版品授权、合作开发授权和品牌授权等。

图像影音授权，是指将藏品的底片、照片、数字图文或其他影音图像资料，授权馆外的机构或个人使用，包括营利或非营利用途，并依据不同的授权目的收取相应的权利金，如台北故宫收取相当于权利金

20% 的履约保证金。

出版品授权，是指通过与合作机构进行商业合作，开拓多元化的出版内容，从而促进文博单位的教育推广与文化宣传。一般文博单位的出版品授权，主要由意向方向文博单位提交合作计划书，经其同意后，以发行数量、建议售价、出版品形态等因素核算权利金。

合作开发授权，是指文博单位以其品牌优势和文化影响力吸引社会力量参与，厂商提交设计方案，利用藏品的文化元素、数字图像或文物知识，针对文创商品销售等需求进行商品的设计开发。合作开发的实质是设计和生产厂商与文博单位通过合同形式合作共同开发文创产品，双方可自行协商具体盈利分成比例。

品牌授权，是指文博单位授权其他机构使用其注册商标及所藏文物的图像等用于文创生产，并与其进行品牌合作，强调品牌合作相辅相成的效果。被授权机构需要按照文博单位的整体品牌内涵进行授权业务规划。针对品牌授权业务的权利金收费，主要有商标授权金、销售分成、图像视频授权金等。为确保授权商品拥有优良的品质，文博单位有权对授权商品和厂商的生产方式进行监督与检验。

五、结语

北京拥有 3000 多年建城史、860 多年建都史，其丰厚多元的历史文化资源是建设全国文化中心的基石。北京目前拥有 3840 处文物遗存、500 多万件馆藏文物、179 个博物馆。同时还拥有国家级非遗项目 126 项、传承人 102 人；市级以上非遗项目 273 项、传承人 255 人。11 家市属公园中，有 8 家是全国重点文保单位，其中颐和园和天坛还入选为世界文化遗产。

为了让这些宝贵的文化文物资源活起来，走进人们的生活，传承中华优秀文化，去年，原市文化局等 8 部门曾联合出台《关于推动北京市文化文物单位文化创意产品开发试点工作的实施意见》，明确了 25 家试点单位，为文创产品开发工作提供政策保障。同样在去年，市委市政府印发的《关于推进文化创意产业创新发展的意见》中提出，在文博非遗方面将大力推动文化文物单位文化创意产品开发，不断厚植和增强文化产业高质量发展的内涵与动力。市文物局还组建了北京文博衍生品创新孵化中心，通过举办北京文创大赛文博产品设计赛区活动，搭建了文化文物单位和设计师、特许生产商之间的合作沟通桥梁，形成平台支撑。所有努力，都是为了进一步弘扬中华优秀传统文化，推动首都城市转型升级。活起来、火起来的文博衍生品，将进一步擦亮北京历史文化这张金名片，为推动首都高质量发展做出新的贡献。

参考文献

［1］中共中央办公厅，国务院办公厅.关于实施中华优秀传统文化传承发展工程的意见.人民日报，2017-01-26.

［2］王光明."四个全面"战略布局与优秀传统文化的关系研究.曲阜师范大学硕士学位论文，2017.

［3］文博衍生品让更多人把文化带回家.北京日报，2019-03-24，02版.

［4］朝戈金.创造性转化 创新性发展.光明日报，2018-03-29，02版.

［5］刘景辉，杨帆，刘占彦，等.河北省文化产业发展创新机制研究.合作经济与科技，2014.

周海荣（北京古代建筑博物馆文创开发部馆员）

博物馆学研究